"十三五"国家重点出版物出版规划项目

软物质前沿科学丛书

微尺度下碳基界面盐水

——水合离子-π作用的理论、实验和应用

Interfacial Salt Water on Carbon-based Surfaces

Hydrated Cation-π Interaction: Theory, Experiment and Applications

方海平　石国升　著

科学出版社
龍門書局
北京

内 容 简 介

碳基结构(如石墨烯、碳纳米管、富勒烯、芳香环氨基酸、DNA 和 RNA 等)中广泛存在芳香环(一类以碳原子为主体的环状结构，如苯环)。富含 π 电子的芳香环与离子之间有强的非共价键作用，称之为离子-π 作用。本书基于水合离子-π 作用，在微尺度下探究具有芳香环的碳基界面盐溶液中水的流动、盐的分离聚集和结晶，以及盐溶液中离子对生物分子特性的影响，主要包括离子-π 作用和水合离子-π 作用简介；制约碳纳米管净水膜应用的关键性问题——离子被吸附于碳纳米管管口和相应的改良方案；粗碳纳米管内离子的高效收集；离子控制氧化石墨烯膜的层间距并达到出色的离子筛分性能；常温常压下氯化二钠(Na_2Cl，钠氯元素比 2:1)和氯化三钠(Na_3Cl，钠氯元素比 3:1)等具有反常化学计量比的二维晶体；类石墨表面离子诱导的“分子尺度亲水性”；芳香环在包含离子的水溶液中疏水性的减弱；离子控制含芳香环材料表面的“咖啡环”效应等。

本书适合水的浸润性、水处理、纳流控、二维晶体、储能、新材料开发、生物体系的分子动力学模拟等专业方向的研究生阅读，对相关研究方向的学者也有参考价值。

图书在版编目(CIP)数据

微尺度下碳基界面盐水：水合离子-π 作用的理论、实验和应用/方海平，石国升著. —北京：龙门书局，2021.4

(软物质前沿科学丛书)

“十三五”国家重点出版物出版规划项目　国家出版基金项目

ISBN 978-7-5088-5976-7

Ⅰ. ①微…　Ⅱ. ①方…　②石…　Ⅲ. ①水合离子–研究　Ⅳ. ①O645

中国版本图书馆 CIP 数据核字(2021)第 060850 号

责任编辑：钱　俊　田轶静／责任校对：杨聪敏
责任印制：徐晓晨／封面设计：无极书装

科学出版社
龙门书局　出版

北京东黄城根北街 16 号
邮政编码：100717
http://www.sciencep.com

北京虎彩文化传播有限公司 印刷

科学出版社发行　各地新华书店经销

*

2021 年 4 月第　一　版　开本：720 × 1000 B5
2021 年 4 月第一次印刷　印张：12 1/4
字数：230 000

定价：128.00 元

(如有印装质量问题，我社负责调换)

丛 书 序

社会文明的进步、历史的断代，通常以人类掌握的技术工具材料来刻画，如远古的石器时代、商周的青铜器时代、在冶炼青铜的基础上逐渐掌握了冶炼铁的技术之后的铁器时代，这些时代的名称反映了人类最初学会使用的主要是硬物质。同样，20 世纪的物理学家一开始也是致力于研究硬物质，像金属、半导体以及陶瓷，掌握这些材料使大规模集成电路技术成为可能，并开创了信息时代。进入 21 世纪，人们自然要问，什么材料代表当今时代的特征？什么是物理学最有发展前途的新研究领域？

1991 年，诺贝尔物理学奖得主德热纳最先给出回答：这个领域就是其得奖演讲的题目——“软物质”。按《欧洲物理杂志》B 分册的划分，它也被称为软凝聚态物质，所辖学科依次为液晶、聚合物、双亲分子、生物膜、胶体、黏胶及颗粒物质等。

2004 年，以 1977 年诺贝尔物理学奖得主、固体物理学家 P.W. 安德森为首的 80 余位著名物理学家曾以 “关联物质新领域” 为题召开研讨会，将凝聚态物理分为硬物质物理与软物质物理，认为软物质 (包括生物体系) 面临新的问题和挑战，需要发展新的物理学。

2005 年，*Science* 提出了 125 个世界性科学前沿问题，其中 13 个直接与软物质交叉学科有关。“自组织的发展程度” 更是被列为前 25 个最重要的世界性课题中的第 18 位，“玻璃化转变和玻璃的本质” 也被认为是最具有挑战性的基础物理问题以及当今凝聚态物理的一个重大研究前沿。

进入新世纪，软物质在国际上受到高度重视，如 2015 年，爱丁堡大学软物质领域学者 Michael Cates 教授被选为剑桥大学卢卡斯讲座教授。大家知道，这个讲座是时代研究热门领域的方向标，牛顿、霍金都任过卢卡斯讲座教授这一最为著名的讲座教授职位。发达国家多数大学的物理系和研究机构已纷纷建立软物质物理的研究方向。

虽然在软物质研究的早期历史上，享誉世界的大科学家如诺贝尔奖获得者爱因斯坦、朗缪尔、弗洛里等都做出过开创性贡献。但软物质物理学发展更为迅猛还是自德热纳 1991 年正式命名 “软物质” 以来，软物质物理学不仅大大拓展了物理学的研究对象，还对物理学基础研究尤其是与非平衡现象 (如生命现象) 密切相关的物理学提出了重大挑战。软物质泛指处于固体和理想流体之间的复杂的凝聚态物质，主要共同点是其基本单元之间的相互作用比较弱 (约为室温热能量级)，因而易受温度影响，熵效应显著，且易形成有序结构。因此具有显著热波动、多个亚稳状态、介观尺度自组装结构、熵驱动的有序无序相变、宏观的灵活性等特征。简单地说，这些体系都体现了“小刺激，大反应”和强非线性的特性。这些特性并非仅仅由纳观组织或原子、分子水平的结构决定，更多是由介观多级自组装结构决定。处于这种状态的常见物质体系包括胶体、液晶、高分子及超分子、泡沫、乳液、凝胶、颗粒物质、玻璃、生物体系等。软物质不仅广泛存在于自然界，而且由于其丰富、奇特的物理学性质，在人类的生活和生产活动中也得到广泛应用，常见的有液晶、柔性电子、塑料、橡胶、颜料、墨水、牙膏、清洁剂、护肤品、食品添加剂等。由于其巨大的实用性以及迷人的物理性质，软物质自 19 世纪中后期进入科学家视野以来，就不断吸引着来自物理、化学、力学、生物学、材料科学、医学、数学等不同学科领域的大批研究者。近二十年来更是快速发展成为一个高度交叉的庞大的研究方向，在基础科学和实际应用方面都有重大意义。

为了推动我国软物质研究，为国民经济作出应有贡献，在国家自然科学基金委员会–中国科学院学科发展战略研究合作项目“软凝聚态物理学的若干前沿问题”(2013.7—2015.6) 资助下，本丛书主编组织了我国高校与研究院所上百位分布在数学、物理、化学、生命科学、力学等领域的长期从事软物质研究的科技工作者，参与本项目的研究工作。在充分调研的基础上，通过多次召开软物质科研论坛与研讨会，完成了一份 80 万字的研究报告，全面系统地展现了软凝聚态物理学的发展历史、国内外研究现状，凝练出该交叉学科的重要研究方向，为我国科技管理部门部署软物质物理研究提供了一份既翔实又具前瞻性的路线图。

作为战略报告的推广成果，参加该项目的部分专家在《物理学报》出版了软凝聚态物理学术专辑，共计 30 篇综述。同时，该项目还受到科学出版社关注，双方达成了“软物质前沿科学丛书”的出版计划。这将是国内第一套系统总结该领域理论、实验和方法的专业丛书，对从事相关领域研究的人员将起到重要参考作用。因此，我们与科学出版社商讨了合作事项，成立了丛书编委会，并对丛书做了初步规划。编委会邀请了 30 多位不同背景的软物质领域的国内外专家共同完成这一系列专著。这套丛书将为读者提供软物质研究从基础到前沿的各个领域的最新进展，涵盖软物质研究的主要方面，包括理论建模、先进的探测和加工技术等。

由于我们对于软物质这一发展中的交叉科学的了解不很全面，不可能做到计划的“一劳永逸”，而且缺乏组织出版一个进行时学科的丛书的实践经验，为此，我们要特别感谢科学出版社钱俊编辑，他跟踪了我们咨询项目启动到完成的全过程，并参与本丛书的策划。

我们欢迎更多相关同行撰写著作加入本丛书，为推动软物质科学在国内的发展做出贡献。

主　编　　欧阳钟灿
执行主编　　刘向阳
2017 年 8 月

前　言

软物质结构单元间的相互作用的作用能一般小于 10 kcal[①]/mol，是一种较弱的相互作用。其作用能一般大于室温下的 k_BT (当 $T = 300$ K 时，约为 0.6 kcal/mol)，与室温下液态水中的氢键的键能 (2~10 kcal/mol) 大致相当，所以软物质表现出 “软”、“易变性” 和 “复杂性”，并存在熵致有序、对外界微小作用敏感和非线性响应、自组装行为、空间缩放对称性等一些特性。对于锂、钠、钾等一价离子，水溶液中离子与芳香环之间的水合离子-π 作用的相互作用能约等于 6.0 kcal/mol，其对应的表现应为软物质。

芳香环结构 (一类以碳原子为主体的环状结构，如苯环) 广泛地存在于碳基材料和生物分子——如石墨烯、碳纳米管、富勒烯、芳香环氨基酸、DNA 和 RNA 等之中。20 世纪 80 年代，人们发现富含 π 电子的芳香环与离子之间有强的非共价键作用，命名为离子-π 作用 (注：郝柏林院士指出，这个作用在 20 世纪 60 年代就已知道)。对于单价离子，离子-π 作用能量范围在 15~40 kcal/mol。在过去的四十年中，离子-π 作用已经在生物学和化学方面有非常重要的贡献。很多情况下，这些富含芳香环的碳基材料和生物分子在水溶液环境中都能发挥作用。由于离子与水之间存在水合作用，因而水分子对离子存在很强的屏蔽效应，这使得水溶液中的离子-π 作用大幅度减弱。一价和二价离子与一个苯环之间的水合离子-π 作用能量约为无水的离子-π 作用的 1/3 和 1/5。例如，钾离子在充分水合下，与一个苯环的相互作用能从无水状态下的 −16.2 kcal/mol 降至 −6.5 kcal/mol。这个作用与室温下液态水中的氢键相当，所以水溶液中的水合离子与芳香环的作用一直没有受到足够重视，甚至被忽略。

对于石墨、石墨烯、碳纳米管和其他富含芳香环的表面，多芳香环共存的结构提供了大量的 π 电子，其与离子之间的相互作用显著增强，由此溶液中水合离子与这些稠环 (多芳香环结构) 分子和材料之间的水合离子-π 作用能大幅度提高。例如，一个水合钠离子在石墨烯表面的水合钠离子-π 作用达到 −16.4 kcal/mol，接近水合钠离子与一个苯环作用能的三倍。从这一点可以预言，水合离子-π 作用在这些体系中应该会起到重要甚至关键作用。本书的第 3~7 章和第 9 章，主要介绍水合离子同含多芳香环表面的水合离子-π 作用的机理及日常相关的一些应用。

对于生理溶液中的生物分子，一个离子与一个生物分子中的芳香环相互作用比较弱，所以该离子仅仅会在芳香环表面停留非常短的时间。如果考虑到溶液中存在大量的离子，这个离子离开芳香环，就可能有另外一个离子被这个芳香环吸

① 1cal = 4.1868 J。

附。这样芳香环上有离子存在的概率会很高，进而影响芳香环本身的性质，如亲水性、疏水性。这可能会改变传统上将芳香环视为一类特别的疏水基团的认知，进而对目前用于模拟生物体系的力场产生影响。从本书的第 8 章可以看到含芳香环分子的溶解度在二价金属盐溶液中有明显提高，显示芳香环在二价金属帮助下向亲水偏移。有趣的是，传统的有机化学教科书里认为，“一般含芳香环氨基酸在过渡金属盐溶液中会形成络合沉淀”，而这项工作使研究者对此有了新的认识。需要说明的是，水合离子-π 作用对生物体系的重要性，在本书中仅仅是初露头角，相信其影响会越来越深远。

统计物理贯穿了本书中水合离子-π 作用及其相关应用。仅仅一个离子的水合离子-π 作用是远远不够的，即使对于多芳香环结构 (有大量的 π 电子)，一个离子在这些芳香环结构上的驻留时间也是很有限的。正是由于溶液中存在大量离子，芳香环结构上常常有离子甚至基本上一直有离子吸附，所以本书中水合离子-π 作用导致的行为都与溶液的浓度相关。目前本书中大部分理论仅仅能给出定性的预言和解释，如果要得到可以与实验上定量比较的结果，需要通过统计物理下多体系统的理论和计算方法来实现。第 6 章在已知常温常压下离子会在石墨 (烯) 表面富集的基础上，恰是基于统计物理的思想，预言了在热运动的帮助下，富集的离子很可能表现出有序，进而在实验上观察到非常规化学计量比的二维 Na–Cl 晶体。

水合离子-π 作用已经开始展现出其基础研究与实际工业应用的结合。第 5 章中介绍的由离子调控的石墨烯膜显示了其在工业中大规模应用的前景。第 9 章介绍的离子控制含芳香环材料表面的“咖啡环”效应可以使表面涂层均匀、耐磨，提高染料等的鲜艳度和色牢度。盐作为“促染剂”，已经在纺织等行业得到广泛使用，第 9 章对其机理的阐述将有利于“促染剂”的优化和应用。

本书第 1、2 章由杨一舟、木留华和杜威合作完成，第 3、4、7~9 章分别由刘健、王学良、黄盈盈、宋永顺和杨海军完成，第 5、6 章由梁珊珊、陈亮和王帅合作完成，闫隆帮助修改了第 4 和 6 章，王春雷帮助修改了第 7 章，赵红卫帮助修改了第 8 章，雷晓玲通读了全书并给予修改。方海平和石国升策划并组稿。寰宇花冠肆虐，内舍“神兽”横行。团队成员勠力同心，内外兼修，负重前行。所幸不辱使命，修成此果。惟余感激与感谢！如有不妥，乃吾二人之责，欢迎斧正！同时感谢国家出版基金的资助！

方海平　石国升

2020 年 3 月

目　录

第 1 章　离子-π 作用的理论与实验方法

1.1　离子-π 作用简介

非共价键作用对于原子、分子的运动和性质有重要贡献，且在分子结构的形成中起着重要作用。特别需要指出的是，在原子尺度的材料设计和高分子的生物化学性质中，对非共价键作用的理解和应用非常重要。在介观和宏观上，非共价键作用对分子的聚合、自组装和处于何种物态也起着重要的作用。氢键就是一种典型的且极为普遍的非共价键作用[1,2]。

1981 年，Nishizawa 等用实验观测到了钾离子和非极性的苯环之间存在约 -19 kcal/mol 的结合能[3]。后面的研究发现，这种相互作用广泛存在于离子和含 π 电子的结构之间，所以被称为离子-π 作用[4]。离子-π 作用，按照参与离子所带电荷正负性的不同，可以分为阳离子-π 作用 (图 1.1) 和阴离子-π 作用。这两种相互作用各自的特点和异同，将在本章后面的小节中介绍。

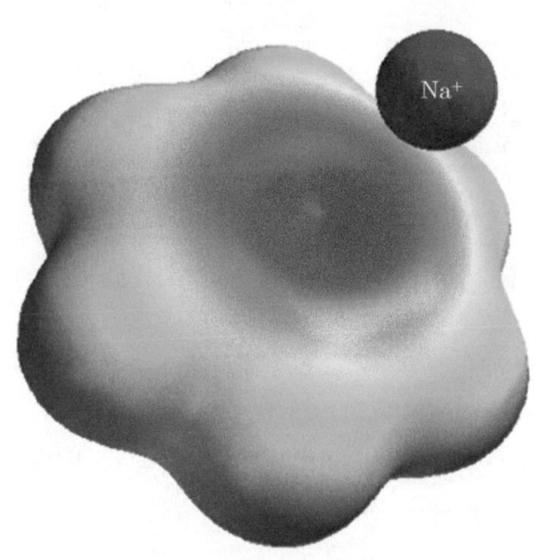

图 1.1　苯环和钠离子之间的阳离子-π 作用的简单模型

由于离子-π 作用强于传统的一般非共价键作用，如氢键、盐桥等，因而具有特异性，有着特殊的研究和应用价值。目前，离子-π 作用的研究已经在一些生物学、化学领域中有极其重要的影响，例如，蛋白质的结构与功能调控、分子与离子的识别、有机合成和生物体系的催化以及纳米化合物聚合等[5−8]。本章将着重介绍离子-π 作用的基本性质和特点，以及对应的主要理论研究方法、实验测量手段和离子-π 作用的应用等。

1.2 离子-π 作用的理论研究

1.2.1 阳离子-π 作用

离子-π 作用可以分为阳离子-π 作用和阴离子-π 作用，有关离子-π 作用的研究最先起源于阳离子-π 作用的发现。20 世纪 80 年代初，Nishizawa 等用实验方法得到在室温 (298 K，一个标准大气压) 条件下钾离子和苯环分子的复合反应平衡常数，并用范托夫图的方法得到相应的焓变和熵变，由此求出 K^+ 和苯环间的相互作用能大小约为 19.2 kcal/mol[3]。2009 年 Sherrill 等首次计算了 Li^+、Na^+、K^+、NH_4^+ 等离子在离轴情况下与苯环之间的离子-π 作用，并且发现，即使是阳离子和苯环在同一个平面上，它们之间的作用仍然表现为吸引作用 (图 1.2)[9]。

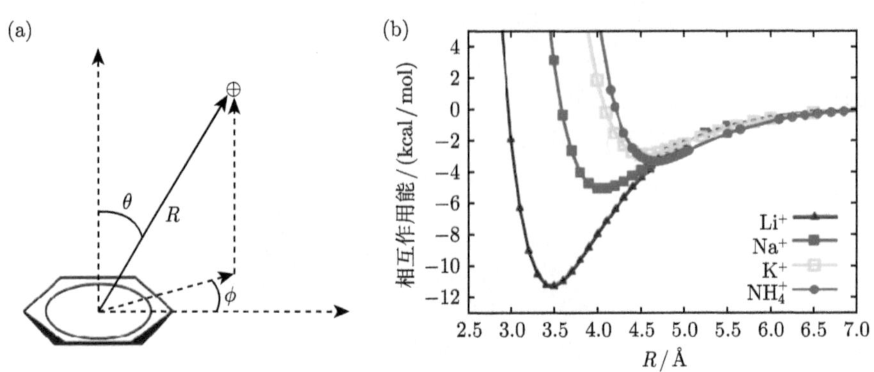

图 1.2 (a) 阳离子与苯环的相对位置[9]；(b) $\theta = 90°$ 且 $\phi = 30°$ 时各阳离子的势能曲线[9]

这个发现与人们之前的物理直觉是相悖的。一般会认为，苯环上的氢原子带有正电荷，因此会排斥在同一平面上靠得比较近的阳离子。出现这个情况的主要原因是，苯环被离子极化后与离子间的吸引作用要大于苯环边缘上氢原子与阳离子的静电排斥作用。有关离子-π 作用的能量分解分析 (EDA) 的内容将在 1.2.3 节中介绍。

20 世纪 80 年代，Meotner 等证实，铵根离子和甲胺离子与苯、乙烯间存在的稳定性超过了一般氢键的离子-π 作用，他们发现阳离子会与 π 电子直接接触[10]。虽然在多数情况下提到的离子-π 作用指的是离子和含芳香环的碳氢化合物间的相互作用，但实质上只要含 π 电子，即使不包含芳香环结构的分子也能与离子产生离子-π 作用，比如乙烯 (C_2H_4)、六方氮化硼 (h-BN)、氮化碳 (C_3N_4) 等。

求解气相条件下阳离子-π 作用的势能面是理解阳离子-π 作用机制和特点的重要一步。2013 年，Sherrill 在一篇关于阳离子-π 的能量成分分析的论文中分别给出了 Na^+ 在苯环正上方和苯环平面内的势能曲线 (图 1.3(a))[11]。从势能曲线可以看出，Na^+ 在苯环正上方时，阳离子-π 作用一直保持为吸引作用，在 Na^+ 中心距苯环中心约 2.5 Å 时，吸附能达到最大，约为 −25 kcal/mol。当 Na^+ 与苯环在同一平面上时，若 Na^+ 与苯环中心相距 3.8 Å 以上，则阳离子-π 作用表现为吸引作用，在 4 Å 左右达到吸附能极大值，约为 −5 kcal/mol。同时，Sherrill 还应用对称性适应的微扰理论 (SAPT) 对阳离子-π 作用进行了能量成分的分析，解释了为什么钠离子与苯环在同一平面上时阳离子-π 作用也能表现为吸引作用。在图 1.3 中 Elst 对应静电相互作用项，Exch 对应泡利互斥项 (交换互斥项)，Ind 对应极化相互作用项，Disp 对应伦敦色散作用项。从图中可以看出，当 Na^+ 与苯环在同一平面时，虽然静电作用项已经大于 0(代表排斥作用)，但是极化相互作用项是小于 0 的，使得总的势能为负，表现为吸引作用。Sherrill 之前的研究还给出了 Li^+、Na^+、K^+ 和 NH_4^+ 和苯环的主对称轴呈不同夹角时的势能曲线，发现当阳离子在苯环的主对称轴上时，阳离子-π 作用是最强的[9]。对不同角度、不同离子的阳离子-π 作用的势能曲线进行观察可以发现，这些势能曲线都是相似的形状，在相距很远时是吸引作用，吸引作用随着距离增大而减小；在距离减小到一个确定值时出现极小值，之后随距离减小，吸引作用逐渐变为排斥作用，甚至可以认为这些势能曲线都是同一个曲线方程在调节不同的参数后得到的曲线。

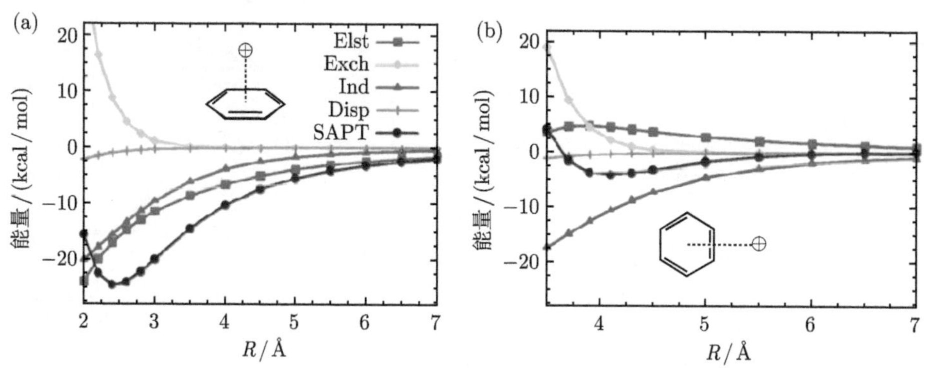

图 1.3 Na^+ 分别在苯环正上方 (a) 和苯环平面内 (b) 的能量分解图 (计算水平为 SAPT/jun-cc-pVDZ)[11]

不同的阳离子和相同的芳香环化合物在气相条件下阳离子-π 作用的大小有一定的规律性，尽管这种规律在水相条件下不再适用。在 2000 年，Feller 等[12]计算出碱金属离子和苯环间的阳离子-π 作用能按从大到小的顺序排列依次是：Li^+

(-36.8 ± 0.2)，$Na^+(-24.7\pm0.3)$，$K^+(-20.1\pm0.4)$，$Rb^+(-16.4\pm0.2)$，$Cs^+(-12.5\pm0.2)$，单位为 kcal/mol。这正好是元素周期表中第一主族从上到下的顺序。对于相同电荷的阳离子，在平衡位置时，半径越大，与苯环的间距就越大，所以阳离子-π 作用就越小。并且，对于核外电子越多、半径越大的阳离子，其核外电子和苯环的 π 电子间的排斥作用就越大，相应地便会减小阳离子和苯环间的结合力。同时也能发现，除了 Li^+ 到 Na^+ 阳离子-π 作用能的变化约为 12 kcal/mol 外，其余相邻的阳离子和苯环间的作用能差大约都为 4 kcal/mol。

阳离子的种类不同，阳离子-π 作用也会有所不同。一般讨论的阳离子-π 作用中的阳离子都是指碱金属离子、碱土金属离子、非金属离子 (如铵离子、烷基铵离子等)、碳正离子和过渡金属离子等。非金属离子和碳正离子参与的离子-π 作用常常与氢键强度差不多，而过渡金属参与的离子-π 作用一般与共价键的强度相当。碱金属和碱土金属对应的离子-π 作用强度在前面两者之间[13]。Sastry 和合作者在 2005 年用了多种第一性原理计算方法计算了多种不同阳离子分别与苯丙氨酸 (Phe)、酪氨酸 (Tyr)、色氨酸 (Trp) 和组氨酸 (His) 的芳香侧链基团的相互作用[14]。NH-π 和 CH-π 的相互作用能要高于氢键的相互作用能，因此，在氨离子存在时，蛋白质中芳香侧链的取向将受到不可忽略的影响。对于同一种阳离子 M，离子-π 作用能以苯-M、甲苯-M、对羟基甲苯-M、甲基吲哚-M、甲基咪唑-M 的顺序增加。与此类似，对同一种芳香系统，不同的阳离子与其离子-π 作用能大小关系如下：$Mg^{2+} > Ca^{2+} > Li^+ > Na^+ > K^+ \approx NH_4^+ > NMe_4^+$ (图 1.4)。

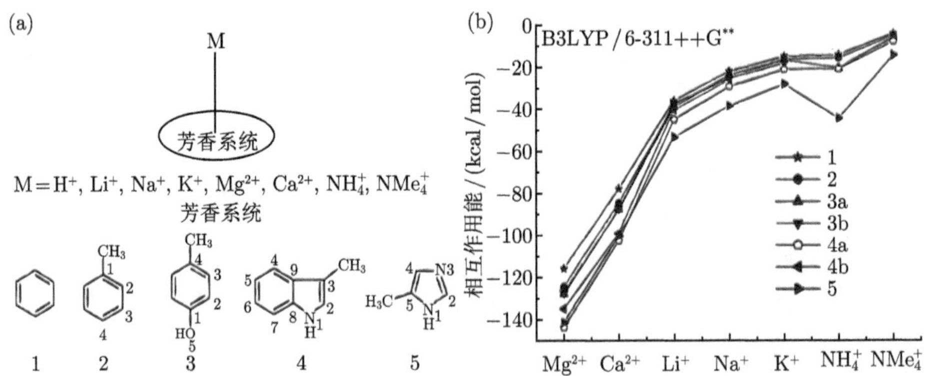

图 1.4　(a) 不同离子和不同的芳香系统[14](1. 苯；2. 甲苯；3. 对羟基甲苯；4. 吲哚；5. 咪唑) 及 (b) 不同阳离子-π 复合物的相互作用能[14]，计算水平为 B3LYP/6-311++G**，图中 3a 表示离子在苯环的正上方，3b 表示离子在苯环侧面靠近羟基的位置，4a 表示离子在吲哚的苯环上方，4b 表示离子在吲哚的吡咯环的上方

对于提供 π 电子的芳香系统，其大小、弯曲程度和取代基性质都是影响阳离子-π 作用的因素。一般来说，对于同一种阳离子，π 电子的供体越大，离子-π 作

用越强，并且由能量分解分析可知，供体越大的离子-π 复合物，其相互作用能中极化作用所占的比例越大。弯曲导致的 π 电子系统的静电势不对称，会在分子中的某些方向或者区域集中更多的负电荷，从而影响阳离子-π 作用。关于取代基效应对于离子-π 作用的影响的解释有极化因素、简单静电模型等，其中最为经典的是静电模型。Dougherty 的研究组提出了阳离子-π 作用中取代基效应的静电性质涉及大的、永久的电四极矩的理论[15−17]。他们分析了 11 种不同的苯环取代反应后的产物与 Na^+ 相互作用的静电势图后发现，主要的相互作用能的变化来自静电项。

严格地说，当阳离子与芳香环在同一个平面上时，起主要作用的是阳离子与 σ 电子的相互作用，这种相互作用的吸引成分基本来自极化作用，如图 1.3 所示。不同阳离子在与芳香族分子相互作用时，根据 π 体系中氮原子或者磷原子的数量与位置，它们是偏好 π 结合还是偏好 σ 结合也会有所不同。换句话说，π 结合与 σ 结合的竞争依赖于芳香分子中杂原子的性质。π 体系中氮原子越多，则离子越趋向于与环处在同一平面上，即离子-σ 相互作用相对更强。但是随着 π 体系中的氮原子取代的碳原子的数量增加，这个体系与阳离子的离子-π 作用和离子-σ 作用都会被削弱，相比之下，含磷的芳香环中磷原子的取代数量却几乎不会影响其与阳离子的相互作用 [18]。四甲基铵与吡咯、呋喃和咪唑体系的相互作用表明，这些体系的结合能很大程度上是由典型的阳离子-π 作用贡献的，其中色散相互作用起到了重要作用[19,20]。

一般来说，水溶液环境中的离子-π 作用要比气相环境中的更多，不管是实验中还是生物体中，能在常温常压下简单地得到大量离子的环境便是盐溶液。研究气相中的离子-π 作用是为了了解这种相互作用本质上的特点，但是如果要对这种相互作用进行应用和实验，就更加需要了解它在溶液中的表现。Kumpf 和 Dougherty 在 1993 年的论文[20]中指出，在溶液中，碱金属离子和苯环间的阳离子-π 作用大小排序为：$K^+ > Rb^+ \gg Na^+$ 或 Li^+，这与在气相中的结果完全不一样。虽然对于碱金属来说，离子半径越小，与苯环间的相互作用力就越大，但是在水溶液中，就不得不考虑对应的离子在水中的水合能。而对于碱金属离子来说，离子半径越小，水合能越大。水合能较小的 K^+ 受到水的屏蔽更弱，因而在水相下它和苯环间的阳离子-π 作用较大。第一性原理计算表明，水分子在阳离子-π 复合物附近的位置对其在改变阳离子-π 作用方面起着非常重要的作用。如图 1.5 所示，当水分子直接与阳离子结合时，阳离子-π 作用随着水分子个数的增加显著减弱；然而当水分子仅与苯环相结合时，阳离子-π 作用却随着水分子个数的增加而增强。由此，对于水分子与离子直接结合形成水合离子的多数情况，水分子会显著减弱离子与苯环的阳离子-π 作用。在第一性原理计算中，当把 K^+ 的水合数从 0 增加到 18 时，相应的 K^+-π 作用从 −16.2 kcal/mol 显著地减弱到了 −6.5 kcal/mol[21]，与室温下液态水中的氢键相当。因此，相较于气相环境，溶液中的离子-π 作用要减弱很多。这是水溶液中的水合离子与芳香环的作用一直没有得到足够重视，甚至被忽略的原因。

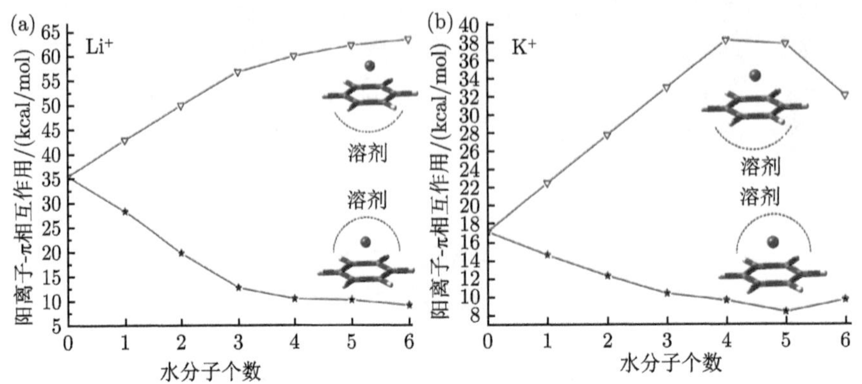

图 1.5　第一性原理计算得到的阳离子-π 作用随水分子个数的变化曲线，相关计算基于 B3LYP/6-311++G** 级别[21]

基于参数化极化势模型的第一性原理计算表明，在水相中，Li^+ 和 Na^+ 很难与苯环结合成由离子-π 作用形成的复合物，但是 K^+ 和 NH_4^+ 能分别以 −1.2 kcal/mol 和 −1.4 kcal/mol 的自由能与苯环结合[22]。水中离子-π 作用会比气相中弱，并且对小体系而言，在水相中阳离子-π 作用的键长会延长 1 ~ 2 Å，但是相对于传统的非共价键相互作用来说仍然很强，不能忽略。金属离子与水分子的配位会导致阳离子-π 作用距离变长，这就是为什么在蛋白质中能观察到跨越大范围的阳离子-π 作用[22]。

当一个体系中有多种相互作用时，因为多种相互作用之间的叠加、分子结构的扭曲或者构象的改变等，相互作用之间共同作用的结果并不能简单地相加。对非共价键相互作用之间的协同性的表现，尤其是阳离子-π 作用与相邻非共价键相互作用之间的协同作用的研究很有意义。生物和化学中常见的 M-π 和 π-π 作用之间的影响已经被研究过[23,24]。Sastry 等的计算表明，有金属离子存在时，2~4 kcal/mol 的 π-π 作用可以显著地增加到 6~17 kcal/mol，并且在生物大体系中，离子-π-π 协同相互作用出现的频率往往比单独的离子-π 作用出现的频率高。对 Li^+、Na^+、K^+、NH_4^+、PH_4^+、OH_3^+ 和 SH_3^+ 等一价的碱金属离子和非金属离子与苯环的相互作用，Sastry 等通过基于 MP2 方法的第一性原理计算得出 π-π 作用能增加了 2~5 kcal/mol，离子-π 作用能也有少量的增加 (0.1~3.1 kcal/mol)[25]。不限于 π-π 作用，离子-π 作用也能和氢键产生协同效应，并且增加氢键的强度[26]。宋波等通过计算表明，阳离子能同时与三个芳香体系相互作用，这种相互作用被称为阳离子 ⊗3π 作用，如图 1.6 所示[27]。这种阳离子⊗3π 作用因为多个阳离子-π 作用和 π-π 作用的相互堆叠和协同，具有了独特的性质。首先阳离子⊗3π 作用形成的复合物一般都是稳定的三角形构型，阳离子位于三角形中心；其次这种相互作用的强度和阳离子-π 作用强度相近，所以其重要性不能被忽略；并且阳离子⊗3π 作用的单苯结合能 (OBB-energy) 遵循与阳离子-π 作用相反的规律：$K^+ > Na^+ > Li^+$，离子半径越大，单苯结合能也越大。

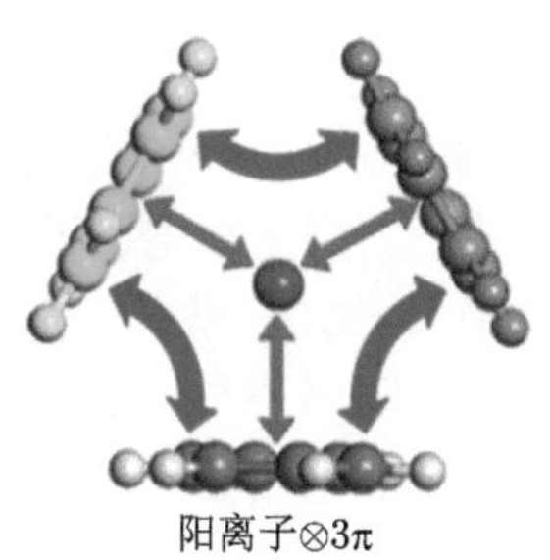

图 1.6 阳离子⊗3π 相互作用示意图[27]

1.2.2 阴离子-π 作用

与阳离子-π 作用相比，阴离子-π 作用的研究起步更晚。通常认为，带负电荷的阴离子应该与芳香环中的 π 电子之间是相互排斥的，这一观点可能使得阴离子-π 作用的发现较晚。与阳离子相比，阴离子往往具有更大的直径、“饱和”的电子排布、更高的溶解自由能和更复杂的几何配位，这使得对阴离子-π 作用的研究更具有挑战性。Park 和 Simmons 在 1968 年发现了带有多环铵的分子会通过静电相互作用和氢键与氯离子互相吸引[28]。之后在 20 世纪 90 年代，Schneider 等首先用核磁共振 (NMR) 的方法测出了，在水溶液中带负电荷的基团与电中性的有机物的 π 电子部分间存在弱的吸引力 (~0.5 kcal/mol)[29]。在 2002 年，有三个组的理论计算同时表明了阴离子和缺电子的芳烃 (electron-deficient aromatic hydrocarbon) 间的吸引作用，并因此引入了阴离子-π 作用[30−32]。阴离子-π 作用被定义为缺电子的芳香体系和阴离子，以及和孤对电子之间接触产生的相互作用。

进一步的研究表明，阴离子-π 作用主要来源于静电相互作用和阴离子的诱导极化效应[8,30,33]，这与阳离子-π 作用是相似的，其中静电成分和永久的电四极矩有关，这在 1.2.3 节中会详细描述。但是一般被提到和研究得最多的阴离子-π 作用并不是阴离子和苯环间的相互作用，而是阴离子和六氟苯 (C_6F_6) 间的相互作用。由于 F 比 H、C 的电负性更强，六氟苯的电四极矩和苯环的电四极矩方向相反，这使得六氟苯的碳原子对负电荷的吸引能力更强。典型的 Cl^- 与六氟苯间的阴离子-π 作用能达到 −12.6 kcal/mol[8]，大于 Cl^- 与苯环间的 −10.4 kcal/mol[3]。和苯环不同的是，六氟苯和在分子主对称轴上的 Cl^- 相互作用时，静电相互作用起着吸引力的作用，但与此同时它和 Cl^- 间的诱导相互作用却比苯和 Cl^- 间的要小。Cl^- 和苯环在同一平面上时能量最低[3]，但是 Cl^- 在六氟苯的主对称轴上时能量最低。第七主族的阴离子和六氟苯间的阴离子-π 作用有与碱金属和苯环间的阳离子-π 作用相似的规律性。计算表明，六氟苯与 F^-，Cl^-，Br^- 间的相互作用能分别为 −18.2 kcal/mol，−12.6 kcal/mol，−11.6 kcal/mol[8]。并且 H^- 和六氟苯间的相互作用能与 Cl^- 和六氟苯间的相互作用能非常接近，约为 −12.1 kcal/mol。

阳离子-π 作用和阴离子-π 作用的相对大小不仅取决于离子的电荷和半径，还与参与相互作用的芳香化合物的电四极矩和电子云的极化程度相关[34]。对于具有相似电四极矩的化合物，阳离子-π 作用的势能一般比阴离子-π 作用的势能更低。造成这种现象的原因可以归结为，阳离子与芳香化合物间的势能最低点一般比阴离子的更靠近芳香化合物，这使得静电相互作用更大，并且阳离子能更有效地极化芳香化合物。与阳离子-π 作用相比，阴离子-π 作用的显著特征是阴离子络合后环的芳香性增加[34,35]，而且阴离子 p_x 和 p_y 轨道与芳香环的分子轨道之间存在着明显的相互作用，如 F^- 和 1,3,5-三氟代苯的相互作用[36]。然而，这种看似是成键的相互作用是通过形成反键轨道来完成的，从而使阴离子-π 作用在性质上不成键[36]。

阴离子-π 作用对于芳香环有近似可加性。Deya 等在 2005 年的第一性原理计算中指出，阴离子-π 作用中阴离子到芳香环中心的间距对阴离子的配位数并不敏感[37]。他们分别计算了 Cl^- 和 Br^- 与不同数量的 1,3,5-三氟代三嗪和均三嗪的相互作用，发现阴离子-$π_2$ 复合物和阴离子-$π_3$ 复合物的结合能大约分别是阴离子-π 复合物的 2 倍和 3 倍 (表 1.1 和图 1.7)。这只是一个理论上的近似，实际上，考虑到非共价相互作用的协同效应，结合能不可能是单独相互作用能的简单相加。

表 1.1　12 种复合物有基组重叠误差 (BSSE) 校正的结合能 E、没有 BSSE 校正的结合能 E_{CP} 和阴离子与芳香环中心的间距或平均间距 R_e

复合物	RI-MP2		R_e/Å	MP2//RI-MP2	
	E/(kcal/mol)	E_{CP}/(kcal/mol)		E/(kcal/mol)	E_{CP}/(kcal/mol)
1(TFZ-Cl^-)	−20.3	−15.1	3.008	−20.3	−15.0
2(TFZ-Br^-)	−18.8	−14.2	3.176	−21.8	−14.2
3(TAZ-Cl^-)	−9.0	−5.3	3.220	−9.0	−5.2
4(TAZ-Br^-)	−8.4	−5.0	3.338	−10.7	−5.1
5(TFZ_2-Cl^-)	−38.2	−28.6	3.006	−38.5	−28.5
6(TFZ_2-Br^-)	−36.4	−26.8	3.170	−41.7	−26.8
7(TAZ_2-Cl^-)	−17.3	−10.4	3.213	−17.4	−10.4
8(TAZ_2-Br^-)	−16.8	−10.2	3.370	−20.6	−10.0
9(TFZ_3-Cl^-)	−64.2	−41.0	3.019[a]	−65.6	−41.0
10(TFZ_3-Br^-)	−60.7	−38.6	3.172[a]	−75.3	−38.6
11(TAZ_3-Cl^-)	−39.2	−22.2	3.015[a]	−39.6	−22.2
12(TAZ_3-Br^-)	−37.6	−21.7	3.372[a]	−49.2	−21.7

注：a 代表平均间距。

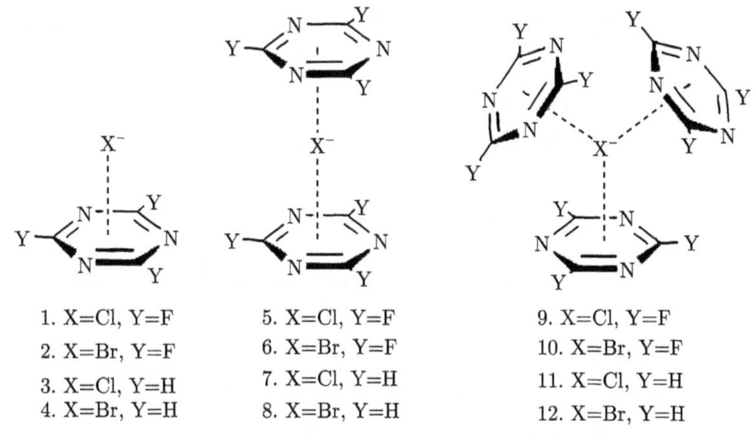

图 1.7 阴离子-π 作用的可加性[35]

图中 1～12 对应的是表 1.1 中复合物的编号

石国升等基于密度泛函理论对卤族阴离子和石墨烯之间的相互作用进行了计算，并且从电荷、电子轨道和结合位点等方面进行了详细的分析[38]。他们发现，卤族阴离子和苯环之间存在着相对较弱的甚至是排斥的相互作用，卤族阴离子和石墨烯之间存在着出人意料的强的阴离子-π 作用。例如，F^- 和 $C_{84}H_{24}$ 之间的结合能可以达到 −17.5 kcal/mol，大概相当于 $29k_BT$(T = 300 K 时，$k_BT \approx$ 0.60 kcal/mol)，说明石墨烯对 F^- 的吸附在常温下是比较稳定的。和六氟苯与阴离子的相互作用不同，石墨烯中多芳香环共存的结构提供了更多离域碳原子轨道，大大增加了阴离子与芳香环之间的轨道相互作用，从而使得阴离子与石墨烯产生了反常的强阴离子-π 作用，此外，他们进一步研究发现，类似的强阴离子-π 作用也存在于其他富含 π 电子的稠环芳烃 (多芳香环) 化合物或分子之间[39]。

1.2.3 能量分解分析

能量分解分析 (EDA) 一般用来计算分子间相互作用能中各个相互作用项的相对贡献。能量分解分析有块定域波函数 (BLW)、北浦和诸熊的能量分割法 (KM) 以及对称性微扰理论 (SAPT) 等多种方法，其中较为流行的是对称性微扰理论。Sherrill 应用对称性微扰理论的计算方法，将阳离子-π 作用分解成了 4 项相互作用：静电相互作用项、诱导相互作用项、伦敦色散项和交换互斥项[11]。

静电相互作用项是指在分子电荷不受扰动的情况下，分子的电荷在其原始分布情况下的直接的电磁相互作用 [40]。如果两个分子的间距远大于它们自己的分子线度，则可以忽略多极展开项的贡献。静电相互作用项是氢键能量的主要成分[40]。

极化相互作用项，又叫诱导相互作用项，来源于其他分子的平均电场所引起的一个分子的形变。诱导相互作用项的主要部分是其他分子的电磁场诱导的一个分子的电极化[41]。这个相互作用项可以用 Rayleigh-Schrödinger 微扰理论中的二阶以及高阶项描述。

伦敦色散项，又叫色散相互作用项，它源于分子中电子密度的涨落，是电子的量子力学性质的结果。涨落导致了分子中电子密度的重新分布。分子中一个瞬间的电荷分布，对应分子的一个瞬时偶极矩和高阶矩，也诱导了另一个分子上的多极矩。这些极矩的相互作用能便是色散相互作用能。对于基态下的分子，色散相互作用能总是负值，即此时色散相互作用是吸引作用[38]。色散相互作用存在于所有分子间，当然不包含失去电子的氢离子 (质子)。这个相互作用同样可以用 Rayleigh-Schrödinger 微扰理论描述。London 指出了关于这种能量的二阶微扰理论和光的色散间的联系，因此这种能量被称为色散相互作用能。

交换互斥项源于泡利不相容原理，多电子系统的波函数对于其电子的交换必须是反对称的。这完全是费米子的量子力学性质，在经典极限下，交换相互作用能为零。

在对 Na^+ 位于苯环正上方时相互作用的能量成分分解中，静电相互作用项和诱导相互作用项是最主要的吸引力成分，交换互斥项则是在 Na^+ 和苯环过于靠近后排斥力的主要来源。虽然色散相互作用项属于吸引作用，但是占比很小 [11]。当 Na^+ 和苯环在同一平面上时，虽然静电相互作用项变成了排斥项，但是诱导相互作用项仍然很强，以至于 Na^+ 和苯环间的相互作用还是吸引作用，如图 1.3[11]。苯环有可以极化的电子，Na^+ 又是典型的阳离子，所以二者之间的诱导相互作用很强也在情理之中。实际上，在 Sherrill 之前，Tsuzuki 等早在 2001 年就提出了诱导相互作用在阳离子-π 作用中起着重要作用[42]。

在气相条件下，碱金属与苯环的阳离子-π 作用大小的规律和碱金属与第七主族的阴离子的相互作用大小的规律类似。从这里可以看出，静电相互作用项在阳离子-π 作用中起了相当关键的作用，至少和诱导作用相当。如果是色散相互作用或者诱导相互作用起主导作用的话，那么在元素周期表下方的 Rb^+ 和 Cs^+ 与苯环的相互作用能会更大。Dougherty 等在 1996 年提出，对于 11 种不同的芳香环化合物与 Na^+ 间的阳离子-π 作用能大小的差异主要来源于其中静电相互作用项的差异[17]。他后来还指出，如果想要知道对于同一阳离子，一系列相似的芳香环化合物与它的阳离子-π 作用的变化趋势，只需要考虑静电相互作用即可[17,43]。

对于静电相互作用，Reisse 和 Williams 等强调了电四极矩在苯环中的重要作用[44,45]。电四极矩模型提供了一个简单的苯环的电荷分布，并且可以自然而然地用来解释静电作用项，如图 1.8。但是阳离子-π 作用不全是静电相互作用项。离子和电四极矩的相互作用能应该是按照其间距 r 的负 3 次方递减的，而 Dougherty 等发现[4]标准的阳离子-π 作用的距离依赖性是 r 的负 n 次方，其中 $n < 2$。

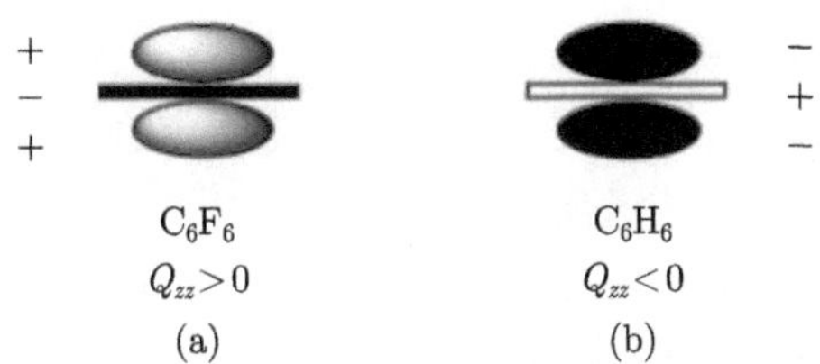

图 1.8 六氟苯 (a) 和苯 (b) 的电四极矩示意图

阴离子-π 作用还可以用一种叫做极化能量分配 (MIPp) 的方法来进行能量分解分析[46]。表 1.2 是对 Cl^- 和 4 种不同的芳香化合物相互作用的能量分解的结果。

表 1.2 MIPp 计算得到的 Cl^- 在平衡位置与 4 种芳香化合物的能量分解[33]

(单位：kcal/mol)

芳香化合物	E_{ELE}	E_{POL}	E_{VW}	E_{TOT}
$C_3N_3F_3$	−12.9	−4.5	0.9	−16.5
N_6	−12.3	−4.0	1.1	−15.2
$C_3N_3H_3$	−2.2	−4.1	−0.3	−6.6
$C_6H_3F_3$	−1.1	−4.8	−1.0	−6.9

从表 1.2 中可以看出，静电相互作用和诱导极化作用项在阴离子-π 作用中占了绝大部分的比例，并且对不同的芳香环化合物，Cl^- 与其阴离子-π 作用能的变化基本来自静电相互作用的变化，这一点与阳离子-π 作用是一致的。

1.3 离子-π 作用的实验测量

1.3.1 核磁共振和质谱方法

在水溶液或者有机溶剂中，阳离子与选定的氨基酸衍生物侧链之间的离子-π 作用可以通过 ^1H 核磁共振光谱滴定法测得[47]。这个实验的结果表明，在这些氨基酸衍生物中，阳离子-π 作用的强度与盐桥相互作用、氢键的强度不相上下。基于四苯硼酸盐的多核固态核磁共振研究探明了阳离子-π 作用的核磁共振特征信号[48,49]，这些化合物中的碱金属离子 $^{23}Na^+$、$^{39}K^+$、$^{87}Rb^+$ 和 $^{133}Cs^+$ 表现出了高度负的化学位移，这对应于金属中心被电子高度屏蔽的环境，因此这一特征可以用作核磁共振光谱特征，用于检测阳离子-π 作用。对于阴离子，Schneider 等首先用核磁共振的方法测出了，在水溶液中带负电荷的基团与电中性的有机物的 π 电子部分间存在弱的吸引力[29]。

对咪唑基离子液体和苯之间的核磁共振研究发现，咪唑环会夹在两个苯环之间，表现出阳离子-π 作用[50]。并且通过对乙醚钠络合物的固态 ^{23}Na 核磁共振研究可以知道络合物中的 Na^+ 与吲哚基团相互作用中的电四极矩耦合常数，这个电四极矩耦合常数也可以看作是阳离子-π 作用的特征之一[51]。^{133}Cs 脉冲扩散核磁共振波谱可以探测出杯状芳烃结构的存在，这种络合物是在离子-π 作用下形成的，所以这种方法也能用来测量离子-π 作用[52]。用 ^{13}C 核磁共振的数据也可以验证环辛烯与碱土金属形成的配合物中的强阳离子-π 作用[53]。^{19}F 核磁共振和 ^{1}H 核磁共振实验可以分别用来探测邻近的—C_6F_5 分子群和阴离子、溶液中中性受体分子和阴离子之间的阴离子-π 作用[54]。

综合上面的实验，核磁共振谱被广泛用于识别和表征几类化合物中阳离子和阴离子与芳香环结构之间的相互作用，它是测量和探测离子-π 作用的有力手段。

质谱方法已经成为帮助我们理解阳离子-π 作用与不同化合物结合的内在模式的理想方法。碰撞诱导解离 (CID) 实验已经被用来测试 Ag^+ 和苯基丙氨酸复合物解离的机理[55]。Armentrout 等用碰撞诱导解离技术测定了单苯和双苯与碱金属阳离子的配合物的键解离能的大小顺序[56]。Dunbar 等一直致力于利用傅里叶变换离子回旋共振 (FT-ICR) 质谱仪来理解金属离子-π 配合物的形成[57−60]。他们用这种质谱方法分析了不同离子和六苯并苯复合物的单体和二聚体[60]，并且用动力学方法证明了 Na^+ 与 Phe、Tyr 和 Trp 的结合比 K^+ 更强[59]。Na^+ 与丙氨酸 (Ala) 和 Phe 相互作用的配合物以及 Phe-Phe 配体对金属阳离子的包裹中的阳离子-π 作用都能用质谱方法测得[57,58]。电喷雾电离 (ESI) 傅里叶变换质谱研究水合二价碱土金属离子与苯的相互作用表明，Mg^{2+} 之间存在的阳离子-π 作用被水分子部分屏蔽掉了[61]。ESI 质谱的研究还发现，阳离子-π 作用能增强三明治状的苯并冠醚与碱金属的结合[62]。

1.3.2 红外光谱和紫外光谱方法

分子红外光谱 (IRS) 的研究有助于理解离子-π 作用对分子性质和成键特点的影响。氩标记碱金属离子–冠醚配合物的红外预解离光谱 (IRPD) 研究揭示了各冠醚的中性振动在与一种碱金属络合时是如何转移到更高频率的，并且说明了碱金属与这种化合物的络合是与双方的大小都有关系的[63]。Dunbar 等还用红外多光子解离光谱 (IRMPD) 的方法来描述碱金属离子和不同的二肽、三肽、苯丙氨酸配体等化合物在阳离子-π 作用下的结合[57,64,65]。红外多光子解离光谱的研究发现，当铵基的三个质子之一指向吲哚亚基，使分子内阳离子-π 作用最大化时，这个体系的能量最低[66]。

紫外线激发对芳香环振动的拉曼光谱带的选择性增强使人们了解了氨基酸残基中芳香环的相互作用 [67]。Schlamadinger 等用紫外共振拉曼光谱 (UVRR) 的方法测得了二氮杂冠醚吲哚结构中的吡咯基团与 Na^+ 或者 K^+ 形成阳离子-π 作用，在 760~780 cm^{-1} 区域的相对强度的系统性位移[68]。2016 年，Shi 等[69] 通过紫外吸收光谱的测量，发现在 228 nm 附近的吸收峰可以归因于 Cu^{2+} 和色氨酸的离子-π 作用，并且可以反映出 Trp 中吲哚环较强的 π-π* 跃迁的小红移，如图 1.9。紫外光谱 (UVS) 的方法还可以证明氧化石墨烯中的芳香环与水合离子之间存在着离子-π 作用[70]，与之前的结果类似，在 230 nm 附近吸收谱的变化来自离子-π 作用，如图 1.10。

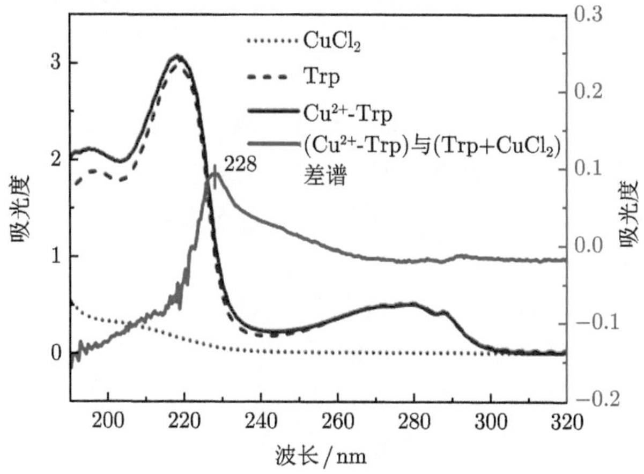

图 1.9 Trp, $CuCl_2$ 和 Cu^{2+}-Trp 的紫外吸收光谱[69]

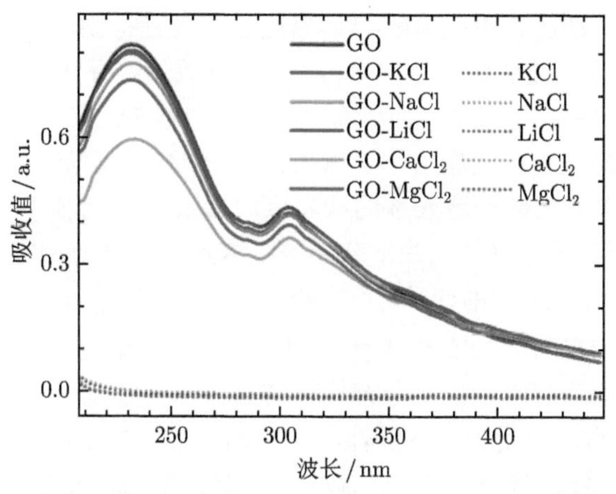

图 1.10 与各种 0.025 M (1 M=1 mol/L) 盐溶液 1:1 混合的 GO 悬浮液 (50 mg/L) 的紫外吸收光谱[70]

1.4 离子-π 作用的相关应用

本节将简单介绍无水或者不显式考虑水的离子-π 作用，有水环境下的水合离子-π 作用的相关应用将在第 2 章介绍。

1.4.1 离子-π 作用在生物领域的相关应用

Dougherty 的研究小组是最先系统地研究阳离子-π 作用在生物系统中发挥重要影响的研究团队之一[71]。过去二十多年的研究发现，关于阳离子-π 作用在不同种类的生物系统中扮演重要角色或起到重要作用的研究的数量呈指数型增长。蛋白质数据库 (PDB) 中有关离子和芳香环体系相互作用的结构数量不断增加，金属离子与许多生物过程有关[72]。

CusF 蛋白是一种运输 Cu^{2+} 的蛋白质，通过 Cu^{2+} 与 Trp 残基的离子-π 作用来稳固 Cu^{2+} 与蛋白质的结合[73,74]。该蛋白质的光谱研究揭示了拉曼光谱的强度随波长的倒转特性以及 Trp 模式的频移，这意味着该蛋白质的 Cu(I) 和 Ag(I) 形式都存在强的阳离子-π 作用[74]。

肽链中不同氨基酸间的阳离子-π 作用的稳定性对它们的结构有很大的影响。金属离子和氨基酸侧链中受各种力影响所产生的不同的预取向方向对形成稳定的阳离子-π 作用是很关键的。Kallenbach 及合作者展示了如果两个残基以适当的间距和方向放置在肽表面，单个色氨酸与精氨酸之间的 Trp/Arg $(i, i+4)$ 相互作用如何对螺旋稳定性产生显著的、纯有利于自由能的贡献 [75]。然而，苯丙氨酸与精氨酸间的 Phe/Arg $(i, i+4)$ 阳离子-π 作用却与此不同，这种相互作用对蛋白质中的螺旋稳定性没有净的自由能贡献[76]。精氨酸溶液在抑制蛋白质聚集形成阳离子-π 作用方面的作用也被认识到。Cumpstey 等报道了芳香乳糖 2-*O* 酯与半乳糖复合物的分子模拟研究，证实了其抑制作用，因为半乳糖-1 的芳香酯部分与精氨酸胍基之间形成了强烈的相互作用[77]。以质谱为分析工具，Woods 等探索了多肽间的相互作用，在含有相邻芳香残基的肽表位中，以 Arg 为模型来描述阳离子-π 复合物在蛋白质–蛋白质相互作用中的作用[78]。$NADP^+$ 依赖的醛脱氢酶和托品酮还原酶的晶体结构表明，精氨酸残基与腺嘌呤部分通过阳离子-π 作用互相影响[79]。

许多研究都集中在阳离子-π 作用在酶的功能和活性中的可能作用。Goldstein 等测定了金黄色葡萄球菌磷脂酰肌醇特异性磷脂酶 C 的晶体结构。他们认为酶结构中的分子内阳离子-π 作用为酶在酸性环境中的活性提供了解释[80]。

现在有大量的蛋白质结构已经被表征，其中对于蛋白质结构起重要作用的便是阳离子-π 作用。拟南芥的光感受器蛋白 UVR8 在其中一个叶片的 Trp 和 Arg 周围显示出广泛的分子内阳离子-π 作用网络。研究者提出了 UVR8 介导的紫外-B 感知的分子机制，这导致了分子内阳离子-π 作用的失稳，从而导致由 Trp 和 Arg 介导的几个关键分子间氢键的断裂，并导致 UVR8 同二聚体的随后解离[81]。Kenoth 等认为不同侧链间的阳离子-π 作用和盐桥形成对 HET-C2 糖脂转移蛋白折叠有稳定的贡献[82]。Gasymov 等揭示了在眼表存在泪脂蛋白的情况下，苯丙氨酸–赖氨酸 (Phe-Lys) 对环间阳离子-π 作用如何明显地有助于稳定环的构象[83]。Horng 和他的同事提供的实验结果表明了阳离子-π 作用在促进胶原三螺旋自组装成一个从头到尾的高阶结构中的重要性[84]。Contestabile 和同事认为，Tyr 在丝氨酸酶中依靠阳离子-π 作用与 Arg 结合，这对于正确定位辅因子和维持参与底物和辅因子的结合是至关重要的[85]。

Dougherty 等提供了不同离子通道的示例，其中提出了阳离子-π 作用介导的选择性假设[71]。在 Tyr 82 的两种不同取向下，可以测得变铅青链霉菌的 K^+ 通道的 X 射线晶体结构，然而其中一种取向不能产生阳离子-π 作用[86]。Dougherty 等随后研究了四乙基铵通道阻滞剂与这种芳香环之间是否存在阳离子相互作用，他们在加入一系列不同氟化程度的苯丙氨酸侧链后发现四乙基铵的阻滞中有强的离子-π 作用成分[87]。Ahern 和同事已经在他们的论文中阐明，考虑到阳离子-π 作用的强烈的表面几何偏好，振动钾离子通道中 Lys374 和 Trp290 之间的阳离子-π 作用是如何根据这个机理变化的[88]。他们在电压控制的钠通道中掺入 Phe 的氟化衍生物，用来证明在河豚毒素敏感的钠通道中，在离子传导孔的外部前庭的特定位置，芳香残基的存在是必需的 [89]。Khandelia 等报道了在十二烷基磷胆碱胶束界面附近的 13-残基抗菌肽吲哚青素中，Trp11 和 Arg13 之间持续的阳离子-π 作用，这是形成良好船形结构的原因[90]。

阴离子的大小、几何形状的变化，大大丰富了阴离子-π 作用的选择性和方向性。Mascal 等提出了基于 π-电子缺陷环的新型圆柱状受体，如三嗪、三聚氰酸和硼酸，在气相中和水溶剂模型中对氟的选择性高[91]。这类受体在核医学靶向示踪探针的传感和 ^{19}F 标记中都有应用。核酸的碱基 (尤其是质子化时) 是电子贫乏的芳香族部分，已被证明与各种阴离子以及诸如 H_2O 等富含电子分子的孤对电子之间建立了阴离子-π 作用[92,93]。最近的发现是，即使是非电子缺陷的芳香环 (如氨基酸的芳香侧基) 也能在某些条件下建立阴离子-π 作用，而 70% 的酶底物是阴离子，也强调了进一步研究阴离子-π 作用的分子基础及迄今未被探索的结论的重要性。

上述讨论有力地证明了生物中离子-π 作用的相关性，以及它们普遍存在的重要意义。这些研究可能只是离子-π 作用的冰山一角，此外，还存在着大量的生物大分子有待于通过严格的合成、光谱和计算程序加以探索，以充分揭示离子-π 作用在其中的贡献。

1.4.2 离子-π 作用在材料科学领域的应用

近十年来，在纳米系统 (包括纳米管、纳米胶囊、纳米球、纳米凝胶复合材料等) 中存在阳离子-π 作用的实验证据不断出现。Kim 等在由对苯二酚组成的纳米管孔隙中合成了原子尺寸的单晶银纳米线 [6]。对苯二酚部分在这些纳米管中较高的电子密度使它们能够通过阳离子-π 作用以高亲和力在其孔中捕获金属离子。Park 等设计了一种由刚性吡啶基团和方形平面金属配合物组成的间苯二酚[4](resorcin[4]) 芳烃衍生物构建纳米自组装分子胶囊的方法[94]，其中带正电荷的 N-烷基吡啶衍生物通过强阳离子-π 作用被包裹在这些胶囊中。Fukushima 等专注于以咪唑离子为基的室温下的离子液体，它与单壁纳米管 (SWNT) 结合形成物理凝胶[95]。他们研究了随后的凝胶产物的相变和流变特性，其中包含未被缠结的更细的纳米管束，他们认为该体系可能由单壁纳米管束之间的大量弱物理关联控制，而这些关联是离子液体分子有序性的原因。单壁纳米管的 π-电子表面和咪唑啉离子的可能的阳离子-π 作用使这种有序化成为可能。

大量的研究强调了中性金属与石墨烯或碳纳米管之间的相互作用，然而对纳米系统中阳离子-π 作用的计算研究相对有限。但是这方面的研究却又十分重要，其对纳米技术，特别是水相中的纳米技术和材料科学有指导作用。Tachikawa 等研究了 Li^+ 在 $C_{96}H_{24}$ 非晶碳模型表面的扩散动力学[96]，用半经验 MO 理论和直接 MO 动力学方法分析了 Li^+ 在模型表面的扩散过程，说明了 Li^+ 在团簇边缘的结合偏好。这个研究还发现了 Li^+ 向团簇表面的电荷转移以及 Li^+ 在团簇表面的迁移与温度的关系。

最近的研究也强调了阳离子-π 作用在处理土壤和其他环境中存在的有机污染物方面的有效性。阳离子相互作用在抗生素、有机污染物、蒙脱石等不同分子吸附中也有相当大的应用潜力[97,98]。这些研究表明，四环素和石墨烯之间存在着通过范德瓦耳斯力和阳离子-π 键介导的强吸附相互作用。氧化石墨烯已经成为四环素类抗生素从水溶液中脱除的有效吸附剂 [99]，分光光度法结果表明，π-π 作用和阳离子-π 作用的存在影响了吸收。

1.4.3 离子-π 作用在能源领域的应用

电池内部存在大量的离子，电池放电和充电的过程都涉及电荷的宏观定向移动，这使得在电池的材料和设计方面，如果考虑离子-π 作用，电池的储能效率、输出电压等性质会有所改善。碳纳米管锂电池因其高容量、高循环性和高能量密度而受到广泛关注，被认为是最有前途的电化学储能系统之一。在碳纳米管锂电池中，锂离子与碳纳米管之间的主要相互作用是阳离子-π 作用。利用密度泛函理论计算可以确认阳离子-π 作用是如何影响锂离子电池的性能的[100]。如果考虑 Li-π 作用和 Li^+-π 作用，则发现随着碳纳米管直径的增大，电池电压增大。另外，当 Li^+ 吸附在外壁时，电池电压比 Li^+ 吸附在内壁时大。这表明，大直径、低阵列密度的碳纳米管更有利于提高以碳纳米管为基的锂电池的存储性能，与 (4, 4) 碳纳米管内壁上的锂离子电池电压相比，(10, 10) 碳纳米管内壁上的锂离子电池电压提高了 0.55 V，提高了约 38%。这些结果将有助于设计更高效的碳纳米管锂电池。

可充电的铝离子电池以其三电子氧化还原能力强、自然资源利用率高、低易燃性等优点受到广泛关注。Liu 和 Shi 通过密度泛函理论计算，利用阳离子-π 作用，设计出了一种超高电压的铝离子电池，这种电池的输出电压 (~12 V) 是以前报道过的铝离子电池的最高电压的 6 倍[101]。当电池输出功率一定时，增大输出电压可以减小输出电流，根据电热公式 $Q = I^2R$，可以有效地减少电热损失，提高输出效率。他们计算了铝离子和三种不同的碳基材料 (碳纳米管、单层石墨烯和双层石墨烯) 作为铝离子电池的电池材料之间的相互作用，如图 1.11。他们发现碳纳米管对 Al^{3+} 和 Al 的吸附能差随碳纳米管直径的增大而增大，所以碳纳米管直径越大，电池电压越大。Al^{3+} 的吸附能在碳纳米管外部比在碳纳米管内要大。这与之前的锂离子电池是一致的。此外，由于 π 电子在这些碳基纳米材料中的高度离域性质，Al^{3+} 沿轴的扩散势垒很低，这有利于铝离子电池的快速充电/放电。

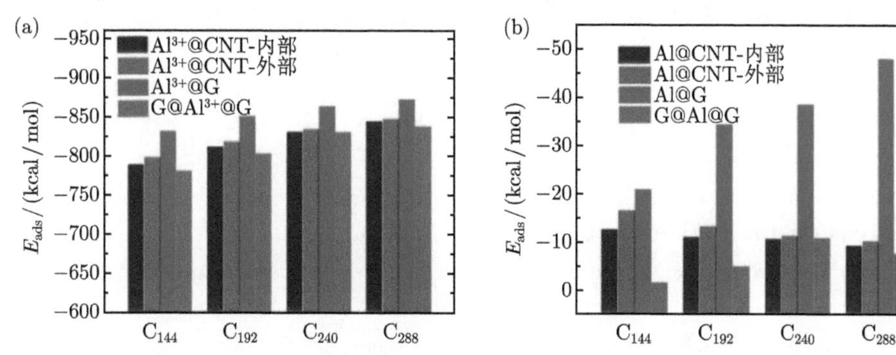

图 1.11 (a) Al^{3+} 在不同碳原子数的不同碳基材料中的吸附能；(b) Al 在不同碳原子数的不同碳基材料中的吸附能

混合 MoS_2/C 纳米结构具有良好的导电性和电化学性能，有希望成为锂离子电池的理想负极材料。但是单纯的 MoS_2/C 混合结构中，MoS_2 未被碳层覆盖的那一面仍然是低导电性的，并且这种电极的结构也不是很牢固。上海大学的吴明红等设计了一种新型的结构，这种结构是由聚吡咯衍生碳纳米管 @MoS_2@C(PCN@MoS_2@C) 组合而成的三明治结构[38]。他们通过实验和理论计算证明，这种层间距为 0.98 nm 的超薄 MoS_2 纳米片与导电碳层之间的有效耦合极大地促进了锂离子在以阳离子-π 作用为基础的深循环过程中的反应动力学，从而产生了优异的锂存储性能。

1.5 本章小结

本章简单介绍了离子-π 作用的基本性质和特点以及对应的主要理论研究方法、实验测量手段和离子-π 作用的应用等内容。虽然离子-π 作用被发现得比较晚，但是由于离子-π 作用强于一般的传统非共价键作用，如氢键、盐桥等，因而有着极大的研究价值。阳离子-π 作用是由轨道相互作用、静电相互作用和极化相互作用为主的多种相互作用形式组成的，在不同的体系中，各组分所占比例也不同，甚至还会和其他非共价键相互作用产生协同效应。而阴离子-π 作用主要来源于静电相互作用和阴离子的诱导极化效应。当前，离子-π 作用的研究已经在生物、化学领域中有着重要影响，例如，蛋白质的结构与功能调控、分子与离子的识别、有机合成和生物体系的催化以及纳米化合物聚合等，大多与离子-π 作用有关。需要注意的是，虽然气相下的离子-π 作用强于一般的非共价键作用，但在溶液环境中，这一作用会受到极大削弱，这使得离子-π 作用在溶液环境中，这一极为重要的离子-π 作用的应用受到了很大的影响，以致长期没有受到足够重视，甚至被忽视。第 2 章将介绍溶液中的水合离子-π 作用的相关科研成果。这些成果证明，水合离子-π 作用尽管受到了溶液屏蔽效应的影响，弱于气相下的离子-π 作用，但仍然是不可忽视的。

参 考 文 献

[1] Desiraju G R. Hydrogen bridges in crystal engineering: interactions without borders. Accounts of Chemical Research, 2002, 35(7): 565-573.

[2] Perrin C L, Nielson J B. "Strong" hydrogen bonds in chemistry and biology. Annual Review of Physical Chemistry, 1997, 48(1): 511-544.

[3] Sunner J, Nishizawa K, Kebarle P. Ion-solvent molecule interactions in the gas phase: The potassium ion and benzene. The Journal of Physical Chemistry, 1981, 85(13): 1814-1820.

[4] Dougherty D A. Cation-π interactions in chemistry and biology: a new view of benzene, Phe, Tyr, and Trp. Science, 1996, 271(5246): 163-168.

[5] Dougherty D A. Cation-π interactions involving aromatic amino acids. Journal of Nutrition, 2007, 137(6): 1504s-1508s.

[6] Hong B, Bae S C, Lee C, Jeong S, Kim K S. Ultrathin single-crystalline silver nanowire arrays formed in an ambient solution phase. Science, 2001, 294(5541): 348-351.

[7] Kool E T, Waters M L. The model student: what chemical model systems can teach us about biology. Nature Chemical Biology, 2007, 3(2): 70-73.

[8] Giese M, Albrecht M, Rissanen K. Anion-π interactions with fluoroarenes. Chemical Reviews, 2015, 115(16): 8867-8895.

[9] Marshall M S, Steele R P, Thanthiriwatte K S, Sherrill C D. Potential energy curves for cation-π interactions: off-axis configurations are also attractive. Journal of Physical Chemistry A, 2009, 113(48): 13628-13632.

[10] Meotner M, Deakyne C A. Unconventional ionic hydrogen bonds. 2. $NH^{+}\ldots\pi$ complexes of onium ions with olefins and benzene derivatives. Journal of the American Chemical Society, 1985, 107(2): 474-479.

[11] Sherrill C D. Energy component analysis of π interactions. Accounts of Chemical Research, 2013, 46(4): 1020-1028.

[12] Feller D, Dixon D A, Nicholas J B. Binding enthalpies for alkali cation-benzene complexes revisited. Journal of Physical Chemistry A, 2000, 104(48): 11414-11419.

[13] Mahadevi A S, Sastry G N. Cation-π interaction: its role and relevance in chemistry, biology, and material science. Chemical Reviews, 2013, 113(3): 2100-2138.

[14] Reddy A S, Sastry G N. Cation [M = H^+, Li^+, Na^+, K^+, Ca^{2+}, Mg^{2+}, NH_4^+, and NMe_4^+] interactions with the aromatic motifs of naturally occurring amino acids: a theoretical study. Journal of Physical Chemistry A, 2005, 109(39): 8893-8903.

[15] Mecozzi S, West A P, Dougherty D A. Cation-pi interactions in aromatics of biological and medicinal interest: electrostatic potential surfaces as a useful qualitative guide. Proceedings of the National Academy of Sciences of the United States of America, 1996, 93(20): 10566-10571.

[16] Ngola S M, Dougherty D A. Concerning the effects of aromatic ring fluorination on the cation-π interaction and other molecular recognition phenomena in aqueous media. Journal of Organic Chemistry, 1998, 63(14): 4566-4567.

[17] Mecozzi S, West, P A, Dougherty D A. Cation-π interactions in simple aromatics: electrostatics provide a predictive tool. Journal of the American Chemical Society, 1996, 118(9): 2307-2308.

[18] Vijay D, Sastry G N. A computational study on π and σ modes of metal ion binding to heteroaromatics $(CH)_{5-m}X_m$ and $(CH)_{6-m}X_m$ (X = N and P): contrasting preferences between nitrogen- and phosphorous-substituted rings. Journal of Physical Chemistry A, 2006, 110(33): 10148-10154.

[19] Liu T, Gu J, Tan X J, Zhu W, Luo X M, Jiang H-L, et al. The relationship between binding models of TMA with furan and imidazole and the molecular electrostatic potentials: DFT and MP2 computational studies. Journal of Physical Chemistry A, 2013, 106(1): 157-164.

[20] Kumpf R A, Dougherty D A. A Mechanism for ion selectivity in potassium channels: computational studies of cation-π interactions. Science, 1993, 261: 1708-1710.

[21] Rao J S, Zipse H, Sastry G N. Explicit solvent effect on cation-π interactions: a first principle investigation. Journal of Physical Chemistry B, 2009, 113(20): 7225-7236.

[22] Orabi E A, Lamoureux G. Cation-π and π-π interactions in aqueous solution studied using polarizable potential models. Journal of Chemical Theory and Computation, 2012, 8(1): 182-193.

[23] Reddy A S, Vijay D, Sastry G M, Sastry G N. Reply to "comment on 'from subtle to substantial: role of metal ions on π-π interactions"'. The Journal of Physical Chemistry B, 2006, 110(20): 10206-10207.

[24] Reddy A S, Vijay D, Sastry G M, Sastry G N. From subtle to substantial: role of metal ions on π-π interactions. Journal of Physical Chemistry B, 2006, 110(6): 2479-2481.

[25] Vijay D, Sastry G N. The cooperativity of cation-π and π-π interactions. Chemical Physics

Letters, 2010, 485(1-3): 235-242.

[26] Vijay D, Zipse H, Sastry G N. On the cooperativity of cation-π and hydrogen bonding interactions. The Journal of Physical Chemistry B, 2008, 112(30): 8863-8867.

[27] Duan M, Song B, Shi G, Li H, Ji G, Hu J, et al. Cation⊗3π: cooperative interaction of a cation and three benzenes with an anomalous order in binding energy. Journal of the American Chemical Society, 2012, 134(29): 12104-12109.

[28] Park C H, Simmons H E. Macrobicyclic amines: Ⅲ Encapsulation of halide ions by in, in-1, $(k+2)$-diazabicyclo $[k.l.m.]$ alkane ammonium ions. Journal of the American Chemical Society, 1968, 90(9): 2431-2432.

[29] Schneider H, Werner F, Blatter T. Attractive interactions between negative charges and polarizable aryl parts of host-guest systems. Journal of Physical Organic Chemistry, 1993, 6(10): 590-594.

[30] Quinonero D, Garau C, Rotger C, Frontera A, Ballester P, Costa A, et al. Anion-π interactions: do they exist? Angewandte Chemie International Edition, 2002, 41(18): 3389-3392.

[31] Mascal M, Armstrong A, Bartberger M D. Anion-aromatic bonding: a case for anion recognition by π-acidic rings. Journal of the American Chemical Society, 2002, 124(22): 6274-6276.

[32] Alkorta I, Rozas I, Elguero J. Interaction of anions with perfluoro aromatic compounds. Journal of the American Chemical Society, 2002, 124(29): 8593-8598.

[33] Garau C, Frontera A, Quinonero D, Ballester P, Costa A, Deya P M. A topological analysis of the electron density in anion-π interactions. ChemPhysChem, 2003, 4(12): 1344-1348.

[34] Garau C, Frontera A, Quinonero D, Ballester P, Costa A, et al. Cation-π versus anion-π interactions: energetic, charge transfer, and aromatic aspects. Journal of Physical Chemistry A, 2004, 108(43): 9423-9427.

[35] Garau C, Frontera A, Quinonero D, Ballester P, Costa A, Deya P M. Cation-π versus anion-π interactions: a comparative *ab initio* study based on energetic, electron charge density and aromatic features. Chemical Physics Letters, 2004, 392(1): 85-89.

[36] Garau C, Frontera A, Quinonero D, Ballester P, Costa A, Deya P M. Cation-π vs anion-π interactions: a complete π-orbital analysis. Chemical Physics Letters, 2004, 399(1): 220-225.

[37] Garau C, Quinonero D, Frontera A, Ballester P, Costa A, et al. Approximate additivity of anion-π interactions: an *ab initio* study on anion-π, anion-π_2 and anion-π_3 complexes. The Journal of Physical Chemistry A, 2005, 109(41): 9341-9345.

[38] Shi G, Ding Y, Fang H. Unexpectedly strong anion−π interactions on the graphene flakes. Journal of Computational Chemistry, 2012, 33(14): 1328-1337.

[39] Shi G, Yang J, Ding Y, Fang H. Orbital effect-induced anomalous anion-π interactions between electron-rich aromatic hydrocarbons and fluoride. ChemPhysChem, 2014, 15(12): 2588-2594.

[40] Buckingham A D, Fowler P W, Hutson J M. Theoretical studies of van der Waals molecules and intermolecular forces. Chemical Reviews, 1988, 88(6): 963-988.

[41] Buckingham A D. Basic theory of intermolecular forces // Teixeira-Dias J J C. Molecular Liquids: New Perspectives in Physics and Chemistry. Dordrecht: Springer, 1992: 121-145.

[42] Tsuzuki S, Yoshida M, Uchimaru T, Mikami M. The origin of the cation-π interaction: the significant importance of the induction in Li^+ and Na^+ complexes. The Journal of Physical Chemistry A, 2001, 105(4): 769-773.

[43] Dougherty D A. The cation-π interaction. Accounts of Chemical Research, 2013, 46(4): 885-893.

[44] Williams J H. The molecular electric quadrupole moment and solid-state architecture. Accounts of Chemical Research, 1993, 26(11): 593-598.

[45] Luhmer M, Bartik K, Dejaegere A, Bovy P, Reisse J. The importance of quadrupolar interactions in molecular recognition processes involving a phenyl group. Bulletin de la Société Chimique de France, 1994, 131(5): 603-606.

[46] Luque F J, Orozco M. Polarization effects in generalized molecular interaction potential: new Hamiltonian for reactivity studies and mixed QM/MM calculations. Journal of Computational Chemistry, 1998, 19(8): 866-881.

[47] Pletneva E V, Laederach A, Fulton D B, Kostic N M. The role of cation-π interactions in biomolecular association. Design of peptides favoring interactions between cationic and aromatic amino acid side chains. Journal of the American Chemical Society, 2001, 123(26): 6232-6245.

[48] Wu G, Terskikh V. A multinuclear solid-state nmr study of alkali metal ions in tetraphenylborate salts, $M[BPh_4]$ (M = Na, K, Rb and Cs): what is the NMR signature of cation-π interactions? The Journal of Physical Chemistry A, 2008, 112(41): 10359-10364.

[49] Wong A C N, Whitehead R D, Gan Z, Wu G. A solid-state NMR and computational study of sodium and potassium tetraphenylborates: ^{23}Na and ^{39}K NMR signatures for systems containing cation-π Interactions. The Journal of Physical Chemistry A, 2004, 108(47): 10551-10559.

[50] Shimomura T, Takamuku T, Yamaguchi T. Clusters of imidazolium-based ionic liquid in benzene solutions. Journal of Physical Chemistry B, 2011, 115(26): 8518-8527.

[51] Bryce D L, Adiga S, Elliott E K, Gokel G W. Solid-state ^{23}Na NMR study of sodium lariat ether receptors exhibiting cation-π interactions. The Journal of Physical Chemistry A, 2006, 110(50): 13568-13577.

[52] Cuc D, Canet D, Morel J, Moreldesrosiers N, Mutzenhardt P. ^{133}Cs diffusion NMR spectroscopy: a tool for probing metal cation-π interactions in water. ChemPhysChem, 2007, 8(5): 643-645.

[53] He L, Cheng J, Wang T, Li C, Gong Z, Liu H, et al. Cation-π complexes formed between cyclooctatetraene and alkaline earth metals: predicted and recorded NMR features. Chemical Physics Letters, 2008, 462(1): 45-48.

[54] Frontera A, Gamez P, Mascal M, Mooibroek T J, Reedijk J. Putting anion-π interactions

into perspective. Angewandte Chemie, 2011, 50(41): 9564-9583.

[55] Shoeib T, Cunje A, Hopkinson A C, Siu K W M. Gas-phase fragmentation of the Ag^+-phenylalanine complex: cation-π interactions and radical cation formation. Journal of the American Society for Mass Spectrometry, 2002, 13(4): 408-416.

[56] Amicangelo J C, Armentrout P B. Absolute binding energies of alkali-metal cation complexes with benzene determined by threshold collision-induced dissociation experiments and *ab initio* theory. The Journal of Physical Chemistry A, 2000, 104(48): 11420-11432.

[57] Dunbar R C, Steill J D, Oomens J. Encapsulation of metal cations by the PhePhe ligand: a cation-π ion cage. Journal of the American Chemical Society, 2011, 133(24): 9376-9386.

[58] Gapeev A, Dunbar R C. Cation-π interactions and the gas-phase thermochemistry of the Na^+/phenylalanine complex. Journal of the American Chemical Society, 2001, 123(34): 8360-8365.

[59] Ryzhov V, Dunbar R C, Cerda B A, Wesdemiotis C. Cation-π effects in the complexation of Na^+ and K^+ with Phe, Tyr, and Trp in the gas phase. Journal of the American Society for Mass Spectrometry, 2000, 11(12): 1037-1046.

[60] Pozniak B P, Dunbar R C. Monomer and dimer complexes of coronene with atomic ions. Journal of the American Chemical Society, 1997, 119(43): 10439-10445.

[61] Rodriguez-Cruz S E, Williams E R. Gas-phase reactions of hydrated alkaline earth metal ions, $M^{2+}(H_2O)_n(M = Mg, Ca, Sr, Ba$ and $n = 4{\sim}7)$, with benzene. Journal of the American Society for Mass Spectrometry, 2001, 12(3): 250-257.

[62] Franski R. Cation-π interactions in gas-phase complexes formed by benzo-crown ethers and alkali metal cations. Rapid Communications in Mass Spectrometry, 2011, 25(5): 672-674.

[63] Rodriguez J D, Kim D, Tarakeshwar P, Lisy J M. Exploring gas-phase ion-ionophore interactions: infrared spectroscopy of argon-tagged alkali ion-crown ether complexes. Journal of Physical Chemistry A, 2010, 114(3): 1514-1520.

[64] Dunbar R C, Steill J D, Oomens J. Cationized phenylalanine conformations characterized by IRMPD and computation for singly and doubly charged ions. Physical Chemistry Chemical Physics, 2010, 12(41): 13383-13393.

[65] Dunbar R C, Steill J D, Polfer N C, Oomens J. Peptide length, steric effects, and ion solvation govern zwitterion stabilization in barium-chelated di- and tripeptides. Journal of Physical Chemistry B, 2009, 113(31): 10552-10554.

[66] Lagutschenkov A, Langer J, Berden G, Oomens J, Dopfer O. Infrared spectra of protonated neurotransmitters: serotonin. Journal of Physical Chemistry A, 2010, 114(50): 13268-13276.

[67] Takeuchi H. UV Raman markers for structural analysis of aromatic side chains in proteins. Analytical Sciences, 2011, 27(11): 1077.

[68] Schlamadinger D E, Daschbach M M, Gokel G W, Kim J E. UV resonance Raman study of cation-π interactions in an indole crown ether. Journal of Raman Spectroscopy, 2011, 42(4): 633-638.

[69] Shi G, Dang Y, Pan T, Liu X, Liu H, Li S, et al. Unexpectedly enhanced solubility of

aromatic amino acids and peptides in an aqueous solution of divalent transition-metal cations. Physical Review Letters, 2016, 117(23): 238102.

[70] Chen L, Shi G, Shen J, Peng B, Zhang B, Wang Y, et al. Ion sieving in graphene oxide membranes via cationic control of interlayer spacing. Nature, 2017, 550(7676): 380-383.

[71] Ma J C, Dougherty D A. The cation-π interaction. Chemical Reviews, 1997, 97(5): 1303-1324.

[72] Reddy A S, Sastry G M, Sastry G N. Cation-aromatic database. Proteins: Structure, Function, and Bioinformatics, 2007, 67(4): 1179-1184.

[73] Franz K J. Copper shares a piece of the π. Nature Chemical Biology, 2008, 4(2): 85-86.

[74] Xue Y, Davis A V, Balakrishnan G, Stasser J P, Staehlin B M, Focia P, et al. Cu(I) recognition via cation-π and methionine interactions in CusF. Nature Chemical Biology, 2008, 4(2): 107-109.

[75] Shi Z, Olson C A, Kallenbach N R. Cation-π interaction in model α-helical peptides. Journal of the American Chemical Society, 2002, 124(13): 3284-3291.

[76] Olson C A, Shi Z, Kallenbach N R. Polar interactions with aromatic side chains in α-helical peptides: Ch···O H-bonding and cation-π interactions. Journal of the American Chemical Society, 2001, 123(26): 6451-6452.

[77] Cumpstey I, Salomonsson E, Sundin A, Leffler H, Nilsson U J. Studies of arginine-arene interactions through synthesis and evaluation of a series of galectin-binding aromatic lactose esters. ChemBioChem, 2007, 8(12): 1389-1398.

[78] Woods A S. The mighty arginine, the stable quaternary amines, the powerful aromatics, and the aggressive phosphate: their role in the noncovalent minuet. Journal of Proteome Research, 2004, 3(3): 478-484.

[79] Ahvazi B, Coulombe R, Delarge M, Vedadi M, Zhang L, Meighen E, et al. Crystal structure of the NADP+-dependent aldehyde dehydrogenase from vibrio harveyi: structural implications for cofactor specificity and affinity. Biochemical Journal, 2000, 349(3): 853-861.

[80] Goldstein R, Cheng J, Stec B, Roberts M F. Structure of the S. aureus PI-specific phospholipase C reveals modulation of active site access by a titratable π-cation latched loop. Biochemistry, 2012, 51(12): 2579-2587.

[81] Wu D, Hu Q, Yan Z, Chen W, Yan C, Huang X, et al. Structural basis of ultraviolet-B perception by UVR8. Nature, 2012, 484(7393): 214-219.

[82] Kenoth R, Kamlekar R K, Simanshu D K, Gao Y, Malinina L, Prendergast F G, et al. Conformational folding and stability of the HET-C2 glycolipid transfer protein fold: does a molten globule-like state regulate activity? Biochemistry, 2011, 50(23): 5163-5171.

[83] Gasymov O K, Abduragimov A R, Glasgow B J. Cation-π interactions in lipocalins: structural and functional implications. Biochemistry, 2012, 51(14): 2991-3002.

[84] Chen C, Hsu W, Kao T, Horng J. Self-assembly of short collagen-related peptides into fibrils via cation-π interactions. Biochemistry, 2011, 50(13): 2381-2383.

[85] Vivoli M, Angelucci F, Ilari A, Morea V, Angelaccio S, Salvo M L D, Contestabile R. Role

of a conserved active site cation-π interaction in escherichia coli serine hydroxymethyltransferase. Biochemistry, 2009, 48(50): 12034-12046.

[86] Doyle D A, Cabral J M, Pfuetzner R A, Kuo A, Gulbis J M, Cohen S L, et al. The structure of the potassium channel: molecular basis of K^+ conduction and selectivity. Science, 1998, 280(5360): 69-77.

[87] Ahern C A, Eastwood A L, Lester H A, Dougherty D A, Horn R. A cation-π interaction between extracellular TEA and an aromatic residue in potassium channels. The Journal of General Physiology, 2006, 128(6): 649-657.

[88] Pless S A, Galpin J D, Niciforovic A P, Ahern C A. Contributions of counter-charge in a potassium channel voltage-sensor domain. Nature Chemical Biology, 2011, 7(9): 617-623.

[89] Santarelli V, Eastwood A L, Dougherty D A, Horn R, Ahern C A. A cation-π interaction discriminates among sodium channels that are either sensitive or resistant to tetrodotoxin block. Journal of Biological Chemistry, 2007, 282(11): 8044-8051.

[90] Khandelia H, Kaznessis Y N. Cation-π interactions stabilize the structure of the antimicrobial peptide indolicidin near membranes: molecular dynamics simulations. Journal of Physical Chemistry B, 2007, 111(1): 242-250.

[91] Mascal M. Precedent and theory unite in the hypothesis of a highly selective fluoride receptor. Angewandte Chemie, 2006, 45(18): 2890-2893.

[92] Egli M, Sarkhel S. Lone pair-aromatic interactions: to stabilize or not to stabilize. Accounts of Chemical Research, 2007, 40(3): 197-205.

[93] Gamez P, Mooibroek T J, Teat S J, Reedijk J. Anion binding involving π-acidic heteroaromatic rings. Accounts of Chemical Research, 2007, 40(6): 435-444.

[94] Park S J, Hong J. Self-assembled nanoscale capsules between resorcin[4]arene derivatives and Pd(II) or Pt(II) complexes. Chemical Communications, 2001, (17): 1554-1555.

[95] Fukushima T, Kosaka A, Ishimura Y, Yamamoto T, Takigawa T, Ishii N, et al. Molecular ordering of organic molten salts triggered by single-walled carbon nanotubes. Science, 2003, 300(5628): 2072-2074.

[96] Tachikawa H, Shimizu A. Diffusion dynamics of the Li^+ ion on a model surface of amorphous carbon: a direct molecular orbital dynamics study. The Journal of Physical Chemistry B, 2005, 109(27): 13255-13262.

[97] Qu X, Liu P, Zhu D. Enhanced sorption of polycyclic aromatic hydrocarbons to tetraalkyl ammonium modified smectites via cation-π interactions. Environmental Science & Technology, 2008, 42(4): 1109-1116.

[98] Qu X, Wang X, Zhu D. The partitioning of PAHs to egg phospholipids facilitated by copper and proton binding via cation-π interactions. Environmental Science & Technology, 2007, 41(24): 8321-8327.

[99] Gao Y, Li Y, Zhang L, Huang H, Hu J, Shah S M, et al. Adsorption and removal of tetracycline antibiotics from aqueous solution by graphene oxide. Journal of Colloid and Interface Science, 2012, 368(1): 540-546.

[100] Gao S, Shi G, Fang H. Impact of cation-π interactions on the cell voltage of carbon nanotube-based Li batteries. Nanoscale, 2016, 8(3): 1451-1455.
[101] Liu X, Shi G. A novel storage design for ultrahigh-cell-voltage Al-ion batteries utilizing cation-π interactions. Chemical Communications, 2019, 55(94): 14198-14201.

第 2 章　水合离子-π 作用

2.1 引　　言

离子经常以水合离子的状态存在于盐溶液中，而含芳香环结构分子，如生物大分子、石墨等材料，也经常处于盐溶液中。如第 1 章所述，气相下离子和芳香环结构之间存在较强的非共价键相互作用——离子-π 作用，这种相互作用对于系统的性质有着极为重要的影响[1−7]。然而，相对于气相下的情况，水溶液环境下离子与芳香环结构之间的离子-π 作用明显没有受到足够的重视，甚至被忽视，这主要由于以下三点：① 水环境中水分子对于离子-π 作用有着很强的屏蔽效应，因此相较于气相下，水溶液中的离子-π 作用要减弱很多。例如，基于第一性原理计算的结果表明，当把 K^+ 的水合数从 0 增加到 18 时，相应的 K^+-π 作用从 −16.2 kcal/mol 显著地减弱到了 −6.5 kcal/mol[8]，与室温下液态水中的氢键相当。一些离子如 Na^+，Li^+ 等，无法在单个芳香环上保持稳定的吸附[4,7,9]。② 数值模拟研究方面的困难。首先，对于第一性原理计算，虽然其能够比较准确地表征水合离子-π 作用，但是由于其计算复杂度很高，仅能处理包含很少原子数目的体系。所以，对于水溶液中离子-π 作用对材料表面和生物分子特性的影响，量子化学计算方法很难直接应用到大规模模拟计算中。其次，对于擅长处理大量分子体系的经典分子动力学模拟，其大部分力场没有把水合离子-π 作用考虑在内。少数力场，如 OPLS(optimized potentials for liquid simulations) 力场 [10]，虽然根据静电相互作用对系统进行了部分修正，但仍不足以正确地表征水合离子与具有 π 电子结构的作用[11]。具体来说，应用 OPLS 力场计算气相下 Na^+ 与石墨烯的相互作用，结果仅约为 −1 kcal/mol，这远远小于基于第一性原理计算的结果[11]。③ 实验研究方面缺乏对水合离子-π 作用为主导现象的系统观测。正因为上述困难，2011 年之前在 “Web of Science” 上仅能检索到几篇考虑了水合离子的离子-π 作用相关的研究论文[8,9,12−15]，而离子-π 作用相关的文章多达数千篇。

基于统计物理思想中多粒子体系的思想，在溶液中仅仅从一个水合离子与一个苯环的作用来看待这个问题，显然缺少对这些复杂系统的完整理解。尽管在水溶液中一个离子在一个苯环上的驻留时间比较短，但当溶液中的离子达到一定浓度时，其他离子也会驻留在芳香环结构表面，芳香环结构表面可以持续吸附不同的离子，导致芳香环表面有离子的时间非常长。这可以在水合钠离子 (水和钠离子摩尔比为 20:1) 与苯环这个简单体系的计算中得到验证：在添加了从量子力学从头算法获得的水合离子-π 作用力场后，整个 10 ns 模拟时间里，单个钠离子在苯环表面的平均驻留时间仅 0.2 ns，而整个苯环结构上有离子驻留的时间长达 3.8 ns，接近整个模拟时间的 40% 。所以，对于含芳香环结构的体系，水溶液中多离子体系在芳香环表面较短驻留时间的叠加效应会导致可观的离子效应。此外，虽然单个水合离子和一个苯环的相互作用较弱，但是单个水合离子和由多个苯环结构构成的稠环分子与材料之间的相互作用会显著加强。水合钠离子与单个苯环之间的水合离子-π 作用仅有 −6.0 kcal/mol[16]，而水合钠离子与石墨烯之间的水合离子-π 作用大大增强，达到了 −16.4 kcal/mol[11]，这大约是氢键相互作用的三倍。理解到这一点，可以想象，水合离子-π 作用在相关体系中应该会起到重要作用甚至关键作用。

在此认识基础上，方海平等将溶液中阳离子与含 π 电子的表面之间的相互作用统称为水合阳离子-π 作用 (hydrated cation-π interaction)[11,17−19]。他们通过密度泛函理论计算了包含显式水模型的体系，据此研究了水合阳离子与含芳香环结构的碳基材料之间的相互作用[11,17−23]。构建了经典力场参数，并自主开发了该力场的生成软件。基于该软件，他们预言了类石墨表面离子富集的现象[11]；提出了离子诱导的“分子尺度亲水性”的概念并阐明其物理机制[20]；发现了制约碳纳米管净水膜应用的关键性问题——离子与碳纳米管壁中的芳香环结构的作用会导致离子被吸附于碳纳米管管口或者管内，阻塞碳纳米管内的水流，并提出了相应的改良方案[21]；结合实验发现了粗碳纳米管能够对 (极) 稀盐溶液中的离子进行高效收集[19]；结合实验发现了金属阳离子能意想不到地提高芳香环氨基酸和多肽的水溶性[22]；结合实验实现了正是离子本身可以通过水合离子与氧化石墨烯上面的芳香环结构之间的水合离子-π 作用有效控制氧化石墨烯膜的层间距[17]并展示了其出色的离子筛分性能；结合实验发现了常温常压条件下氯化二钠 (Na_2Cl, 钠氯元素比 2:1) 和氯化三钠 (Na_3Cl，钠氯元素比 3:1) 等具有反常化学计量比的二维晶体[18]，他们将其称之为“反晶”，反晶具有独特的电子结构，因此具有与一般晶体完全不同的物理化学性质；结合实验发现了离子控制芳香族材料表面的“咖啡环”效应，并实现了对悬浮颗粒和分子在石墨烯和其他含有芳香环的基底上沉积图案的精确控制[23]。

本章首先介绍基于量子力学计算类石墨表面上水合离子-π 作用的方法；进而介绍根据理论计算结果开发力场参数的过程及其使用方法；最后通过一个研究实例展现了溶液中水合离子与类石墨结构之间的相互作用，以及由这一相互作用所带来的影响。

2.2 理论计算水合离子-π 作用

水作为溶剂可以溶解很多盐，并且和溶解的离子结合形成团簇，这种团簇被称为离子水合物或水合离子。在盐溶液中，由水分子在离子周围形成的水合壳层会对离子的电场产生屏蔽效应。这种屏蔽效应会极大地削弱离子与其周围其他分子之间的非共价键相互作用。因此，溶液中的水合离子与芳香环结构之间的离子-π 作用不可避免地会受到这个屏蔽效应的影响。多芳香环结构的表面富含离域 π 电子轨道，比如石墨烯 (图 2.1(b))，极大地增强了该结构与离子之间的相互作用，从而导致新的物理、化学和生物效应[11,20−22,24,25]。采用量子化学计算软件 Gaussian，基于密度泛函理论可以对水合离子-π 作用进行相关计算。Gaussian 是一款在量子化学计算中最常用的综合软件包，可以方便地进行 RHF、ROHF、UHF、MCSCF 等的计算。同时 Gaussian 也能精确计算各种分子特性，包括 Mulliken 布居数分析、静电势、红外和拉曼光谱、分子轨道分析等，这些计算已被广泛应用于物理、化学等领域的各种研究课题。

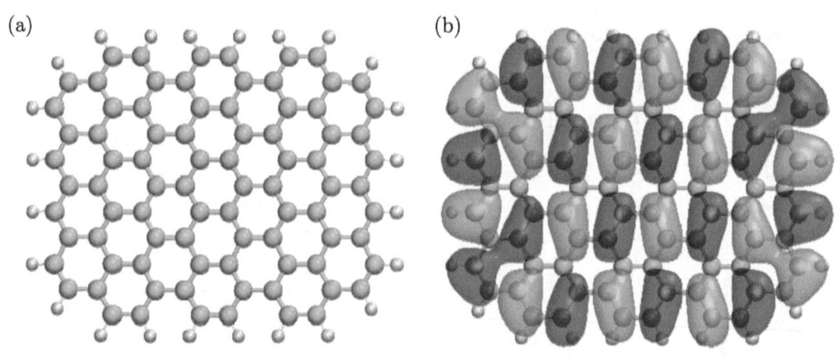

图 2.1　(a) 石墨烯的有限分子模型 $C_{84}H_{24}$；(b) 石墨烯表面富含离域 π 电子轨道

密度泛函理论是一种研究多电子体系电子结构的量子力学方法，在量子化学领域得到了广泛的应用[26−35]。在实际应用中，只有确定了交换–关联泛函能的表达形式，密度泛函理论才有实际价值[29,32]。因此，交换–关联泛函的确定是密度泛函理论中的关键。目前常见的混合泛函 B3LYP 的计算结果对体系真实性质的描述已经达到了相当的精度[33−37]，其对计算资源的要求与 HF 类似而比二级校正的多体微扰计算 (MP2) 方法低很多。综合考虑计算资源和精度，本节所有的密度泛函理论计算均用 Gaussian 量子化学计算程序包在 B3LYP/6-31G(d) 计算精度下进行，该精度能够较好地描述水合离子-π 体系的结构和电子性质[11,16,18]。计算中的石墨烯模型采用有限分子模型 $C_{84}H_{24}$(12.275 Å×15.658 Å)，如图 2.1 所示。该模型是足够大的，可以获得容忍误差内的结果[17]。水合离子-π 作用可以用以下公式描述：

$$\Delta E_{\text{Hydrated Cation-}\pi}=E_{\text{Graphene-[Cation-(H}_2\text{O)}_n]}-E_{\text{Cation-(H}_2\text{O)}_n}-E_{\text{Graphene}}\quad (n=1\sim 9) \tag{2.1}$$

式中，$E_{\text{Graphene-[Cation-(H}_2\text{O)}_n]}$、$E_{\text{Cation-(H}_2\text{O)}_n}$ 和 E_{Graphene} 是分别经一系列结构优化后所得到的团簇 Graphene-[Cation-$(H_2O)_n$]、Cation-$(H_2O)_n$ 和 Graphene 分子的最低能量结构的总能。

结构优化后得到的团簇 Graphene-[Cation-$(H_2O)_n$] 和 Cation-$(H_2O)_n$ 分子的最低能量结构如图 2.2 所示。随着水分子个数的增加，Na^+ 逐渐被水分子半包裹，而另一侧被石墨烯表面占据。这说明水合阳离子的吸附结构受阳离子-π 作用与阳离子–水相互作用之间竞争的影响。由于 Na^+ 与石墨烯之间存在较强的离子-π 作用，Na^+ 暴露在石墨烯表面而没有被水分子完全包裹。

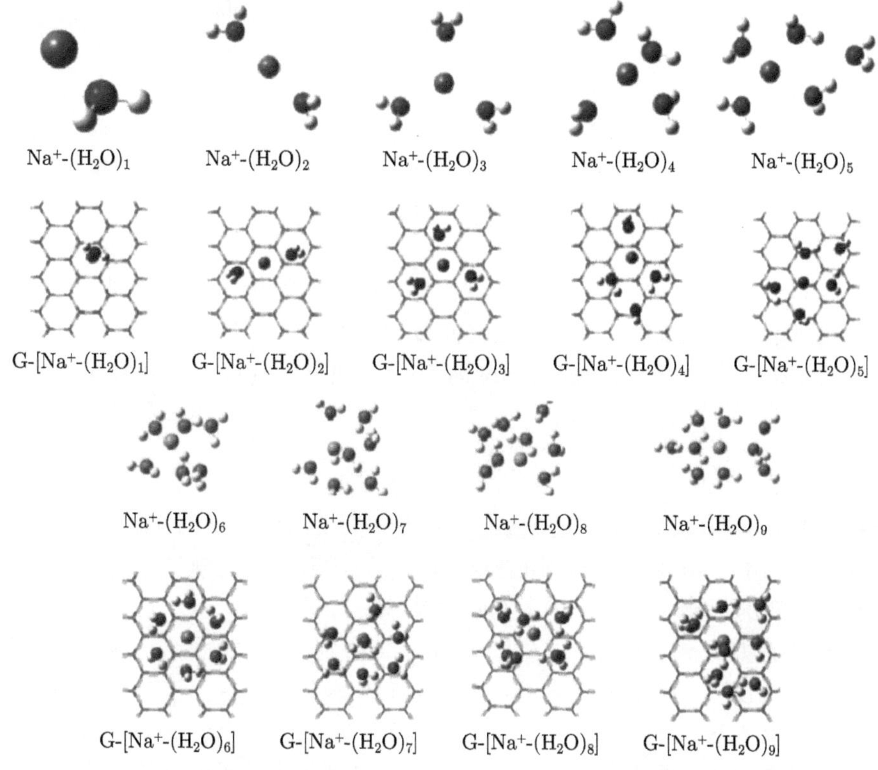

图 2.2　经一系列结构优化后得到的团簇 Graphene-[Cation-$(H_2O)_n$] 和 Cation-$(H_2O)_n$ 分子的最低能量结构[11,16]，图中 G 代表 Graphene (石墨烯)

这样，水合阳离子 Cation-$(H_2O)_n$ 作为一个整体在石墨烯表面有较强的吸附能，即水合阳离子-π 作用，如图 2.3(a) 所示。随着水分子个数的增加，水合阳离子-π 作用逐渐减弱并趋近于一个恒定值。具体来讲，对于水分子个数较大 $(n = 6 \sim 9)$ 的情况，相应的 $\Delta E_{\text{Hydrated Cation-}\pi} = -22.0$ kcal/mol, -19.1 kcal/mol, -19.0 kcal/mol, -17.8 kcal/mol。这约是室温下液态水中氢键强度 (2~10 kcal/mol)

的 2~3 倍，说明即使受到水环境中热扰动的影响，水合阳离子-π 作用依然很强，且能吸附在石墨烯表面。

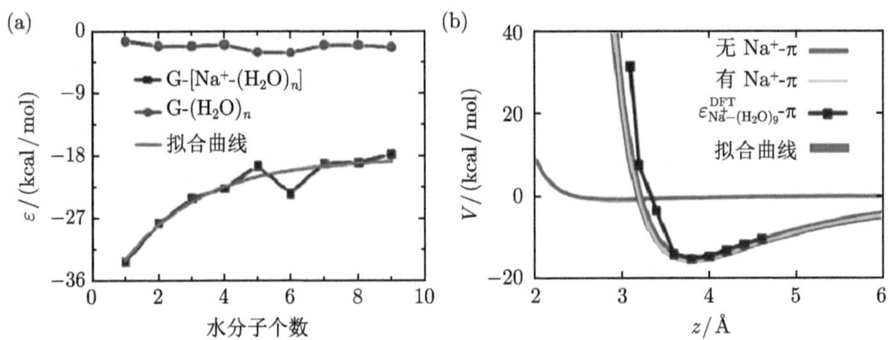

图 2.3 (a) 水合离子-π 作用随水分子个数的变化曲线[11]；(b) 水合离子的吸附能随离子与石墨烯间距的变化曲线[11]，同时可以得到其拟合曲线 (蓝色曲线) 并将该拟合曲线和力场中不考虑离子-π 作用的曲线 (红色曲线) 进行了对比

通过固定石墨烯表面离子的位置并优化水分子的结构，可以得到水合离子的吸附能随离子与石墨烯间距 (z) 的变化曲线 (图 2.3(b))。其中水合离子取含 9 个水分子的结构，通过拟合 Lennard-Jones 势函数便可得到水合阳离子-π 作用的函数表达式如下：

$$V = \varepsilon\left(\left(z_{\mathrm{m}}/z\right)^8 - 2\left(z_{\mathrm{m}}/z\right)^4\right) \tag{2.2}$$

式中，ε 和 z_{m} 分别是吸附平衡点处的吸附能和离子与石墨烯的间距。

为了研究水合阳离子-π 作用的物理机制，石国升等通过轨道分析对比研究了无水和有水情况下离子在石墨烯上的吸附情况。如图 2.4 所示，首先可以清楚地看到部分电子从石墨烯表面上的离域 π 轨道转移到了 Na^+ 的空轨道上，这也是 Na^+-π 作用比较强的主要原因之一，0 个和 1 个水分子存在的情况下，该相互作用分别为 −39.6 kcal/mol 和 −33.3 kcal/mol。其次，如图 2.4(a) 所示，在有水分子参与的情况下，离域 π 轨道上电子的分布受到了水分子的干扰，从而使得水合离子-π 作用减弱 (1 个水分子的参与使得相互作用从 −39.6 kcal/mol 减弱到 −33.3 kcal/mol)。

结构优化后得到的团簇 G-[Cl^--$(H_2O)_n$] 和 Cl^--$(H_2O)_n$ 分子的最低能量结构如图 2.5 所示。随着水分子个数增加，水合 Cl^--π 作用在 $n = 1, 2$ 情况下，相应的 $\Delta E = -3.8$ kcal/mol, −1.8 kcal/mol，说明在水溶液环境下，水合 Cl^--π 作用大约是阳离子-π 作用的 1/10。由此可知，在研究盐溶液中离子在含芳香环体系表面的相关物理性质时，为了减少计算量，或许可以忽略阴离子-π 作用的影响。

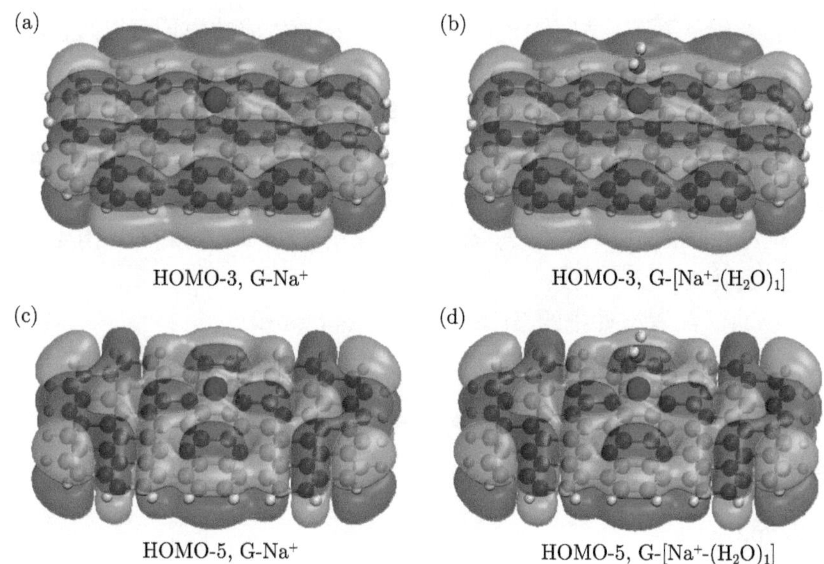

图 2.4 G-Na^+ 和 G-[Na^+-$(H_2O)_1$] 团簇分子的占据轨道图。图中 G 代表石墨烯

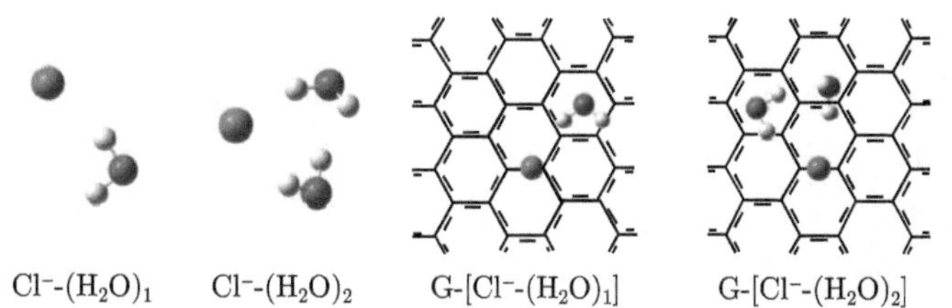

图 2.5 经结构优化后得到的团簇 G-[Cl^--$(H_2O)_n$] 和 Cl^--$(H_2O)_n$ 分子的最低能量结构。图中 G 代表石墨烯

2.3 力场参数的开发及应用示例

虽然目前用量子力学计算的方法来研究这种相互作用已经相对成熟，其对于一些简单的分子间相互作用已经能够进行较好的模拟分析，但是巨大的计算资源消耗使得基于量子力学的模拟方法很难直接应用到离子-π 作用对材料表面特性影响的大规模计算模拟研究中来，特别是在水溶液存在的情况下。所以寻找一种更加简便高效的方法来计算模拟这种新型的非共价键相互作用显得日益突出及必要。为了解决上述困难，方海平和石国升等结合量子力学计算，开发了离子分别与类石墨表面 (如石墨烯/氧化石墨烯、碳纳米管、富勒烯、生物碳等) 及生物分子中芳香环结构间的水合阳离子-π 作用的经典力场参数。同时自主开发了该力场

生成软件，获得软件著作权 [C161003C-C(ZQH)]，生成的力场可以直接添加到常用的经典动力学模拟软件中，如 NAMD。

这里以研究 NaCl 在类石墨表面上富集的现象为例来介绍所开发力场的使用方法。首先通过软件 NAMD 自带的 TclBC 脚本将式 (2.2) 水合阳离子-π 作用的函数表达式作用于溶液中的离子，从而在模拟中修正水合 Na^+-π 作用[11,19]。根据密度泛函理论计算的结果，式 (2.2) 的参数取：$z_m = 3.8$ Å, $\varepsilon = \varepsilon_0 = -16.4$ kcal/mol，具体配置和脚本如下：

(a) NAMD 配置文件中的 TclBC 参数 (configure)

```
tclBC                    on
tclBCScript              {source cation-pi.tcl}
```

(b) 实现阳离子–相互作用的脚本文件 (cation-pi.tcl)

```
set eps  16.4
set rm   3.8
set rm4 [expr $rm*$rm*$rm*$rm]
set rm8 [expr $rm4*$rm4]

proc calcforces {step unique} {
    global eps rm4 rm8
    while {[nextatom]} {
        set m [getmass]
        if { $m < 22.9 || $m > 23.0 } {
            dropatom
            continue
        }
        set z1 [lindex [getcoord] 2]
        set d [expr $z1+49.474]
        set d2 [expr $d*$d]
        set d4 [expr $d2*$d2]
        set d8 [expr $d4*$d4]
        set fz [expr 8*$eps*($rm8 / $d8/$d - $rm4 / $d4/$d)]
        addforce  [list 0 0 $fz]
        addenergy [expr $eps*($rm8 / $d8 - 2*$rm4 / $d4)]
    }
}
```

模型中类石墨结构采用双层石墨烯构建而成，每层石墨烯包含 598 个 C 原子，如图 2.6(a) 所示。模拟采用周期性边界条件 (42.0 Å×42.0 Å×200.0 Å)，水模型为 TIP3P 模型，力场参数为修正的 CHARRM 力场，系综为 NVT 系综，温度设置为 300 K，所有模拟计算采用软件 NAMD 2 完成，更多设置参考文献 [11]。

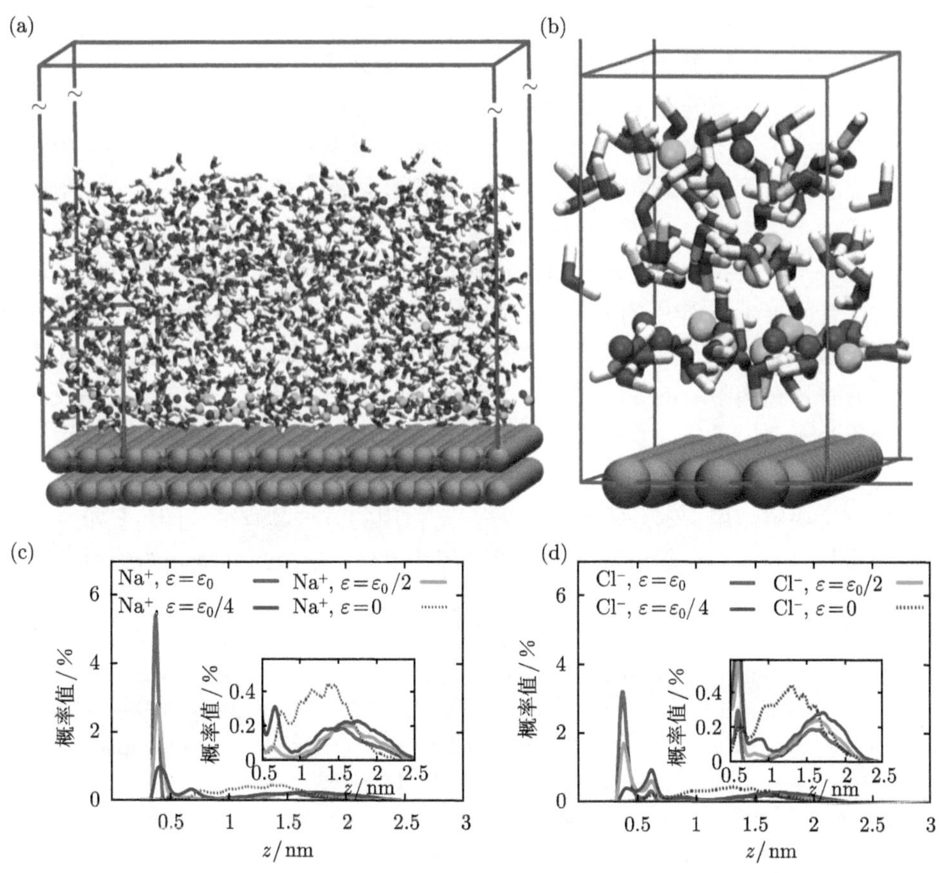

图 2.6 经典动力学模拟的快照及统计计算结果[11]：类石墨上 (a) 修正了水合 Na^+-π 作用的 NaCl 溶液的体系和 (b) 区域放大图；(c) 和 (d) 分别是 Na^+ 和 Cl^- 在 z 方向的概率密度分布，插入子图为放大图，横纵坐标与大图一致

将水合 Na^+-π 作用引入经典动力学模拟之后，可以清楚地观察到 Na^+ 和 Cl^- 在类石墨结构表面的富集现象 (图 2.6(a))。为了定量描述这一现象，这里统计了离子在 z 方向的概率密度分布，如图 2.6(c) 和 (d) 所示。相比无修正力场参数即 $\varepsilon = 0$ 的情况，考虑水合 Na^+-π 作用的模拟能够观察到 Na^+ 和 Cl^- 在类石墨结构表面存在明显的峰 (图 2.6(c) 和 (d) 中的红线)；即便将该相互作用强度减

弱为原来的一半，依然有明显的峰存在 (图 2.6(c) 和 (d) 中的绿线)。这说明水合 Na^+-π 作用即便受到水分子的屏蔽也能对类石墨材料表面的特性产生较显著的影响，例如，这里通过模拟观察到离子在其表面富集的现象。

2.4 本章小结

由于水环境中水分子对于离子-π 作用的屏蔽效应，水合离子与 π 作用 (称为水合离子-π 作用) 减弱到仅仅是原来的 1/3 甚至更小，另外，数值模拟研究方面缺少计算水合离子-π 作用的软件和力场。通过考虑表面的多芳香环和溶液中的大量离子，水合离子-π 作用得到极大增强，因而在溶液中依然会起到重要作用甚至关键作用。

将量子力学得到的吸附能和吸附位置等关键参数代入经典势函数，便可以开发包含水合阳离子-π 作用的力场。将该力场应用于分子动力学模拟，可以研究离子在类石墨表面 (如石墨烯/氧化石墨烯、碳纳米管、富勒烯、生物碳等) 或在生物分子中芳香环结构附近的吸附和扩散行为。本章以研究 Na^+Cl^- 在类石墨表面富集的现象为例介绍了所开发力场的使用方法。通过与不含水合阳离子-π 作用经典力场的模拟结果对比发现，水合阳离子-π 作用对发现 NaCl 在类石墨表面上富集这一现象起决定作用。本章研究水合离子-π 作用的方法具有很好的可扩展性，由后面的章节可知，其在碳纳米管、石墨烯等相关体系都有比较成功的应用。

参考文献

[1] Sunner J, Nishizawa K, Kebarle P. Ion-solvent molecule interactions in the gas phase. The potassium ion and benzene. The Journal of Physical Chemistry, 1981, 85(13): 1814-1820.

[2] Dougherty D, Stauffer D. Acetylcholine binding by a synthetic receptor: implications for biological recognition. Science, 1990, 250(4987): 1558-1560.

[3] Kumpf R, Dougherty D. A mechanism for ion selectivity in potassium channels: computational studies of cation-π interactions. Science, 1993, 261(5129): 1708-1710.

[4] Dougherty D A. Cation-π interactions in chemistry and biology: a new view of benzene, Phe, Tyr, and Trp. Science, 1996, 271(5246): 163-168.

[5] Mecozzi S, West A P, Dougherty D A. Cation-π interactions in simple aromatics: electrostatics provide a predictive Tool. Journal of the American Chemical Society, 1996, 118(9): 2307-2308.

[6] Ma J C, Dougherty D A. The cation-π interaction. Chemical Reviews, 1997, 97(5): 1303-1324.

[7] Mahadevi A S, Sastry G N. Cation-π interaction: its role and relevance in chemistry, biology, and material science. Chemical Reviews, 2013, 113(3): 2100-2138.

[8] Rao J S, Zipse H, Sastry G N. Explicit solvent effect on cation-π interactions: a first principle investigation. J. Phys. Chem. B, 2009, 113(20): 7225-7236.

[9] Rodriguez-Cruz S E, Williams E R. Gas-phase reactions of hydrated alkaline earth metal ions, $M^{2+} + (H_2O)_n$ (M = Mg, Ca, Sr, Ba and n = 4~7), with benzene. Journal of the American Society for Mass Spectrometry, 2001, 12(3): 250-257.

[10] Jorgensen W L, Maxwell D S, Tirado-Rives J. Development and testing of the OPLS all-atom force field on conformational energetics and properties of organic liquids. Journal of the American Chemical Society, 1996, 118(45): 11225-11236.

[11] Shi G, Liu J, Wang C, Song B, Tu Y, Hu J, et al. Ion enrichment on the hydrophobic carbon-based surface in aqueous salt solutions due to cation-π interactions. Scientific Reports, 2013, 3: 3436.

[12] Cabarcos O M, Weinheimer C J, Lisy J M. Size selectivity by cation-π interactions: solvation of K^+ and Na^+ by benzene and water. The Journal of Chemical Physics, 1999, 110(17): 8429-8435.

[13] Vaden T D, Lisy J M. Characterization of hydrated Na^+ (phenol) and K^+ (phenol) complexes using infrared spectroscopy. The Journal of Chemical Physics, 2004, 120(2): 721-730.

[14] Xu Y, Shen J, Zhu W, Luo X, Chen K, Jiang H. Influence of the water molecule on cation-π interaction: *ab initio* second order Møller-Plesset perturbation theory (MP2) calculations. Journal of Physical Chemistry B, 2005, 109(12): 5945-5949.

[15] Miller D J, Lisy J M. Hydration of ion-biomolecule complexes: *ab initio* calculations and gas-phase vibrational spectroscopy of K^+ (indole)$_m$ $(H_2O)_n$. The Journal of Chemical Physics, 2006, 124(18): 184301.

[16] Reddy A S, Zipse H, Sastry G N. Cation-pi interactions of bare and coordinatively saturated metal ions: contrasting structural and energetic characteristics. Journal of Physical Chemistry B, 2007, 111(39): 11546-11553.

[17] Chen L, Shi G, Shen J, Peng B, Zhang B, Wang Y, et al. Ion sieving in graphene oxide membranes via cationic control of interlayer spacing. Nature, 2017, 550(7676): 380-383.

[18] Shi G, Chen L, Yang Y, Li D, Qian Z, Liang S, et al. Two-dimensional Na-Cl crystals of unconventional stoichiometries on graphene surface from dilute solution at ambient conditions. Nature Chemistry, 2018, 10(7): 776-779.

[19] Wang X, Shi G, Liang S, Liu J, Li D, Fang G, et al. Unexpectedly high salt accumulation inside carbon nanotubes soaked in dilute salt solutions. Physical Review Letters, 2018, 121(22): 226102.

[20] Shi G, Shen Y, Liu J, Wang C, Wang Y, Song B, et al. Molecular-scale hydrophilicity induced by solute: molecular-thick charged pancakes of aqueous salt solution on hydrophobic carbon-based surfaces. Scientific Reports, 2014, 4(4): 6793.

[21] Liu J, Shi G, Guo P, Yang J, Fang H. Blockage of water flow in carbon nanotubes by ions due to interactions between cations and aromatic rings. Physical Review Letters, 2015, 115(16): 164502.

[22] Shi G, Dang Y, Pan T, Liu X, Liu H, Li S, et al. Unexpectedly enhanced solubility of aromatic amino acids and peptides in an aqueous solution of divalent transition-metal

cations. Physical Review Letters, 2016, 117(23): 238102.

[23] Yang H, Yang Y, Sheng S, Wen B, Sheng N, Liu X, et al. Controlling the coffee ring effect on graphene and polymer by cations. Chinese Physics Letters, 2020, 37(2): 028103.

[24] Shi G, Wang Z, Zhao J, Hu J, Fang H. Adsorption of sodium ions and hydrated sodium ions on a hydrophobic graphite surface via cation-π interactions. Chinese Physics B, 2011, 20(6): 068101.

[25] Li D, Shi G, Hong F, Fang H. Potentials of classical force fields for interactions between Na^+ and carbon nanotubes. Chinese Physics B, 2018, 27(9): 98801.

[26] Pulay P. Convergence acceleration of iterative sequences. The case of scf iteration. Chemical Physics Letters, 1980, 73(2): 393-398.

[27] Bacskay G B. A quadratically convergent Hartree-Fock (QC-SCF) method. Application to closed shell systems. Chemical Physics, 1981, 61(3): 385-404.

[28] Pulay P. Improved SCF convergence acceleration. Journal of Computational Chemistry, 1982, 3(4): 556-560.

[29] Heyd J, Scuseria G E, Ernzerhof M. Hybrid functionals based on a screened Coulomb potential. The Journal of Chemical Physics, 2003, 118(18): 8207-8215.

[30] Zhao Y, Truhlar D G. The M06 suite of density functionals for main group thermochemistry, thermochemical kinetics, noncovalent interactions, excited states, and transition elements: two new functionals and systematic testing of four M06-class functionals and 12 other functionals. Theoretical Chemistry Accounts, 2008, 120(1-3): 215-241.

[31] Grimme S, Antony J, Ehrlich S, Krieg H. A consistent and accurate *ab initio* parametrization of density functional dispersion correction (DFT-D) for the 94 elements H-Pu. Journal of Chemical Physics, 2010, 132(15): 154104.

[32] Grimme S. Density functional theory with London dispersion corrections. Wiley Interdisciplinary Reviews: Computational Molecular Science, 2011, 1(2): 211-228.

[33] Xu X, Truhlar D G. Accuracy of effective core potentials and basis sets for density functional calculations, including relativistic effects, as illustrated by calculations on arsenic compounds. Journal of Chemical Theory and Computation, 2011, 7(9): 2766-2779.

[34] Kozuch S, Martin J M. Spin-component-scaled double hybrids: an extensive search for the best fifth-rung functionals blending DFT and perturbation theory. Journal of Computational Chemistry, 2013, 34(27): 2327-2344.

[35] Sun H, Autschbach J. Electronic energy gaps for pi-conjugated oligomers and polymers calculated with density functional theory. Journal of Chemical Theory and Computation, 2014, 10(3): 1035-1047.

[36] Yanai T, Tew D P, Handy N C. A new hybrid exchange-correlation functional using the Coulomb-attenuating method (CAM-B3LYP). Chemical Physics Letters, 2004, 393(1-3): 51-57.

[37] Grimme S. Accurate description of van der Waals complexes by density functional theory including empirical corrections. Journal of Computational Chemistry, 2004, 25(12): 1463-1473.

第 3 章 水合阳离子-π 作用诱导的碳纳米管堵塞

3.1 引 言

碳纳米管，因其具有实验证实的超快水渗透能力和理论预测的极高脱盐能力，长期以来被认为可以作为性能极佳的脱盐材料；近年来，若干理论和实验表明，碳纳米管对纯水具有很好的渗透能力，效率远远超过商业反渗透淡化膜。2001 年 Hummer 和 Rasaiah 等[1]首次用理论方法测试了碳纳米管作为水通道的性能，发现水分子可以很容易进入碳纳米管中形成完整的一维水链，并表现出快速的流动特性。Majumder 于 2005 年及 Holt 于 2006 年独立用实验验证了直径为 1~2 nm 的碳纳米管的高效渗水能力，比经典理论的预期及现有的商用滤膜快 2~3 个数量级。Aluru 等[2]认为碳纳米管具有光滑的内表面，水分子在其中通过氢键紧密结合在一起，沿着管轴协同地运动。McGaughey 等[3]认为水分子在碳纳米管内的流动存在很大的滑移长度，导致实际流动的速率远大于经典 Poiseuille 理论的预期。大量的基于经典力场的理论结果预期，拥有纳米尺度管径的碳纳米管可以作为性能极佳的脱盐材料。这些结果认为，在盐水中，碳纳米管保持高效水渗透的同时，尚能保持完全的脱盐性能。自 2008 年起，以 Corry 等的研究为代表的一系列计算模拟结果预期[4-9]，无论是溶液中的氯离子还是钠离子，都无法进入直径在 1 nm 以下的碳纳米管。与目前商用的半透膜相比，每平方米薄膜每天可以淡化数万升的海水，淡化能力提高了 5 倍。*Science* 及 *Nature* 的数篇论文[10-12]展望了可将这种纳米碳管做成的滤膜应用于海水脱盐，所需要的能耗亦可大大降低。但自数年前提出该机理至今，尽管在制备碳纳米管及其纳米级阵列搭建方面取得很大的发展，却仍然没有关于碳纳米管的脱盐率足够高，从而可以作为脱盐材料的实验进展[11]。

3.2 基于水合阳离子-π 作用的理论预言

包含水、离子和碳基材料的体系广泛存在于人工材料和自然界中。20 世纪 80 年代人们发现，离子与富含 π 电子的芳香环之间有强的非共价键作用。遗憾的是，在溶液体系中该作用在之前的分析和模拟中往往没有考虑到，这对于正确理解和描述离子在碳基材料表面的吸附和动力学行为非常不利，从而导致理论计算可能会给出误导性的结果，或者一些实验现象无法用现有的认识来解释。精确地描述离子和碳基材料之间的作用是非常必要且重要的。本章从基于碳纳米管的海水脱盐材料和人工通道设计两个实际问题出发，采用经典力场与量子力学计算相结合的手段正确描述了水合离子与碳纳米管之间相互作用的新方法[13−15]。海水中的离子会堵塞 (6, 6) 型碳纳米管的管口，从而阻断水在碳纳米管内的传输，造成这种堵塞的关键是离子和碳纳米管之间存在非常强的阳离子-π 作用。在管口修饰大的饱和基团或施加强电场可避免碳纳米管的堵塞行为，从而提高碳纳米管的滤水脱盐性能[13,15]。

此外，近年来的一些实验发现，较粗的碳纳米管 (直径 1~2 nm) 在盐溶液中存在阻塞效应，并在高电压下呈现开/关转变[16−19]。2011 年，麻省理工学院的 Strano 及其合作者将两根相同的直径 1~2 nm，长 500 μm 的单壁碳纳米管嵌入环氧树脂中，并在两侧放置浓度 3 M (1 M=1 mol/L) 的 KCl 溶液，通过在管口两侧施加一定的电压，即可测定碳纳米管内部的电流值，相应地计算离子在碳纳米管内的状态[18]。当施加的电压低于临界电压 700 mV 时，测得一个稳定不变的电流值，比如 600 mV 时电流值为 ~12 pA (平均每根碳纳米管 6 pA)，并且这个电流值随着电压的变化而呈线性变化；而当施加的电压高于临界电压 700 mV 时，可以测得电流在三个平台之间跳变。Strano 等给出的解释是，体系中两个碳纳米管有“开”和“关”两种状态，分别代表管道内没有离子和有离子两种情形，产生高电流态和低电流态的区别。电流载流子溶液中的质子，可以通过氢键网络在碳纳米管内部传输。即使碳纳米管内部被离子阻塞，依然有连通的氢键网络可以传输电流，只是相对于没有离子的完整氢键网络电流较小。用 LiCl 和 NaCl 溶液进行测试，发现和 KCl 溶液一样存在该阻塞现象，只是临界电压的强度、电流大小和状态维持的时间不同。然而当用四甲基铵离子 $N(CH_3)_4^+$ 和 Cl^- 组成的溶液进行测试时，却不存在这样的阻塞现象。Strano 等指出四甲基铵离子 $N(CH_3)_4^+$ 和 Cl^- 都无法阻塞碳纳米管，阻塞碳纳米管的离子是简单的阳离子，如 Li^+、Na^+、K^+。不含碳纳米管的类似体系也没有观测到离子阻塞纳米小孔的现象。传统理论和经典模拟认为，碳纳米管内部是非极性的表面，同离子之间仅存在非常弱的相互作用，而溶液中的离子如果要进入小孔径的碳纳米管内部必要脱掉结合水，引起能量的升高。若干基于经典力场的模拟显示，离子无法进入或稳定吸附在碳纳米管 (实验采用的直径是 1~2 nm) 的内部。Strano 等的实验暗示了碳纳米管和阳离子之间存在强的相互作用，但这个作用在之前的认识中都被忽略了。本章研究中，通过合理考虑水合离子和碳纳米管之间的相互作用，模拟添加阳离子同碳纳米管之间的一个作用项，碳纳米管“开/关转变”实验的若干现象即可重现。模拟结果显示钠离子可以进入手性为 (8, 8) 型的碳纳米管内部并保持阻塞状态，当外加电场的数值大于一临界值后，进入碳纳米管的 Na^+ 可以在电场力作用下从碳纳米管中逃离出来，呈现碳纳米管开/关状态转变，这样，长期以来经典理论无法解释这些实验结果的问题得到了解决[13]。

3.3 实验设计及理论分析

在本章研究中，首先从量子力学计算出发，结合现有的实验数据获取离子以及水合离子在碳纳米管周围的吸附能和势能面，寻找碳纳米管模型和不同离子种类对吸附能大小的影响。拟合了离子在碳纳米管内和周围的经验势能函数曲线、作用函数和力场参数，并将量子计算得到的吸附能同力场参数添加到与经典力场相结合的经典分子动力学模拟软件 NAMD[20] 中。使用该修正过的分子动力学模拟软件、分子动力学方法，模拟了水溶液中离子和水分子的吸附和扩散行为。

3.3.1 水合离子在碳纳米管中的吸附能和势函数

钠离子和碳纳米管作用的吸附能大小和曲线形式通过对钠离子沿着碳纳米管轴向方向扫描得到。计算采用的碳纳米管手性为 (6, 6)，直径为 8.1 Å，长度为 14 Å，含 144 个碳原子。两端管口部位采用氢原子钝化封端，总化学式形式为 $C_{144}H_{24}$。首先，碳纳米管通过结构优化获得了最稳定的结构。能量扫描的路径从碳纳米管的中心点 0 Å 开始，沿管轴 z 方向每隔 1 Å 计算一次能量，直到 12 Å 结束，此时离碳纳米管的管口有约 5 Å 的距离，可以认为此处钠离子同碳纳米管完全分离，不再有相互作用。对于每个点上的吸附能，采用如下公式计算得到：

$$\Delta E_{\text{CNT-Na}^+} = E_{\text{CNT-Na}^+} - E_{\text{CNT}} - E_{\text{Na}^+} \tag{3.1}$$

其中 $E_{\text{CNT-Na}^+}$、E_{CNT} 及 E_{Na^+} 分别表示碳纳米管–钠离子复合物、碳纳米管、钠离子的总能量。计算采用 B3LYP 泛函和 6-31G (d) 基组，在 Gaussian 09 程序包中完成。能量扫描的结果如图 3.1 所示，钠离子在碳纳米管内有明显的吸附能，数值大小在中心为 −29.5 kcal/mol，并在整个碳纳米管内部保持近似水平。当钠离子在管口附近时，能量明显上升，当离开管口一段距离后，吸附能逐渐趋近于 0 kcal/mol。吸附能曲线整体呈现一个对称的凹陷平台的形式。采用两个反正切函数 (arctan) 构造了离子在碳纳米管内阳离子-π 作用的经验势函数：

$$E_{\text{cation-}\pi}(z) = \frac{\alpha\varepsilon}{\pi}\left[\arctan\ (\lambda(z - z_{\text{m}})) + \arctan\ (\lambda(-z - z_{\text{m}}))\right] \tag{3.2}$$

式中，z 为在管轴方向上离子到管中心的距离；ε 为离子在管中心的吸附能 (正值)；z_{m}、α 和 λ 是拟合参数。对于钠离子同 (6, 6) 型碳纳米管之间的作用，$\varepsilon =$ 29.5 kcal/mol。$z_{\text{m}} = 8.6$ Å，$\lambda = 1.6$ Å^{-1} 分别为拟合得到的势函数的最佳宽度和形状因子。$\alpha = 1.1$ 是从管中心得到的量子吸附能转换到经验势函数中的深度的拟合参数。

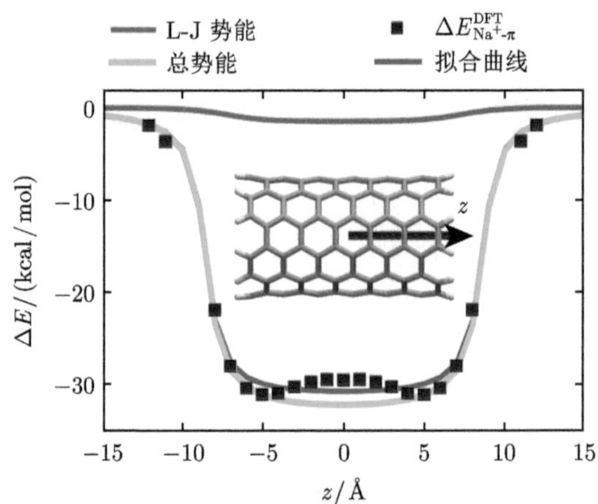

图 3.1 钠离子和碳纳米管相互作用的吸附能。(黑色点) 基于量子力学计算得到的密度泛函理论吸附能；(蓝色线) 针对密度泛函理论吸附能的拟合曲线；(红色线) 经典 CHARMM 力场中的 L-J 作用曲线；(绿色线) 实际模拟用到的总势能曲线。其中 z 是钠离子沿管轴方向到碳纳米管中心的距离[13]

水的存在会大大影响离子和碳纳米管的相互作用。静电相互作用在水中被大大削弱，考虑到水的介电常数超过 70，静电作用在水中往往下降到真空中的几十分之一。连续介质模型 (隐式水模型) 的量子力学计算表明，阳离子-π 作用在水中依然可以保持较强的作用，水的屏蔽效果远远没有静电作用明显[21,22]。考虑到对于碳纳米管这样的体系，离子在管道内部以一种不完全水合的形式存在，因而无法使用隐式水模型处理水的屏蔽作用。所以计算中采用显式水模型，引入了在第一壳层包含若干个水分子的离子，以此考察溶剂化的水合离子同碳纳米管之间的水合阳离子-π 作用。

水合钠离子同 (6, 6) 型碳纳米管之间的水合阳离子-π 作用 因溶液中钠离子的第一壳层的平均水分子数为 6 个 (实际包括钠离子、钾离子在内的金属离子第一壳层水分子的数目都是 6 个[23])，包含 6 个水分子的复合物 CNT-$Na^+\cdot(H_2O)_6$ 用来计算溶剂化的水合钠离子同碳纳米管之间的水合阳离子-π 作用。首先优化了水合钠离子在 (6, 6) 型碳纳米管的管内和管口的稳定吸附结构 (图 3.2)，并分别在两个结构中分析了水合钠离子同碳纳米管的水合阳离子-π 作用。计算所采用的公式如下：

$$\Delta E_{\text{cation-}\pi} = (E_{\mathrm{CNT\text{-}Na^+\cdot(H_2O)_6}} - E_{\mathrm{CNT\text{-}(H_2O)_6}}) - (E_{\mathrm{Na^+\cdot(H_2O)_6}} - E_{\mathrm{(H_2O)_6}}) \tag{3.3}$$

其中 $E_{\mathrm{CNT\text{-}Na^+\cdot(H_2O)_6}}$，$E_{\mathrm{Na^+\cdot(H_2O)_6}}$ 和 $E_{\mathrm{(H_2O)_6}}$ 分别为复合物 CNT-$Na^+\cdot(H_2O)_6$ 中相应结构的总能量。对于钠离子吸附在管内 (z = 0.2 Å) 和管口 (z = 8.2 Å)

的两个体系，计算得到的阳离子-π 吸附能数据为 $\Delta E_{\text{cation-}\pi} = -18.6$ kcal/mol 和 -14.2 kcal/mol。在管内的吸附能数值略大于水合钠离子在石墨表面的吸附能 (-16.4 kcal/mol[24])，这是因为在碳纳米管中钠离子可以接触到更多的 π 电子。注意到从气相阳离子-π 作用 -29.5 kcal/mol 到水相的阳离子-π 作用 -18.6 kcal/mol，降低到大约 2/3。这个幅度同基于连续介质模型计算得到的钠离子在苯环表面的吸附能非常接近，该吸附能在气相中为 -22.2 kcal/mol，在水相中为 -14.4 kcal/mol[22]。水的存在可以削弱阳离子-π 作用，但削弱程度远远小于对静电作用的削弱程度，这是因为阳离子-π 作用并不是一种纯粹起源于静电的作用[25]，上文的分析表明，轨道相互作用是阳离子-π 作用的主要成分。在水环境中，水合阳离子-π 作用依然很强，起到了不可忽略的作用。

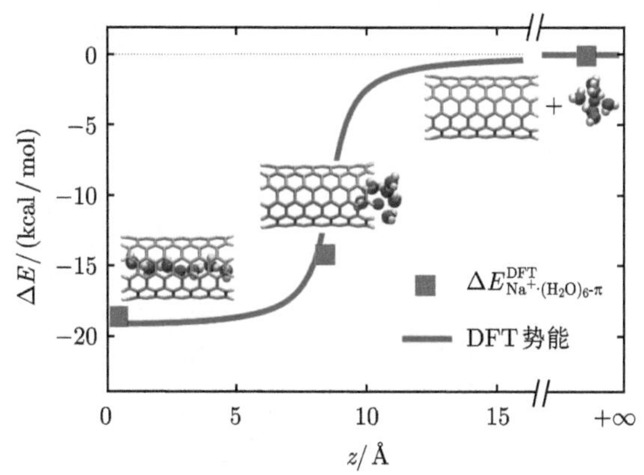

图 3.2 考虑到水合作用的碳纳米管–钠离子之间的阳离子-π 作用

(小图) 不同吸附位置的碳纳米管–水合钠离子复合物的稳定结构，自左至右分别代表钠离子在管中心、管口和无限远处的结构[13]

采用方程 (3.3) 的形式，将水合钠离子同碳纳米管作用的水合阳离子-π 作用数据 $\varepsilon = 18.6$ kcal/mol 代入该方程，可以得到水合钠离子在碳纳米管周围的经验势函数 (图 3.2)。量子力学计算得到的能量数值和该势函数得到的能量数值非常符合，表明该势函数可以准确描述水合钠离子在碳纳米管周围的吸附行为。同时这个势函数在无穷远处倾向于 0 kcal/mol，表明这个势函数在钠离子距离碳纳米管非常远的情况下依然有很好的近似。

在流行的经典力场 (如 CHARMM 等) 中，碳纳米管上的碳原子不带电荷，同钠离子之间仅存在非常弱的范德瓦耳斯作用，以 Lennard-Jones (L-J) 项描述。并且由于单原子的阳离子如 Li^+、Na^+、K^+ 等，离子半径小、不易极化，在经典力场中一般设置非常小的范德瓦耳斯能量参数。在经典 CHARMM 力场中，钠离子在碳纳米管的管内和管口的吸附能分别为 -1.5 kcal/mol 和 -0.5 kcal/mol，这远远小于基于量子力学方法得到的吸附能。表明经典力场在描述钠离子和碳纳米管相互作用方面是完全失效的。

水合钠/钾离子同 (8, 8) 型碳纳米管之间的水合阳离子-π 作用 水合钠/钾离子同 (8, 8) 型碳纳米管的水合阳离子-π 作用在包含 6 个水分子的复合物 CNT-$Na^+/K^+\cdot(H_2O)_6$ 中来计算。首先优化了水合钠/钾离子在 (8, 8) 型碳纳米管的管内的稳定吸附结构 (图 3.3)，并分别分析了水合钠/钾离子同碳纳米管的水合阳离子-π 作用。计算所得的水合阳离子-π 作用的数值对钠离子为 −18.2 kcal/mol，对钾离子为 −22.6 kcal/mol。可以看到，尽管水合阳离子-π 作用在一定程度上由于水的存在被削弱了，但依然很强，不能被忽略。而在经典 CHARMM 力场中，钠、钾离子在碳纳米管内的 L-J 作用分别为 −0.5 kcal/mol 和 −1.3 kcal/mol。同水合钠离子在 (6, 6) 碳纳米管内的情况一样，水合钠/钾离子同 (8, 8) 型碳纳米管的 L-J 作用依然远远小于基于量子力学方法得到的水合阳离子-π 作用。

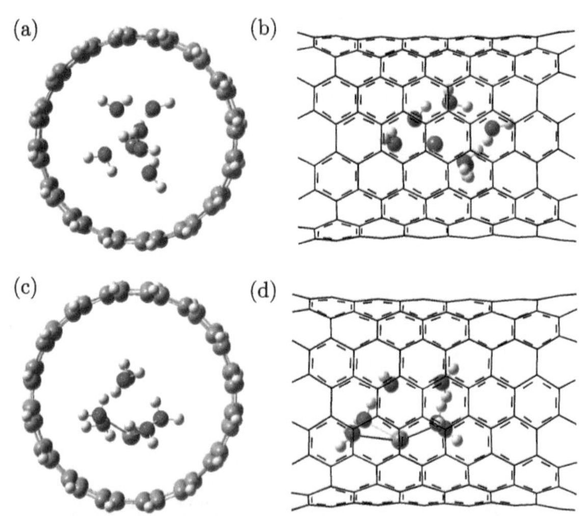

图 3.3 六水合钠/钾离子 $Na^+\cdot(H_2O)_6$ 和 $K^+\cdot(H_2O)_6$ 在 (8, 8) 型碳纳米管内的稳定吸附结构

(a) 钠离子顶视图；(b) 钠离子侧视图；(c) 钾离子顶视图；(d) 钾离子侧视图。碳、氧、氢、钠、钾原子分别用灰、红、白、紫、黄色小球显示。为了在侧视图中清晰看到内部结构，对碳纳米管做了淡化处理[13]

水合氯离子同碳纳米管之间的水合阴离子-π 作用 为了得到水合氯离子同 (8, 8) 型碳纳米管的水合阴离子-π 作用，首先优化了水合氯离子 $Cl^-\cdot(H_2O)_n$，其中 $n = 2, 4$，在 (8, 8) 型碳纳米管内的稳定吸附结构 (图 3.4)。计算所得的水合阴离子-π 作用的数值在包含 2 个水分子时为 −5.8 kcal/mol，在包含 4 个水分子时为 −2.8 kcal/mol。这远小于相应的钠/钾离子在碳纳米管内的水合阳离子-π 作用。而在经典 CHARMM 力场中，氯离子在碳纳米管内的 L-J 作用为 −3.6 kcal/mol。

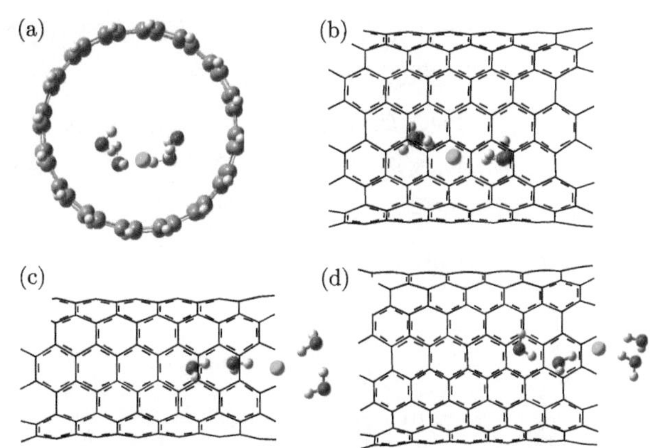

图 3.4 (a) 和 (b) 四水合氯离子 $Cl^-\cdot(H_2O)_4$ 在 (8, 8) 型碳纳米管内的稳定吸附结构；(c) 和 (d) 四水合氯离子 $Cl^-\cdot(H_2O)_4$ 分别在 (6, 6) 型和 (8, 8) 型碳纳米管口的稳定吸附结构

(a) 顶视图；(b) 侧视图；(c) (6, 6) 型碳纳米管；(d) (8, 8) 型碳纳米管。碳、氯、氧、氢原子分别用灰、绿、红、白色小球显示。为了在侧视图中清晰看到内部结构，对碳纳米管做了淡化处理[13]

水合氯离子 $Cl^-\cdot(H_2O)_4$ 在碳纳米管管口的稳定吸附结构见图 3.4。对于 (6, 6) 和 (8, 8) 型碳纳米管，计算得到的水合阴离子-π 作用分别为 −2.8 kcal/mol 和 −1.9 kcal/mol，同样远小于相应的钠/钾离子在碳纳米管内的水合阳离子-π 作用。而在经典 CHARMM 力场中，氯离子在 (6, 6) 型和 (8, 8) 型碳纳米管管口的 L-J 作用分别为 −3.1 kcal/mol 和 −1.6 kcal/mol。以上结果表明，对于水合氯离子和碳纳米管之间的水合阴离子-π 作用，其数值本身远小于水合阳离子-π 作用，并且经典力场方法可以得到和量子力学相近的能量数值。所以本章后续使用的经典力场的模拟中没有额外添加水合阴离子-π 作用。

3.3.2 细碳纳米管管口的堵塞效应

海水中的钠离子和碳纳米管之间的强非共价键相互作用可能会对碳纳米管的滤水脱盐性能起决定作用。海水中的离子会堵塞碳纳米管，造成这种堵塞的关键是离子和碳纳米管之间存在常常被忽略的强水合阳离子-π 作用。在管口修饰大的饱和基团或施加强电场可避免碳纳米管的堵塞行为，从而提高碳纳米管的滤水脱盐性能。

水合阳离子-π 作用的处理 在处理水溶液中离子–碳纳米管作用时，首先离子及其水合物在碳纳米管附近的吸附能和势能面在量子化学计算中得到，离子和碳纳米管作用的经验势函数进一步拟合出来。为了模拟盐水溶液在碳纳米管附近的吸附和扩散等动力学行为，将经典力场和量子力学计算相结合建构了一套适合描述盐水溶液同碳纳米管相互作用的理论与模拟方法。

模拟系统的构建 4 根长度 14 Å，手性为 (6, 6) 型的碳纳米管按六方密排

的方式搭建为束状结构。由于采用沿垂直于管轴 z 方向的周期边界条件，相当于搭建了无限大的膜平面，模拟由碳纳米管阵列组成的滤膜。该膜两侧各加入 500 个水分子，并在左侧 (z 轴负方向) 加入 10 对氯化钠离子，模拟盐水端和纯水端。盐水端的浓度约为 1 mol/L，同天然海水的浓度相仿。为防止盐水端的离子通过周期边界进入纯水端，体系最左侧放置了一块可移动的惰性壁。体系整体尺寸为 23.0 Å × 19.9 Å × 80.0 Å。体系结构如图 3.5 所示。

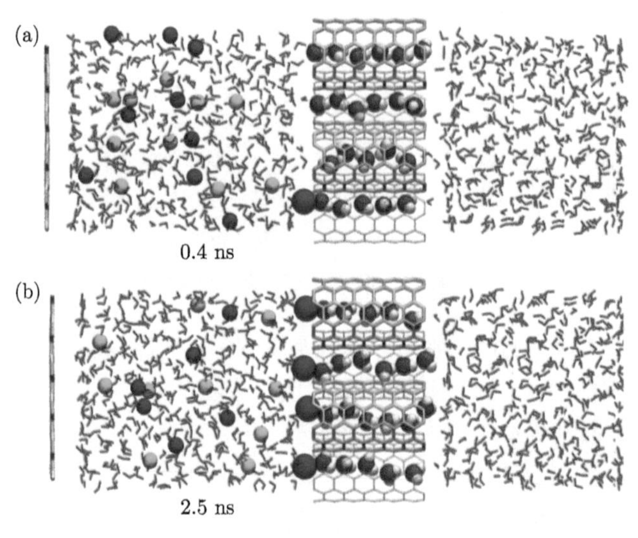

图 3.5　模拟体系的构成

蓝色小球代表钠原子，绿色小球代表氯原子，红色小球和白色小球分别代表碳纳米管内水分子中的氧原子和氢原子。碳纳米管用青色短棒表示，施加压力的惰性壁用灰色短棒表示，碳纳米管外的水分子用红色折线表示。(a) 为 0.4 ns 时刻，第一根碳纳米管的管口被钠离子堵塞的情形。(b) 为 2.5 ns 时刻，四根碳纳米管的管口全部被钠离子堵塞的情形[13]

分子动力学参数　所有模拟都在恒定原子数 N，体积 V 和温度 T 的正则系综 (NVT) 下进行。系统温度用 Langevin 热浴控制在 300 K，阻尼 (damping) 系数设置为 5 ps^{-1}，长程静电相互作用由 PME 算法来处理，范德瓦耳斯相互作用的截断距离为 12 Å。水分子的键长采用 SHAKE 算法加以限制，该设置允许模拟采用的时间步长为 2.0 fs。每个体系的总模拟时长为 20 ns。本章全部的分子动力学模拟在 NAMD 软件包中进行。

力场参数　模拟采用的水分子模型为 TIP3P，其他原子采用经典 CHARMM 力场描述。其中 CHARMM 力场中没有专门为碳纳米管设计参数，设定为不带电荷的范德瓦耳斯原子，并选用了为苯环、吲哚环等芳香环上的碳原子设计的范德瓦耳斯参数。大量基于 CHARMM 的针对碳纳米管、石墨烯等碳基材料的模拟都采用了类似的设置，之前的结果也表明这组参数对于描述水分子同碳基材料的作用是比较准确的。钠离子和氯离子的电荷分别设置为 $+1.0e$ 和 $-1.0e$。模拟中用到的—C_2H_4—, —C_2H_5 和—OH 基团也是采用 CHARMM 力场中的参数。

其他设置 为了模拟工业上反渗透脱盐的原理，模拟中惰性板上共施加了 91.2 nN 的力，力的方向指向盐水端，相当于在盐水端产生了 20 MPa 的压力，可以引起水流从盐水端向纯水端流动[26]。为计算水流速度，统计了单位时间内流经碳纳米管膜的水分子数目。在某些体系中考察了电场的影响，电场大小 0~0.5 V/nm，方向都是垂直于膜的平面，从纯水端指向盐水端。

模拟结果表明水合钠离子可以吸附在碳纳米管的管口。这个包含水分子、钠离子、氯离子及碳纳米管的体系添加了水合阳离子-π 作用，进行了总时长 20 ns 的分子动力学模拟。在本段模拟中，第一次发生碳纳米管被钠离子堵塞的行为是在开始后的 0.4 ns，到 2.5 ns 模拟体系中四根碳纳米管全部被钠离子堵塞。发生堵塞后的体系结构如图 3.5 所示，钠离子稳定吸附在每个碳纳米管的管口位置，阻断了水分子在碳纳米管内的连通性。

碳纳米管中的水流被阻断。水流随时间的演化过程如图 3.6 所示，水流在 2.5 ns 不再增加，表示从此之后水分子无法再在碳纳米管内传输。这个时刻即体系中的四根碳纳米管的管口全部被钠离子堵塞的时刻。该模拟结果表明溶液中的水合钠离子在水合阳离子-π 的作用下，会稳定吸附在碳纳米管的管口位置，堵塞住管口，从而阻断水在碳纳米管内传输，大大降低了碳纳米管作为高效海水过滤材料的应用价值。

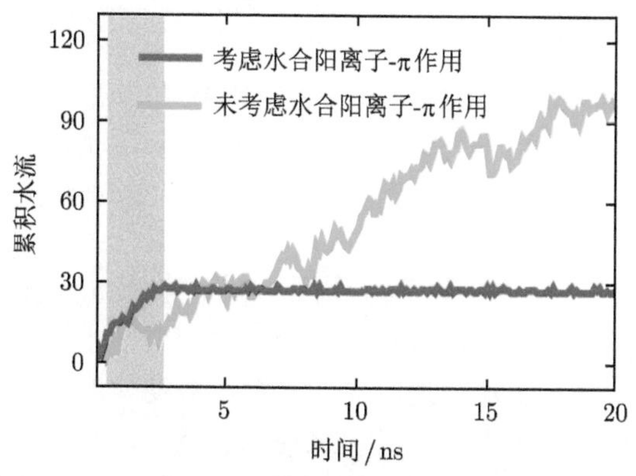

图 3.6 水分子流经碳纳米管的累积流量

(红色) 考虑水合阳离子-π 作用；(绿色) 未考虑水合阳离子-π 作用。可见在考虑水合阳离子-π 作用的体系中，水流在 2.5 ns 时刻被阻断；而在使用经典力场，未考虑水合阳离子-π 作用的体系中，水流一直存在。吸附过程发生的 0.4~2.5 ns 时间范围在图中用红色阴影表示[13]

在吸附过程中，水合钠离子的水壳层结构也发生了明显的改变。一种典型的情况如图 3.7 所示，水合钠离子于 2.5 ns 时刻吸附在碳纳米管的管口。在吸附前的 2.4 ns 内，这个水合钠离子在溶液中随机运动，其第一水壳层平均包含六个水分子，是水合钠离子在体相溶液中的正常存在状态。在 2.5 ns 之后，这个水合钠离子吸附在管口但并未完全进入碳纳米管的内部，其第一水壳层包含四个水分子，其中三个水分子在溶液中，另外一个水分子在碳纳米管的内部。水合钠离子在管口的位置 (该位置在碳纳米管的轴心位置，距离碳纳米管的中心 7.8 Å，在模拟体系中的坐标为 −7.8 Å) 已经可以感受到来自碳纳米管的较强的水合阳离子-π 作用，又仅仅失去了 1~2 个水分子，水合阳离子-π 作用导致的能量下降在一定程度上补偿了失去结合水导致的能量升高，使得水合钠离子可以在这个位置稳定吸附。

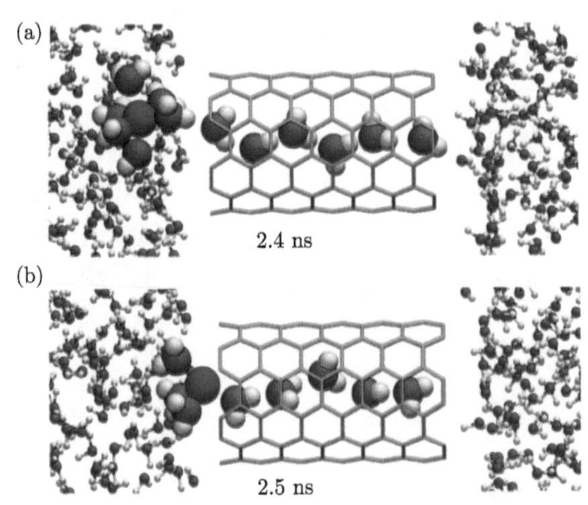

图 3.7　水合钠离子吸附在碳纳米管的管口前后的位置和水壳层的结构

(a) 吸附前，水合钠离子在溶液中，第一水壳层有六个水分子；(b) 吸附后，水合钠离子在管口，第一水壳层有四个水分子，其中三个水分子在溶液中，一个水分子在碳纳米管内[13]

作为对照，不考虑水合阳离子-π 作用的基于经典力场分子动力学模拟表明，钠离子均匀分散在溶液中，不会在管口吸附。水流在盐水端的压力作用下，经由碳纳米管形成的滤膜从盐水端快速流向纯水端，流动速度在 20 MPa 的压力差下为每根碳纳米管每纳秒 1.2 个。同时盐水端的钠离子、氯离子无法通过碳纳米管扩散，可以达到 100% 的脱盐效率。这些结果同之前大部分的经典模拟是一致的。考虑到水合钠离子与碳纳米管之间的作用力是真实存在的，并且强度极高，所以不能在模拟中被忽略。可见，经典模拟因为无法准确描述水溶液中水合钠离子和碳纳米管之间的相互作用，给出了误导性的结果。

阳离子对碳纳米管的堵塞效应不受尺寸大小改变的影响，更大体系和更长时间的模拟排除了体系太小和时间太短造成的有限尺寸效应。模拟中溶液的量加倍，采用 2000 个水分子和 20 对氯化钠离子，总模拟时长为 50 ns。模拟结果显示，溶液中的钠离子同样可以在 3 ns 内全部吸附在碳纳米管的管口位置，堵塞管口，从而阻断了水分子在碳纳米管内的流动。这个结果同上文的体系没有本质区别。不考虑阳离子-π 作用的模拟结果显示，钠离子不会堵塞碳纳米管，水分子可以持续不断地在 20 MPa 的压力作用下由盐水端流向纯水端。流动速度为每根碳纳米管每纳秒 1.2 个，同上文分析的数据相仿。结果表明阳离子对碳纳米管的堵塞效应不受尺寸大小改变的影响。

减弱水合阳离子-π 作用的强度依然可以导致水合钠离子在碳纳米管管口处的吸附。总的水合阳离子-π 作用分别削减了 1/5 和 1/3，设置为 14.9 kcal/mol (4/5 水合阳离子-π 作用) 和 12.4 kcal/mol (2/3 水合阳离子-π 作用)，结果显示钠离子依然可以吸附在碳纳米管的管口。当水合阳离子-π 作用为 14.9 kcal/mol 时，在模拟体系的 4 根碳纳米管之中，依然有 3 根碳纳米管被钠离子堵塞；当阳离子-π 为 12.4 kcal/mol 时，有 2 根碳纳米管被钠离子堵塞。吸附在管口的钠离子是非常稳定的，在时长 20 ns 的模拟中，一旦吸附在管口就不会再脱落。

管口用氢原子封端的碳纳米管进一步模拟水与溶液中的离子在碳纳米管附近的扩散行为。目前大部分关于碳纳米管用作脱盐滤水的通道的基于经典力场的分子动力学模拟研究除了没有考虑阳离子-π 作用，还普遍存在另一个问题，即其构造的碳纳米管模型都是包含碳原子的骨架不包含管口的原子细节。这样的模型中管口的碳原子没有饱和，在化学上是不稳定的，因此也是不现实的。碳纳米管采用了氢原子封端处理，且管口的原子添加了电荷，更加接近现实的体系。模拟结果显示，当考虑水合阳离子-π 作用时，在两个采用不同的电荷处理方案的体系中，溶液中的钠离子都可以在 4 ns 内全部吸附在碳纳米管的管口位置，堵塞管口，从而阻断了水分子在碳纳米管内的流动。而不考虑水合阳离子-π 作用的模拟结果显示，钠离子不会堵塞碳纳米管，水分子可以持续不断地在 20 MPa 的压力作用下由盐水端流向纯水端。这些结果同不考虑碳纳米管氢原子封端和管口电荷的结果是相似的，表明阳离子对碳纳米管的堵塞效应是由水合阳离子-π 作用导致的，氢原子封端和管口电荷对模拟结果没有显著影响。

3.3.3 堵塞效应的解决方案

上面的模拟结果表明，溶液中的钠离子在水合阳离子-π 的作用下，会稳定吸附在碳纳米管的管口位置，堵塞住管口，从而阻断水在碳纳米管内的传输，使碳纳米管预期的高效水渗透性质以及 100% 的脱盐率完全失效，大大降低了碳纳米管作为高效海水过滤材料的应用价值。为了防止阳离子吸附在管口位置，使水流重新流通，最直接的解决办法是降低阳离子在管口的吸附强度。有两个方案可以采用：① 通过在管口修饰大的饱和基团以阻止阳离子与碳纳米管不饱和碳原子上的 π 电子直接接触；② 引入强电场，将吸附在管口的钠原子拉离吸附位置。

管口修饰　阳离子在管口吸附的机制是阳离子的正电荷同碳纳米管不饱和碳原子上的 π 电子相互作用。在管口位置，钠原子同碳纳米管的不饱和碳原子的距离非常近，可以感受到较大的吸引作用。首先在碳纳米管盐水端的管口修饰了—CH_2CH_2—，一个大体积的饱和基团，以阻止盐水溶液中阳离子与碳纳米管不饱和碳原子上的 π 电子直接接触。基团—CH_2CH_2—中的两个碳原子分别和碳纳米管管口的两个碳原子通过饱和共价键直接相连，其力学与化学结构非常稳定。模拟体系和修饰后的详细结构如图 3.8 所示。

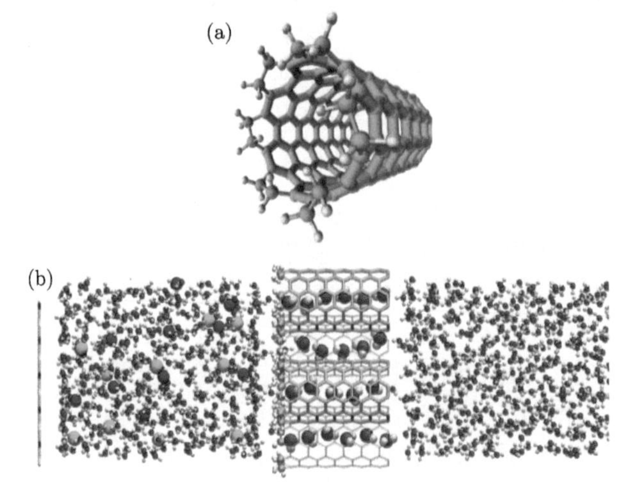

图 3.8　碳纳米管的管口修饰了—CH_2CH_2—饱和基团的结构图

(a) 修饰后的管口的结构。碳纳米管上的碳原子用青色显示，氢原子用白色显示；碳纳米管内部的不饱和化学键用粗线显示，其中包含 π 电子；碳纳米管管口饱和化学键用细线显示，其中不包含 π 电子。(b) 包含管口修饰的碳纳米管和水溶液的模拟体系，只在靠近盐水端的管口修饰了饱和基团[13]

碳纳米管经过管口修饰可以恢复水流。该体系 20 ns 的分子动力学模拟结果表明，碳纳米管管口的饱和基团隔绝了水合钠离子与碳纳米管内部的不饱和碳原子上的 π 电子的直接接触，水合钠离子无法再在管口吸附。在 20 MPa 的压力下，盐水端的水分子可以持续地向纯水端流动，水的流动速度可以达到每根碳纳米管每纳秒 0.7 个，如图 3.9 所示。相比较，纯水在无修饰的碳纳米管中的流动速度为 1.7 个，盐水向纯水流动时，在无修饰的碳纳米管中，不考虑水合阳离子-π 作用时流动速度为 1.2 个 (该差别是由于盐水端浓度换算成的渗透压数值为 6 MPa，可以抵消一部分施加在盐水端的压力)。管口修饰碳纳米管中的水流速度可以达到在未经修饰碳纳米管中速度的 60% ，达到纯水流速的 40% 。考虑到碳纳米管极高的水渗透率，可以超过现有商用滤膜的 2~3 个数量级，尽管对管口的修饰使得碳纳米管对水的渗透率有所降低，但相较于现有商用滤膜依然是非常高的渗透率。管口附近的钠离子密度分布图 (图 3.10) 显示，钠离子在管口修饰了饱和基团的碳纳米管的管口位置没有分布，相对比在没有修饰的碳纳米管的管口位置有一个很高的分布峰，表明钠离子不会吸附在经过修饰的碳纳米管的管口。

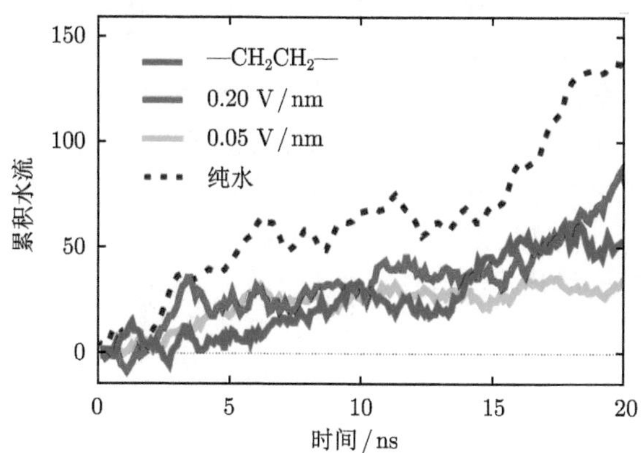

图 3.9 水分子在压力下流经碳纳米管的累积水流随时间的演化曲线

(蓝色实线) 管口修饰饱和基团—CH_2CH_2—的体系的流量曲线；(绿色实线) 电场强度为 0.05 V/nm 的体系的流量曲线；(红色实线) 电场强度为 0.20 V/nm 的体系的流量曲线；(黑色虚线) 纯水在碳纳米管内的流量曲线[13]

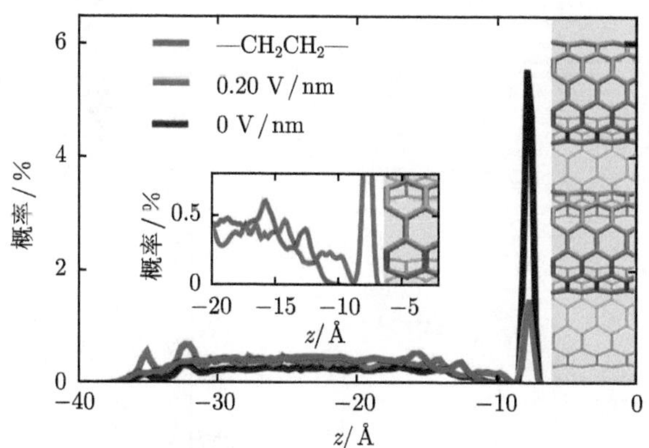

图 3.10 溶液中钠离子的密度分布随位置的变化曲线

(蓝色实线) 管口修饰饱和基团—CH_2CH_2—的体系的钠离子密度分布；(红色实线) 电场强度为 0.20 V/nm 的体系的钠离子密度分布；(黑色实线) 不加电场且无管口修饰的碳纳米管附件的钠离子密度分布。蓝色阴影区域表示碳纳米管所在的位置 [13]

碳纳米管的管口修饰基团的种类和数目对恢复水流速度有显著影响。在管口修饰了不同数目的疏水性的—C_2H_5 基团和亲水性的—OH 基团。考虑由于 (6, 6) 型碳纳米管的尺寸最多可以容纳 6 个—C_2H_5 基团，模拟中首先分别在管口修饰了 6 个相应的基团，如图 3.11 所示。施加了从盐水端到纯水端的压力后，在 50 ns 的模拟中，发现—C_2H_5 修饰的碳纳米管无法被钠离子堵塞而具有持续的水流，但—OH 修饰的碳纳米管很快被堵塞，水流也随之停止。表明大一些的疏水基团可以有效防止阳离子堵塞碳纳米管。接下来还模拟了分别在管口修饰了 2 个和 4 个相应基团时的水流速度和管口堵塞的情况。见图 3.12，—OH 修饰的碳纳米管在不同的修饰基团数目下始终保持 4 根碳纳米管堵塞的情况，水流也始终很小。而对于被—C_2H_5 修饰的碳纳米管，水流速度在修饰了 4 个—C_2H_5 基团时达到最大值。考察被钠离子堵塞的碳纳米管的平均数目 (图 3.12(b)) 可以发现，当修饰了 2 个—C_2H_5 基团时，模拟体系中的 4 个碳纳米管中有超过 2 个碳纳米管依然是被钠离子堵塞的状态，而当修饰了 4 个—C_2H_5 基团时，体系中的碳纳米管都不再被钠离子堵塞了，这时碳纳米管内的水流速度可以达到最大值。修饰数目再多对于防止钠离子在管口的堵塞也不再起作用了，相反，修饰的大的疏水基团自身会对水流速度产生不利影响。因此，合适大小、亲疏水性和修饰的程度对于制备高效滤水的碳纳米管非常重要。

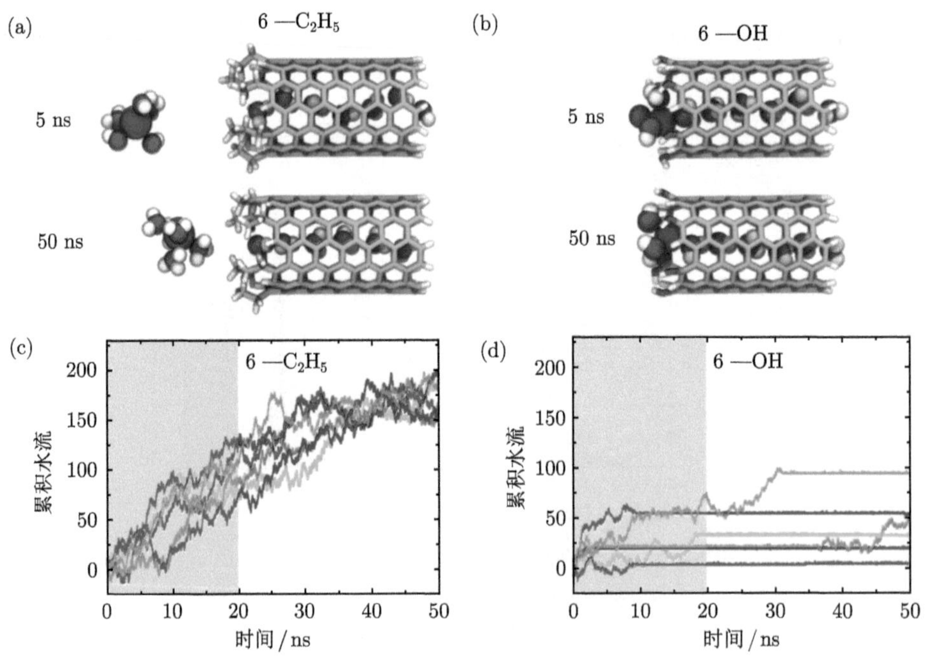

图 3.11 采用—C_2H_5 基团和—OH 基团封端的碳纳米管中的水分子流经碳纳米管的累积水流随时间的演化曲线。平均流速统计范围为 20~50 ns[15]

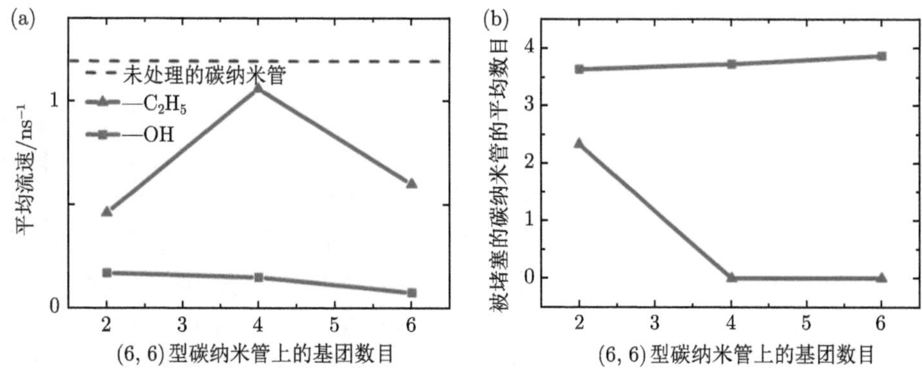

图 3.12 采用—C_2H_5 基团和—OH 基团封端的碳纳米管中，水分子流经碳纳米管的平均流速 (a) 和堵塞的碳纳米管的平均数目 (b) 随修饰个数的关系[15]

施加电场 引入强电场将吸附在管口的钠原子拉离吸附位置。施加从纯水端指向盐水端的强电场，施加在钠离子上的电场力的方向背向碳纳米管，可以降低在管口的吸附能力，防止钠离子吸附在管口。模拟结果如图 3.13 所示，当电场强度为 0.05 V/nm 时，碳纳米管内的水流为 0，表明依然存在堵塞状态；当电场强度为 0.05 V/nm 时，碳纳米管内的水流已经开始部分恢复；当电场强度超过 0.20 V/nm 时，水流速度达到每根碳纳米管每纳秒 1.0 个，这个速度是纯水在碳纳米管中流速的 60%。管口附近的钠离子密度分布图 (图 3.13) 显示，电场强度为 0.20 V/nm 时，钠离子在碳纳米管的管口位置只有一个很小的峰，大大小于不加电场时的一个分布峰，表明强电场大大削弱了钠离子的吸附能力。

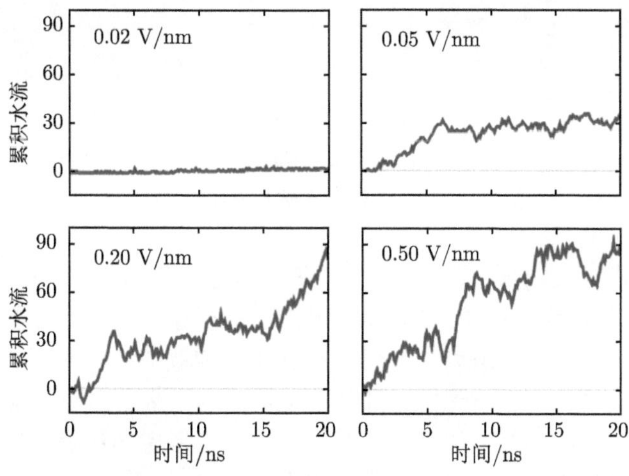

图 3.13 在额外的四组平行模拟体系中，施加电场后的水分子流经碳纳米管的累积水流随时间的演化曲线。电场的强度范围为 0.02~0.50 V/nm，方向从纯水端指向盐水端[13]

3.3.4　粗碳纳米管的开/关转变

模拟中引入水合阳离子与碳纳米管之间的水合阳离子-π 作用。一个长度为 14 Å，直径为 11 Å 的 (8, 8) 型碳纳米管嵌入两层惰性平面组成的墙中，为了模拟实验体系的设置，在膜两侧加入 3000 个水分子以及 60 对氯化钠离子。体系整体尺寸为 41.8 Å × 42.5 Å × 70.0 Å，如图 3.14 所示。通过施加电场的方式重现实验中的电压条件，大小从 0 到 0.4 V/nm。为了比较水合阳离子-π 作用所造成的影响，考虑和不考虑水合阳离子-π 作用的一系列体系同时进行，并做了比较。实验发现，Cl^- 不在直径 1~2 nm 的粗碳纳米管内发生堵塞行为[17−19]，为了合理描述 Cl^- 在粗碳纳米管内的行为，Cl^- 上加了同等量的排斥势。模拟的总时长为 22 ns，其中后 20 个纳秒用于数据分析和处理。对于 $N(CH_3)_4^+$ 采用经典 CHARMM 力场的参数。其他力场和分子动力学参数设置同 3.3.6 节 (6, 6) 碳纳米管的模拟。

图 3.14　模拟体系设置

水分子用红色折线显示，钠、氯离子分别用蓝色和绿色小球显示，管道内的钠离子及其水壳层做了放大处理，碳纳米管用青色短棒显示，惰性平面用白色短棒显示

模拟结果显示，当不施加外电场时，钠离子稳定吸附在碳纳米管的内部 (图 3.14 和图 3.15)，可以导致实验观测低于临界电压，此时碳纳米管保持阻塞状态[17−19]。而相同的体系，如果不考虑水合阳离子-π 作用，溶液中水合钠离子不会稳定吸附在管内，此时碳纳米管应该保持导通的状态，这同大多数之前的基于经典力场的模拟结果是一致的，但与实验现象不符。表明合理考虑和正确处理水合阳离子-π 作用是描述碳纳米管内离子导致的阻塞行为的关键。

当施加强电场 $E = 0.25$ V/nm 时，钠离子在 3 ns 时逃离了碳纳米管。进一步增加电场可以导致钠离子更快地逃离。20 ns 的模拟轨迹显示，当电场强度为

0.25 V/nm 时有 4 次逃离行为，如图 3.16(a) 显示。在强电场中，管道内出现的不同阻塞情况预示着不同的 Coulter 状态，即当管道中不存在离子时，管道内的水分子形成完整的氢键网络，水中的质子可以很容易通过氢键网络传输，对应高的电流态 (“开” 态)；而当管道中被离子阻塞时，氢键网络被离子部分破坏，质子的传输能力受到影响，对应低的电流态 (“关” 态)。

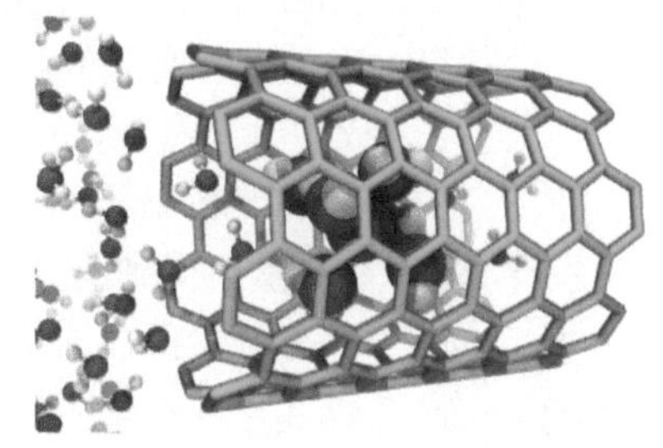

图 3.15 钠离子吸附在 (8, 8) 型碳纳米管内部

钠离子和第一水壳层的水分子突出显示

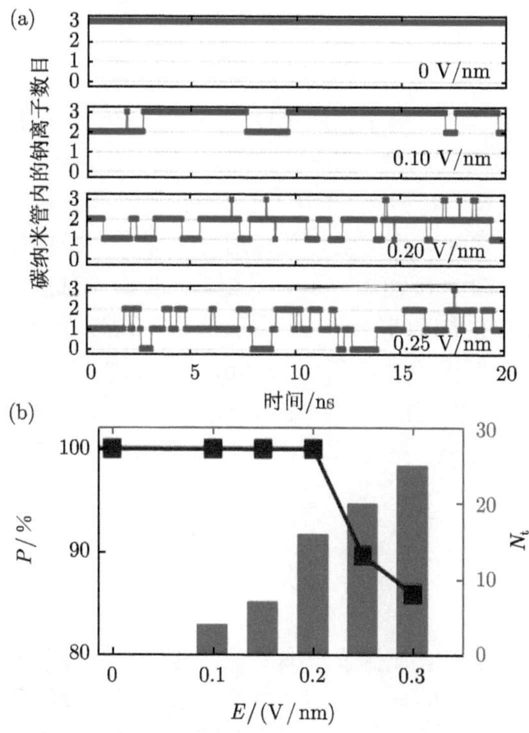

图 3.16 不同外加电场下，(a) 钠离子在碳纳米管内的数目随时间的演化曲线；(b) 钠离子在碳纳米管内的阻塞概率 P (黑色方框) 和传输个数 N_t(红色柱状图)[13]

管道内阻塞态的平均时间和阻塞概率 (图 3.16(b))，也同实验结果定性相符。当电场强度小于 0.20 V/nm 时，在整个模拟时间内管道一直保持阻塞状态，在该模拟时间内阻塞概率为 100%；当电场强度为 0.25 V/nm 时，阻塞的平均时间为 3.6 ns，阻塞概率为 90%；当电场强度为 0.30 V/nm 时，阻塞的平均时间下降为 2.9 ns，阻塞概率下降为 86%。无论是阻塞的平均时间还是阻塞的概率，都随着电场强度的增大而下降，这个趋势同 Strano 等的实验结果也是相符的[17,18]。只是本节得到的阻塞的平均时间在纳秒级，远远小于实验的秒级 (约 10 s) 测量值，部分原因是本节模拟采用的碳纳米管长度为 1.4 nm，远远小于实验使用的长度，即 500 μm，这会导致阻塞时间的巨大差异。通过比较离子的流动性质 (mobility)，即离子速度和电场强度之间的关系，注意到本节模拟得到的数据为 $0.2\times10^{-8}\ \mathrm{m^2/(V{\cdot}s)}$ 这同实验测到的数值 $5\times10^{-8}\ \mathrm{m^2/(V{\cdot}s)}$ 在数量级上非常接近 [17]。如果实验使用的碳纳米管的长度由 500 μm 缩放到 1.4 nm，阻塞的平均时间可以达到约 0.1 ns，同目前的模拟结果 (约 3 ns) 在数量级上非常接近。

模拟中引入水溶液中水合阳离子与碳纳米管之间的水合阳离子-π 作用，模拟结果显示钠离子可以进入手性为 (8, 8) 型的碳纳米管内部并保持阻塞状态，当外加电场的数值大于一临界值后，进入碳纳米管的钠离子可以在电场力下从碳纳米管中逃离出来，新的钠离子又可以进入碳纳米管，呈现碳纳米管开/关状态转变。模拟结果同时显示，钾离子依然可以进入碳纳米管并在强电场下呈现碳纳米管开/关状态转变，只是在临界电场等定量属性上同钠离子的体系有所不同；而大的阳离子，如四甲基铵 $N(CH_3)_4^+$ 和 Cl^- 都不会进入碳纳米管的管道内部。当纳米通道与离子之间不存在这样的强相互作用时，即在实验中撤去碳纳米管，或在模拟中不考虑水合阳离子-π 作用，离子无法进入管道内部产生阻塞效应。仅仅通过添加阳离子同碳纳米管之间的一个作用项，该实验的若干性质即可重现。

本节讨论的碳纳米管的直径在 1~2 nm，因 Cl^- 有大的水壳层而不易进入碳纳米管，堵塞效应仅仅是由钠、钾等阳离子产生。第 4 章将会讨论更粗的直径 2~15 nm 的多壁碳纳米管，在那样的碳纳米管中 Na^+ 和 Cl^- 都可以进入，从而会产生全新的行为。

3.4 本章小结

本章首先基于量子力学计算了碳纳米管内的水合阳离子-π 作用，并开发了量子力学和经典力场相结合的分子动力学方法。阳离子和碳纳米管之间存在非常强的相互作用，即使在水溶液中依然很强。不同离子在碳纳米管周围的势能面采用经验势函数进行了拟合。将量子计算得到的吸附能同经典力场相结合的方法应用于分子动力学模拟，可以追踪水溶液中离子和水分子在碳纳米管附近的吸附和扩散行为。

海水中的钠离子可能会对碳纳米管的滤水脱盐性能起决定作用。采用经典力场与量子力学计算相结合的手段，发现溶液中的钠离子可以吸附在手性为 (6, 6) 型，直径 0.8 nm 的碳纳米管的管口，堵塞了碳纳米管。这导致碳纳米管中的水流被阻断，从而大大降低了碳纳米管作为高效海水过滤材料的应用价值。影响该行为的关键是，海水中的钠离子和碳纳米管之间存在强的水合阳离子-π 非共价键作用，然而该作用在之前的包含碳纳米管、离子和水的类似体系的经典模拟中都被忽略了。在管口修饰大的饱和基团或施加强电场可避免碳纳米管的堵塞行为，在保持 100% 的脱盐率的条件下，将碳纳米管在盐水中的水渗透性能提高到接近其理想性能，大大提高了碳纳米管的滤水脱盐能力。

本章仅仅通过合理考虑水溶液中水合阳离子-π 作用，模拟添加阳离子同碳纳米管之间的一个作用项，碳纳米管“开/关转变”实验的若干现象即可重现，长期以来经典理论无法解释这些实验结果的问题得到解决；指出合理考虑水合阳离子-π 作用是描述离子和水分子在碳纳米管中行为的关键因素，并表明本章开发的处理水溶液中水合阳离子-π 作用的方法是正确可靠的。

该研究工作被 Philip Ball 教授在英国的 *Chemistry World* 以《纳米碳管海水脱盐膜研究或许可以重回正轨》(*Nanotube desalination could be put back on track*) 为题进行了专门报道[27]。Philip Ball 教授指出该研究工作是“碳纳米管用于海水脱盐的新的希望” (There is fresh hope for using CNTs to filter salt out of water in desalination membranes)。

最近，Tunuguntla 等[28] 报道了水在小内径 (≈ 0.8 nm) 碳纳米管内部可实现“超流”。他们通过羧基 (—COOH) 修饰小内径碳纳米管端口，观测到氯化钾溶液中水在小内径碳纳米管内部的“超流”现象。Tunuguntla 等的实验结果和本章中的理论预测结果一致——通过在小内径碳纳米管端口修饰基团，阻止阳离子吸附在小内径碳纳米管末端的芳香环上，达到纯水高速通过碳纳米管的同时阻止了离子通过的效果。Tunuguntla 等的实验结果还表明同样条件下大内径 (内径大于 1 nm) 碳纳米管中水的渗透率和扩散系数显著小于小内径碳纳米管。第 4 章中将会看到，由于存在水合阳离子-π 作用，离子可以进入大内径碳纳米管并大量富集，从而导致了大内径碳纳米管的堵塞。

本章的发现强调了水合阳离子-π 作用对于离子和水分子在含碳基材料表面吸附和动力学行为的重大影响，并提出了改进的处理水溶液中水合阳离子-π 作用的方法。正确描述碳纳米管和阳离子之间的相互作用为预测碳纳米管内的水和离子的输运行为提供了一个全新的理论依据，并对理解和操控水、离子和小分子在纳米尺度器件中的流动性质具有深远的应用价值和理论意义，对设计基于碳纳米管的海水脱盐材料、化工分离和药物输运的纳流控系统、高灵敏的离子探测器件、分子层次的单分子分离器件，以及人工生物通道等提供了重要的启示。

参 考 文 献

[1] Hummer G, Rasaiah J C, Noworyta J P. Water conduction through the hydrophobic channel of a carbon nanotube. Nature, 2001, 414(6860): 188-190.

[2] Joseph S, Aluru N R. Why are carbon nanotubes fast transporters of water? Nano Letters, 2008, 8(2): 452-458.

[3] Thomas J A, McGaughey A J H. Reassessing fast water transport through carbon nanotubes. Nano Letters, 2008, 8(9): 2788-2793.

[4] Corry B. Designing carbon nanotube membranes for efficient water desalination. Journal of Physical Chemistry B, 2008, 112(5): 1427-1434.

[5] Song C, Corry B. Intrinsic ion selectivity of narrow hydrophobic pores. Journal of Physical Chemistry B, 2009, 113(21): 7642-7649.

[6] Corry B. Water and ion transport through functionalised carbon nanotubes: implications for desalination technology. Energy & Environmental Science, 2011, 4(3): 751-759.

[7] Jia Y X, Li H L, Wang M, Wu L Y, Hu Y D. Carbon nanotube: possible candidate for forward osmosis. Separation and Purification Technology, 2010, 75(1): 55-60.

[8] Hughes Z E, Shearer C J, Shapter J, Gale J D. Simulation of water transport through functionalized single-walled carbon nanotubes (SWCNTs). Journal of Physical Chemistry C, 2012, 116(47): 24943-24953.

[9] Chan W F, Chen H Y, Surapathi A, Taylor M G, Hao X H, Marand E, Johnson J K. Zwitterion functionalized carbon nanotube/polyamide nanocomposite membranes for water desalination. ACS Nano, 2013, 7(6): 5308-5319.

[10] Shannon M A, Bohn P W, Elimelech M, Georgiadis J G, Marinas B J, Mayes A M. Science and technology for water purification in the coming decades. Nature, 2008, 452(7185): 301-310.

[11] Elimelech M, Phillip W A. The future of seawater desalination: energy, technology, and the environment. Science, 2011, 333(6043): 712-717.

[12] Service R F. Desalination freshens up. Science, 2006, 313(5790): 1088-1090.

[13] Liu J, Shi G, Guo P, Yang J, Fang H. Blockage of water flow in carbon nanotubes by ions due to interactions between cations and aromatic rings. Physical Review Letters, 2015, 115(16): 164502.

[14] Liu J, Shi G, Fang H. Water flow in carbon-based nanoporous membranes impacted by interactions between hydrated ions and aromatic rings. Nanotechnology, 2017, 28(8): 084004.

[15] Qin J, Zhu B, Liang S, Guo P, Liu J. Impact of —C_2H_5 and —OH functionalizations on the water flow blockage in carbon nanotubes. Journal of Physical Chemistry C, 2018, 122(22): 11807-11813.

[16] Ulissi Z W, Shimizu S, Lee C Y, Strano M S. Carbon nanotubes as molecular conduits: advances and challenges for transport through isolated sub-2 nm pores. Journal of Physical

Chemistry Letters, 2011, 2(22): 2892-2896.

[17] Lee C Y, Choi W, Han J H, Strano M S. Coherence resonance in a single-walled carbon nanotube ion channel. Science, 2010, 329(5997): 1320-1324.

[18] Choi W, Lee C Y, Ham M H, Shimizu S, Strano M S. Dynamics of simultaneous, single ion transport through two single-walled carbon nanotubes: observation of a three-state system. Journal of the American Chemical Society, 2011, 133(2): 203-205.

[19] Choi W, Ulissi Z W, Shimizu S F E, Bellisario D O, Ellison M D, Strano M S. Diameter-dependent ion transport through the interior of isolated single-walled carbon nanotubes. Nature Communications, 2013, 4(1): 2397.

[20] Phillips J C, Braun R, Wang W, et al. Scalable molecular dynamics with NAMD. Journal of Computational Chemistry, 2005, 26(16): 1781-1802.

[21] Gallivan J P, Dougherty D A. A computational study of cation-π interactions vs salt bridges in aqueous media: implications for protein engineering. Journal of the American Chemical Society, 2000, 122(5): 870-874.

[22] Marshall M S, Steele R P, Thanthiriwatte K S, Sherrill C D. Potential energy curves for cation-π interactions: off-axis configurations are also attractive. Journal of Physical Chemistry A, 2009, 113(48): 13628-13632.

[23] Ohtaki H, Radnai T. Structure and dynamics of hydrated ions. Chemical Reviews, 1993, 93(3): 1157-1204.

[24] Shi, G, Liu, J, Wang C, Song B, Tu Y, Hu J, Fang H. Ion enrichment on the hydrophobic carbon-based surface in aqueous salt solutions due to cation-π interactions. Scientific Reports, 2013, 3(1): 3436.

[25] Ma J C, Dougherty D A. The cation-π interaction. Chemical Reviews, 1997, 97(5): 1303-1324.

[26] Huang C K, Choi P Y K, Kostiuk L W. A method for creating a non-equilibrium NT (P_1-P_2) ensemble in molecular dynamics simulation. Physical Chemistry Chemical Physics, 2011, 13(46): 20750-20759.

[27] Ball P. Nanotube desalination could be put back on track. Chemistry World, 2015, https://www.chemistryworld.com/news/nanotube-desalination-could-be-put-back-on-track/9068.article.

[28] Tunuguntla R H, Henley R Y, Yao Y C, Pham T A, Wanunu M, Noy A. Enhanced water permeability and tunable ion selectivity in subnanometer carbon nanotube porins. Science, 2017, 357(6353): 792-796.

第 4 章　粗碳纳米管对 (极) 稀盐溶液中离子的高效收集

4.1 引　言

在第 3 章中，通过合理考虑水合阳离子-π 作用，在模拟添加阳离子同碳纳米管之间的一个合理的作用项时，理论发现溶液中的钠离子可以吸附在手性为 (6, 6) 型，直径 0.8 nm 的碳纳米管的管口而堵塞碳纳米管。对于更粗的碳纳米管，离子会进入管道，被稳定吸附在碳纳米管的内部而堵塞管道。

既然离子会被稳定吸附在碳纳米管的内部，那么是否会进一步导致碳纳米管内部离子和对应的盐的大量富集呢？这一章将结合实验和理论研究展示上述问题的肯定答案，即粗碳纳米管具有极其优异的富集离子和盐的能力。

4.2 极稀水溶液中碳纳米管内壁与溶液中阳离子作用的理论分析

当内径大于 1 nm 的羧基化多壁碳纳米管 (MWCNT-COOH) 浸泡在盐的极稀溶液 (盐溶液浓度范围为 0.001～0.25 mol/L) 中时，管内外的溶液有何区别呢？基于水合阳离子和碳纳米管芳香环上的 π 电子之间的相互作用 (水合阳离子-π 作用)，可以对该问题的答案做出合理预测。

这种水合阳离子-π 作用在过去并未引起普遍关注。其被忽视皆因二十多年前有人提出，水合阳离子与离子不同，后者与碳纳米管之间的阳离子-π 作用对碳纳米管上吸附物质及其结构、运动、生物和材料系统功能都至关重要[1−7]，但前者与碳纳米管之间的水合阳离子-π 作用与后者相比要大大减弱[8,9]。然而，方海平等在近期的工作中[10−14]认为，因为碳纳米管、石墨、石墨烯和氧化石墨烯上碳原子具有的 π 电子芳香环结构，这些材料表面与水合阳离子的水合阳离子-π 作用足以让这些材料对水合阳离子产生非常强的吸附作用。本节先用密度泛函理论和分子动力学模拟分析计算了浸泡在极稀 NaCl 溶液中的内径为 1.4 nm 的碳纳米管对 Na^+ 的聚集作用，然后在传统的化学平衡理论的基础上分析计算了内径约为 5 nm 的碳纳米管中 NaCl 结晶时溶液中的离子平衡浓度以及碳纳米管对盐的聚集作用和内径之间的关系。详细过程及结果如下。

4.2.1 密度泛函理论

运用气体状态下的密度泛函理论计算可获得 Na^+ 对于 (10, 10) 型碳纳米管 ($C_{240}H_{40}$) 的吸附能量曲线。考虑到计算量的限制，此处选用略小于实验碳纳米管直径范围 (2~15 nm) 的 1.4 nm 直径的碳纳米管。先在 B3LYP/6-31G(d) 水平上，优化了长度为 13 Å 的 (10 ,10) 型碳纳米管 ($C_{240}H_{40}$)[15,16]。再将沿着碳纳米管的方向当作 z 轴，碳纳米管的中心点作为 z 轴原点 (0 Å)。使用 Gaussian-09 软件包[17] 计算位于 ±10 Å 范围内的 Na^+ 对应碳纳米管的吸附能 ΔE_{DFT}，得到的结果如图 4.1 中黑点所示。计算过程中所有的碳原子是固定不动的。管内外 Na^+ 之间的距离间隔设置分别为 0.6 Å 和 1.2 Å。

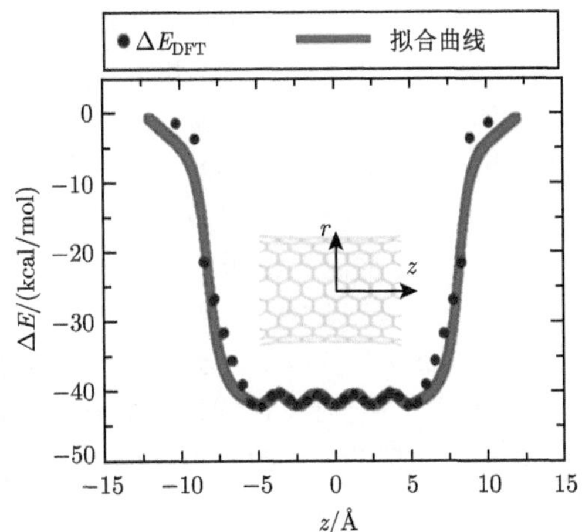

图 4.1 用密度泛函理论计算的气相条件下 Na^+ 和碳纳米管之间的吸附能

黑点为吸附能数据点，红色曲线为拟合函数曲线。z 表示 Na^+ 在沿碳纳米管方向和碳纳米管中心点之间的距离

使用余弦函数可对位于碳纳米管内部的数据点进行拟合，使用反正切函数可对位于碳纳米管外部的数据点进行拟合，得到的拟合函数如下 (结果如图 4.1 中红色曲线所示)：

$$\begin{cases} \alpha\varepsilon\{\arctan[\lambda_{\mathrm{out}}(z-z_{\mathrm{m}})]+\arctan[\lambda_{\mathrm{out}}(-z-z_{\mathrm{m}})]\} & (z<-5.17 \text{ 或 } z\geqslant 5.17) \\ \beta\varepsilon\cos(\lambda_{\mathrm{in}}z)-\varepsilon & (-5.17\leqslant z<5.17) \end{cases} \tag{4.1}$$

这里 ε 是势阱深度，在气相条件下，$\varepsilon = 48.5$ kcal/mol。α 和 β 是拟合系数，$\alpha = 0.36$，$\beta = -0.0175$。λ_{in}、λ_{out} 和 z_{m} 是用来校准拟合曲线形状的参数，$\lambda_{\mathrm{in}} = 1.2$ Å^{-1}，$\lambda_{\mathrm{out}} = 2.56$ Å^{-1}，$z_{\mathrm{m}} = 8.0$ Å。

与上述气相条件下离子与碳纳米管的相互作用相比，水溶液中水合 Na^+ 和 (10, 10) 型碳纳米管的相互作用的计算强度要高得多，从而本章无法做到用和气相条件下一样多的点去计算水合 Na^+ 和 (10, 10) 型碳纳米管的相互作用，进而对于水合 Na^+，如图 4.1 所示的拟合曲线不能直接得到。不过之前已经有研究表明[10]，气相和水合态的 Na^+ 的吸附能曲线类型是相同的，所以可通过修改气相条件下 Na^+ 的势阱深度 ε 来得到水合态 Na^+ 的吸附能拟合曲线。计算得到的水合态 Na^+ 的势阱深度 $\varepsilon = 20.4$ kcal/mol。

4.2.2 分子动力学模拟计算

分子动力学模拟计算可预测水溶液中粗碳纳米管内部对离子发生的富集作用。本章采用 2.10 版本的 NAMD 程序[18]，在正则系综 (NVT) 下进行分子动力学模拟计算。设置所有方向上都使用周期边界条件，使用 Nośe-Hoover Langevin 控压算法[19,20]将系统的压力维持在 1 bar (1 bar = 0.1 MPa)。范德瓦耳斯力计算的截止距离 (cutoff distance)、转换距离 (switchdist) 和配对距离 (pairlistdist) 分别被设置为 12 Å，10 Å 和 14 Å。Particle-Mesh Ewald (PME) 算法被用来处理长程静电作用力。这里使用 1.9.3 版本的 VMD 可视化软件[21]来处理数据。

图 4.2 是分子动力学计算的建模系统快照。一根长度为 1.3 nm，直径为 1.4 nm 的碳纳米管嵌在两片石墨烯薄片之间，在模拟过程中保持固定不动。加入 12090 个水分子 (TIP3P 模型 [22])、34 个 Na^+ 和 34 个 Cl^- 并放置在尺寸为 61.5 Å × 63.5 Å × 112.4 Å 的盒子内构成了分子动力学模拟体系。使用 Langevin 恒温将系统温度设置为 300 K。耦合时间设置为 0.5 ps[23]，时间步长设置为 2.0 fs，使用 Verlet 算法计算[24]。模拟的总时间为 100 ns，并用最后 20 ns 的粒子轨迹来探索盐在碳纳米管中的聚集行为。

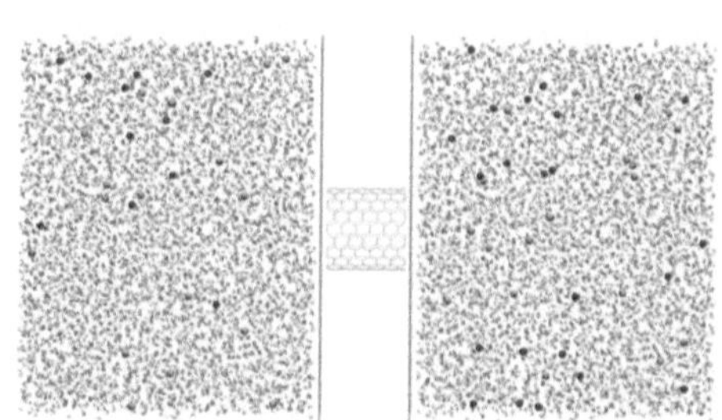

图 4.2 分子动力学建模系统快照

淡蓝色六边形网状结构代表碳纳米管，灰色的竖线代表石墨烯片，蓝色和绿色的小球分别代表 Na^+ 和 Cl^-，红色的小短线代表处于碳纳米管外的水分子

根据公式 (4.1)，施加给水合 Na^+ 一个只与该离子和碳纳米管中心点在沿碳纳米管方向距离 z 有关的力来代表水合 Na^+ 和碳纳米管之间的水合阳离子-π 作用。其他所有非键相互作用的参数都是根据 CHARMM 力场推导而来的。碳原子的模型为截面为$\sigma_{CC} = 3.55$ Å 和 $\sigma_{CO} = 3.35$ Å，势阱深度为$\varepsilon_{CC} = 0.070$ kcal/mol

和 $\varepsilon_{CO} = 0.103$ kcal/mol 的中性 Lennard-Jones 粒子。Lennard-Jones 参数分别为：$\sigma_{Na} = 2.43$ Å, $\sigma_{Cl} = 4.04$ Å, $\varepsilon_{Na} = 0.047$ kcal/mol 和 $\varepsilon_{Cl} = 0.150$ kcal/mol。Na^+ 和 Cl^- 分别带一个单位正电荷和负电荷。其他分子内相互作用的参数，包括键、角和二面角项，也是根据 CHARMM 力场推导所得。

考虑水合阳离子-**π** 作用并对经典的全原子力场进行改良的分子动力学模拟计算的结果如图 4.3 所示。图 4.3(a) 是一根浸泡在 NaCl 稀溶液中的内径为 1.4 nm 的碳纳米管内的 Na^+、Cl^- 和水分子在沿碳纳米管方向 (z 轴) 的分布概率。图 4.3(a) 中的插图是 Na^+、Cl^- 和水分子在碳纳米管径向的分布概率，水分子要比 Na^+ 更靠近碳纳米管的内表面。图 4.3(b) 为分子动力学模拟过程中系统的抓拍，靠近内表面的每个 Na^+ 周围平均包围着两个水分子，并且水分子距离碳纳米管的内表面更近。

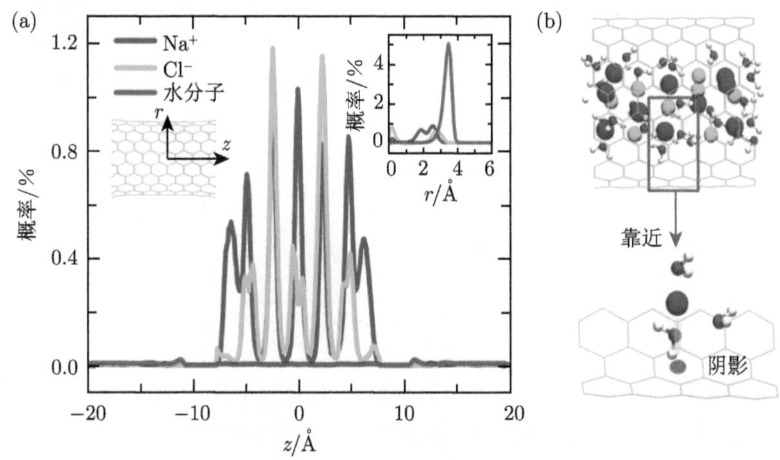

图 4.3 (a) 用分子动力学模拟计算得到的一根浸泡在 NaCl 极稀溶液中的，内径为 1.4 nm 的碳纳米管内的 Na^+、Cl^- 和水分子在沿碳纳米管方向 (z 轴) 的分布概率。(a) 中插图为通过求垂直坐标的平均值，得到 Na^+、Cl^- 和氧原子在碳纳米管径向的分布概率。(b) 为分子动力学模拟过程的抓拍。浅蓝色六边形网状结构代表碳纳米管，红色小球代表水分子中的氧原子，白色小球代表水分子中的氢原子，蓝色小球代表 Na^+，绿色小球代表 Cl^-

NaCl 在碳纳米管内有明显的富集效应。图 4.3(a) 和 (b) 表明 Na、Cl 两种元素在碳纳米管内部都有显著的分布，浓度比近似相等。以 Na^+ 作为 NaCl 的代表，模拟中碳纳米管内 Na、O 两种元素比例的平均值为 0.33，位于本章后述实验中浸泡在 NaCl 溶液中的 MWCNT-COOH 内 Na、O 元素比的范围 (0.38~0.56，见 4.3.2 节) 附近，并且比管外溶液中的 Na、O 两种元素比 (0.003) 高了两个数量级。

以上结果不同于第 3 章中的结果——只有 Na^+ 可以进入大内径碳纳米管，而 Cl^- 无法进入。这是因为第 3 章中采用的是直径 1.1 nm 的 (8, 8) 型碳纳米管，而本章采用的是直径 1.4 nm 的 (10, 10) 型碳纳米管，更大的内径造成水壳层更大的 Cl^- 可以进入。

4.2.3 基于传统化学平衡理论的理论分析

由于计算强度的局限，用密度泛函理论和分子动力学模拟计算的碳纳米管内径只能达到 1.4 nm。要想分析内径更大的碳纳米管浸泡在极稀溶液中时对离子的聚集作用，可运用基于传统的化学平衡理论进行分析计算。首先，本章评估了内径约为 5 nm 的碳纳米管浸泡在稀 NaCl 溶液中时，Na^+ 和碳纳米管之间的平均阳离子-π 作用。然后，根据该平均阳离子-π 作用，再计算结晶和溶解平衡时，高浓度 NaCl 溶液聚集中的离子浓度。最后，通过改变碳纳米管内径后重复计算，讨论了碳纳米管对盐的聚集作用和内径之间的关系。

研究已表明，离子和碳纳米管之间的阳离子-π 作用的强弱是由在碳纳米管径向上阳离子到碳纳米管内壁的距离决定的[13]。可以推测 Na^+ 和碳纳米管之间的平均阳离子-π 作用 ε_+ 是通过对碳纳米管内所有的 Na^+ 和碳纳米管之间的阳离子-π 作用求平均值得到的。当碳纳米管内径足够大 (3~5 nm) 时，可以推测 Na^+ 和碳纳米管的阳离子-π 作用的径向依赖性同 Na^+ 和平面的石墨表面的阳离子-π 作用一样。这样，就可以参照方海平团队之前的工作[25]，对 Na^+ 和碳纳米管的阳离子-π 作用的径向依赖性建立模型。

$$V = \varepsilon\left[\left(\frac{z_\mathrm{m}}{z}\right)^8 - 2\left(\frac{z_\mathrm{m}}{z}\right)^4\right] \tag{4.2}$$

式中 $\varepsilon = 20.4$ kcal/mol 是 Na^+ 和碳纳米管内表面平衡位置阳离子-π 作用大小，$z_\mathrm{m} = 3.8$ Å 是 Na^+ 和碳纳米管内表面的平衡位置距离，z 是任意一个碳纳米管内部的 Na^+ 和碳纳米管内表面的径向距离。图 4.4(a) 是根据公式 (4.2) 画出的函数图像。

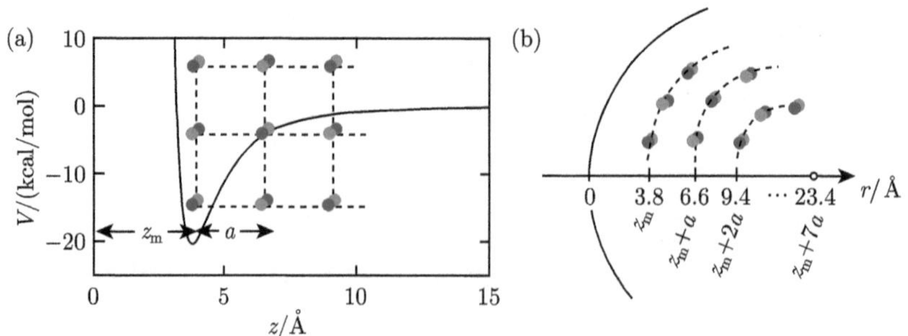

图 4.4 评估 Na^+ 在碳纳米管内的平均阳离子-π 作用的原理图

(a) Na^+ 和碳纳米管内壁径向距离改变时的电势。(b) 在碳纳米管内部洋葱状的聚集模型。这里，$z = 0$ 代表碳纳米管内壁的位置

假设 NaCl 在碳纳米管内聚集处，具有和洋葱一样的多层结构。此处使用一根内径为 4.68 nm 的碳纳米管来做理论分析，从外向里，Na^+ 和碳纳米管内表面之间的距离设为 $z_i = z_{\rm m}, z_{\rm m}+a, \cdots, z_{\rm m}+6a$，其中 $a = 2.8$ Å 是 NaCl 的晶格常数。图 4.4(b) 展示了位于不同层的离子与碳纳米管内壁的距离和占有率。从外层往内层，阳离子-π 作用依次为 $V_i = V_{(z_{\rm m})}, V_{(z_{\rm m}+a)}, \cdots, V_{(z_{\rm m}+6a)}$，$Na^+$ 的占有率分别为 $N_i = 7:6:\cdots:1$。根据这个模型，可以估计 Na^+ 在内径为 4.68 nm 的碳纳米管内与碳纳米管的平均阳离子-π 作用。

$$\varepsilon_+ = \frac{\sum_{i=1}^{7} N_i V_i}{\sum_{i=1}^{7} N_i} = -6.3 \text{ kcal/mol} \tag{4.3}$$

因为对于石墨的水合 Cl^--π 作用的大小只有 −1.8 kcal/mol[25]，而对于 (8, 8) 型碳纳米等[10] 的水合 Cl^--π 作用的大小只有 −1.6 kcal/mol。这两个数值都小于 Na^+-π 的十分之一，所以本章在分析中忽略了 Cl^--π 作用的影响。

假设一个离子在碳纳米管浸泡稀盐溶液的体系中有两种状态：要么聚集在碳纳米管内部，要么扩散到碳纳米管外部的溶液中。无论是 Na^+ 还是 Cl^-，都会在聚集和扩散中达到化学平衡。离子在聚集位置的化学势能应该是恒定的。拥有化学势 $\mu^\circ_{\pm,\rm agg}$ 的碳纳米管外 NaCl 聚集态的阴阳离子当作参比状态，那么碳纳米管内 NaCl 聚集态的阴阳离子的化学势就是

$$\mu_{+,\rm agg} = \mu^\circ_{+,\rm agg} - \varepsilon_+ + e\phi \tag{4.4a}$$

$$\mu_{-,\rm agg} = \mu^\circ_{-,\rm agg} - \varepsilon_- - e\phi \tag{4.4b}$$

式中，ε_+ 和 ε_- 分别为 Na^+、Cl^- 和碳纳米管之间的平均阳离子-π 作用能和阴离子-π 作用能；ϕ 是聚集静电势。

离子往水溶液中扩散的化学势通过以下方程给出：

$$\mu_{+,\rm sol} = \mu^\circ_{+,\rm sol} + k_{\rm B}T\ln c_{+,\rm sol} \tag{4.5a}$$

$$\mu_{-,\rm sol} = \mu^\circ_{-,\rm sol} + k_{\rm B}T\ln c_{-,\rm sol} \tag{4.5b}$$

式中，$c_{\pm,\rm agg}$ 是 Na^+ 和 Cl^- 在溶液中的浓度；$\mu^\circ_{\pm,\rm sol}$ 是阴阳离子在标准状态 (浓度为 1 mol/L) 的化学势。

当 Na^+ 和 Cl^- 在聚集态的化学势 $\mu_{\pm,\rm agg}$ 和往溶液中扩散的化学势 $\mu_{\pm,\rm sol}$ 相等时，该体系达到化学平衡，即式 (4.4a) = 式 (4.5a) 且式 (4.4b) = 式 (4.5b)。

如果不考虑碳纳米管，要在 NaCl 的结晶态和溶液状态之间建立化学平衡，即依据 Na^+ 和 Cl^- 的溶解度来确定 $\mu^{\circ}_{\pm,\mathrm{agg}}$ 和 $\mu^{\circ}_{\pm,\mathrm{sol}}$ 的关系。

$$\mu^{\circ}_{\pm,\mathrm{agg}} = \mu^{\circ}_{\pm,\mathrm{sol}} + k_{\mathrm{B}}T \ln c^{\mathrm{sat}}_{\pm,\mathrm{sol}} \tag{4.6}$$

式中，$c^{\mathrm{sat}}_{\pm,\mathrm{sol}}$ 是 NaCl 的饱和浓度，实验值为 5.43 mol/L。

从方程 (4.4)~(4.6)，可以得到静电势能 $e\phi$:

$$e\phi = \frac{\varepsilon_+ - \varepsilon_-}{2} \tag{4.7}$$

方程 (4.7) 表明，当阳离子和阴离子的平均离子-π 作用相等时，即 $\varepsilon_+ = \varepsilon_-$ 时，$\phi = 0$，此时聚集的盐呈电中性。当阳离子的平均阳离子-π 作用大于阴离子的平均阴离子-π 作用，即 $\varepsilon_+ > \varepsilon_-$ 时，$\phi > 0$，此时聚集的盐带正电。

从方程 (4.4)、(4.5) 和 (4.7)，可以得到 Na^+ 和 Cl^- 在达到往溶液中扩散和往碳纳米管内聚集两种状态相平衡时的饱和浓度：

$$c_{+,\mathrm{sol}} = c^{\mathrm{sat}}_{+,\mathrm{sol}} \exp\left(\frac{-\varepsilon_+ + e\phi}{k_{\mathrm{B}}T}\right) = c^{\mathrm{sat}}_{+,\mathrm{sol}} \exp\left(-\frac{\varepsilon_+ + \varepsilon_-}{2k_{\mathrm{B}}T}\right) \tag{4.8a}$$

$$c_{-,\mathrm{sol}} = c^{\mathrm{sat}}_{-,\mathrm{sol}} \exp\left(\frac{-\varepsilon_- - e\phi}{k_{\mathrm{B}}T}\right) = c^{\mathrm{sat}}_{-,\mathrm{sol}} \exp\left(-\frac{\varepsilon_+ + \varepsilon_-}{2k_{\mathrm{B}}T}\right) \tag{4.8b}$$

众所周知，标准状态下饱和 NaCl 溶液的浓度为 $c^{\mathrm{sat}}_{\pm,\mathrm{sol}} = 5.43$ mol/L，前面计算所得 $\varepsilon_+ = 6.3$ kcal/mol，再假设 $\varepsilon_- = 0$ kcal/mol，这样就可以根据方程 (4.9a) 和 (4.9b) 来估计出当离子在达到往溶液中扩散和往碳纳米管内聚集两种状态相平衡时的饱和浓度。

$$c_{+,\mathrm{sol}} = c_{-,\mathrm{sol}} = 0.028 \text{ mol/L} \tag{4.9}$$

在不考虑碳纳米管的时候，这个值会缩小到约 1/200。

如果这里采取常温下 NaCl 晶体的密度 2.165 g/cm^3[26] 作为碳纳米管内聚集的 NaCl 的密度，则这种高浓度聚集物质的量浓度为

$$c_{\mathrm{agg}} = 37 \text{ mol/L} \tag{4.10}$$

从式 (4.9) 和式 (4.10) 就可以得到当离子在达到往溶液中扩散和往碳纳米管内聚集两种状态相平衡时，聚集态 NaCl 的离子浓度与含有扩散 NaCl 的溶液中离子浓度的比：

$$\frac{c_{\mathrm{agg}}}{c_{\mathrm{sol}}} \approx 1300 \tag{4.11}$$

式 (4.11) 中估算出来的值可以通过实验来检验。

基于传统化学平衡理论，本章不只可以分析内径为 4.68 nm 的碳纳米管内部具有洋葱状分层结构的 NaCl 聚集，还可以分析内径为 3.56 nm、4.12 nm 和 5.24 nm 的碳纳米管内的 NaCl 聚集。之所以选 3.56 nm、4.12 nm、4.68 nm 和 5.24 nm 内径的碳纳米管，是因为它们和图 4.4(b) 所示的具有洋葱状的 NaCl 的层数为 5、6、7 和 8 相对应。本章将理论分析计算的结果总结在表 4.1 中。随着碳纳米管内径从 3.56 nm 增大到 5.24 nm，计算所得的平均阳离子-π 作用逐渐减弱，当离子在达到往溶液中扩散和往碳纳米管内聚集两种状态相平衡时，聚集态 NaCl 的离子浓度与含有扩散 NaCl 的溶液中离子浓度的比 c_{agg}/c_{sol} 从 6300 左右降低到了 700 左右。

表 4.1 不同内径碳纳米管内的平均阳离子-π 作用和浓度比

内径/nm	平均阳离子-π/(kcal/mol)	c_{agg}/c_{sol}
3.56	−8.2	∼ 6300
4.12	−7.1	∼ 2500
4.68	−6.3	∼ 1300
5.24	−5.6	∼ 700

本章在一些合理的，诸如将粗碳纳米管内径向的阳离子-π 作用近似与石墨表面、Na^+ 与碳纳米管相互作用和 Na^+ 水合数的相关性、碳纳米管内的 NaCl 聚集具有洋葱形状等假设和近似的前提下，基于经典的化学平衡理论分析，可以估算在内径为 4.68 nm 的碳纳米管中，当离子在达到往溶液中扩散和往碳纳米管内聚集两种状态相平衡时，聚集态 NaCl 的离子浓度与含有扩散 NaCl 的溶液中离子浓度的比 c_{agg}/c_{sol} 约为 1300，该比值随着碳纳米管内径增大而逐渐减小。这些预测都可被实验验证。

4.3 实验观测浸泡稀盐溶液的粗碳纳米管

4.3.1 实验过程中碳纳米管内溶液的稳定性

进行 MWCNT-COOH 浸泡在盐溶液中的透射电子显微镜 (TEM) 原位观测非常困难，因为 TEM 的强电子辐照使水产生大量羟基自由基和水合电子，进而轻易地将碳纳米管破坏掉[27]。目前只能用非原位实验来表征 MWCNT-COOH 浸泡在盐溶液后，在其内部的盐溶液性质。

TEM 制样过程如下 (图 4.5)：将羧基化多壁碳纳米管 (MWCNT-COOH，外径 5∼50 nm，内径 2∼15 nm) 和羧基化单壁碳纳米管 (SWCNT-COOH，外径 1.29∼1.48 nm) 两种碳纳米管分别用酒精和去离子水超声清洗后过滤，然后在真空干燥炉中、50℃ 温度下干燥 24 小时，制得处理好的碳纳米管样品。图 4.6(a) 展示了单根 MWCNT-COOH 的 TEM 照片。经过预处理的 MWCNT-COOH 外径约 21 nm，内径约 8.5 nm。图 4.6(b) 为图 4.6(a) 中红色圆圈位置的能谱 (EDS) 分析，该 MWCNT-COOH 上只能探测到 C 元素，说明经过预处理后，碳纳米管纯度高、含杂质少。室温下，将处理过的碳纳米管浸泡在盐的稀溶液中。用超声波清洗仪对含有碳纳米管的该溶液超声处理 20 min。这里盐溶液浓度范围为 0.001~0.25 mol/L，超声波功率为 100 W，频率为 70 kHz。然后用移液枪将该溶液滴在 TEM 超薄钼网微栅上，置于红外烘灯下，30~40 ℃ 温度范围内烘烤 15~20 min，得到待测的 TEM 样品。TEM 型号为 FEI Tecnai G2 F20，操作电压为 200 kV。

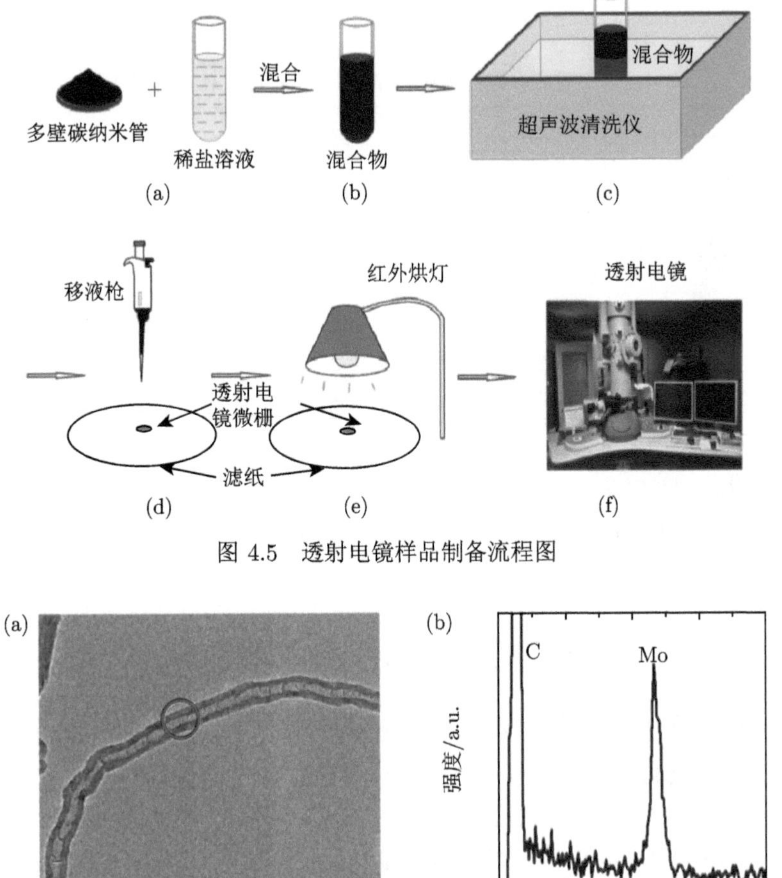

图 4.5　透射电镜样品制备流程图

图 4.6　(a) 未在盐溶液中浸泡的羧基化多壁碳纳米管 (MWCNT-COOH) 的 TEM 照片；(b) 图 (a) 中红色圆圈位置对应的能谱 (EDS)。Mo 元素信号来自于承载 TEM 样品的超薄钼网微栅

以非原位 TEM 代替原位 TEM 来表征碳纳米管浸泡在水溶液中管内溶液的性质，两个问题至关重要：

(1) 在制备碳纳米管 TEM 样品过程中进行了红外烘灯烘干处理。该处理是否会使碳纳米管内部的水蒸发从而导致其内部盐溶液浓度变高呢？

(2) 在用 TEM 观测碳纳米管的过程中，高真空、高温、高强度电子束是否会对碳纳米管内部的溶液产生影响，从而导致碳纳米管内部盐溶液浓度变高呢？

对拉曼光谱、热重分析及多次的 TEM-EDS 进行测试实验可以回答这两个问题。

1. 拉曼光谱实验

碳纳米管的拉曼光谱径向呼吸模式表征了 TEM 制样过程中的干燥和 TEM 观测过程中的真空环境对碳纳米管内部溶液稳定性的影响。已知碳纳米管的拉曼光谱径向呼吸模式振动峰 (ω_{RBM}) 和它的直径 (d) 成反比[28]

$$\omega_{\mathrm{RBM}} = \frac{C}{d} \tag{4.12}$$

这里 C 是一个和体系性质有关的常数。当碳纳米管内部的含水量改变时，常数 C 会相应变化，从而导致碳纳米管拉曼光谱径向呼吸模式振动峰的偏移。反之，通过碳纳米管的拉曼光谱径向呼吸模式振动峰的移动，可以判断碳纳米管内部含水量的变化，这就是使用拉曼光谱径向呼吸模式测定碳纳米管内溶液稳定性的原理。在实验中，可以使用 SWCNT-COOH 来代替 MWCNT-COOH，因为在内部结构上 SWCNT-COOH 和 MWCNT-COOH 并没有太大的不同，而 SWCNT-COOH 的拉曼光谱径向呼吸模式要比 MWCNT-COOH 明显得多[26]。

用于拉曼光谱实验的样品为：① 未浸泡盐溶液的 SWCNT-COOH；② 浸泡在浓度为 0.034 mol/L 的 NaCl 溶液中的 SWCNT-COOH；③ 在浓度为 0.034 mol/L 的 NaCl 溶液中浸泡后滤出，并用红外烘灯在 30~40 ℃ 烘干 1 小时的 SWCNT-COOH；④ 在浓度为 0.034 mol/L 的 NaCl 溶液中浸泡后滤出，并在真空中 (10^{-3} Pa) 处理两小时的 SWCNT-COOH。所使用的拉曼光谱仪型号为 HORIBA LabRAM HR Evolution，激光功率为 6 mW，激光波长为 532 nm。

图 4.7 是直径为 1.29 nm 的 SWCNT-COOH 在不同处理条件下的拉曼光谱径向呼吸模式振动峰位置。当 SWCNT-COOH 浸泡在 0.034 mol/L 的 NaCl 溶液中时，其拉曼光谱径向呼吸模式振动峰和未浸泡溶液时相比出现了明显的右移 (增大)。当该 SWCNT-COOH 从 NaCl 溶液中过滤后，无论放在红外烘灯下 30~40 ℃ 烘干 1 小时，还是放在真空中 (10^{-3} Pa) 处理两小时，其拉曼光谱径向呼吸模式振动峰都不会发生明显的移动。浸泡在 NaCl 溶液中的 SWCNT-COOH 的拉曼光谱径向呼吸模式振动峰右移代表了在碳纳米管内部填充了 NaCl 溶液，

而烘干或者真空条件下 SWCNT-COOH 的拉曼光谱径向呼吸振动模式峰和浸泡在 NaCl 溶液中的 SWCNT-COOH 相比没有明显移动。这表明红外烘灯烘烤或者真空处理对 SWCNT-COOH 中的溶液影响不大。

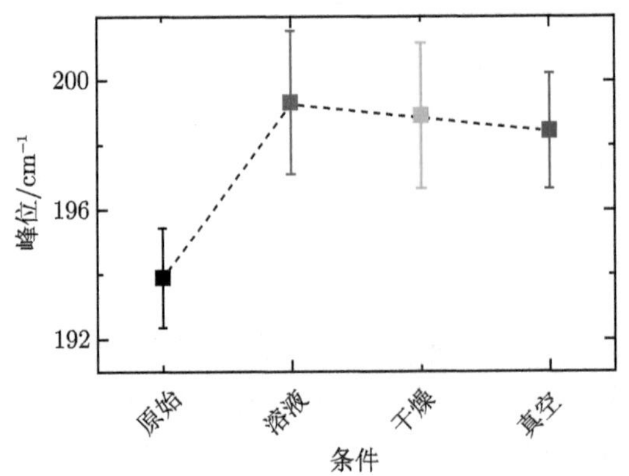

图 4.7 直径为 1.29 nm 的羧基化单壁碳纳米管 (SWCNT-COOH) 在不同处理条件下的拉曼光谱径向呼吸模式振动峰位置

黑色代表未在盐溶液中浸泡的 SWCNT-COOH，红色代表位于 0.034 mol/L 浓度的 NaCl 溶液中的 SWCNT-COOH，绿色代表在浓度为 0.034 mol/L 的 NaCl 溶液中浸泡并用红外烘灯 30～40 ℃ 烘干 1 小时的 SWCNT-COOH，蓝色代表在浓度为 0.034 mol/L 的 NaCl 溶液中浸泡并在真空中 (10^{-3} Pa) 处理两小时的 SWCNT-COOH

由于和碳纳米管内部盐溶液有相互作用的主要是碳纳米管最内层的碳原子，所以 SWCNT-COOH 和 MWCNT-COOH 对其内部的盐溶液的作用类似。红外烘灯烘烤和真空处理对 MWCNT-COOH 内部盐溶液的影响也可以认为是很小的。

2. 热重分析实验

对于在透射电镜表征碳纳米管过程中，电子束对样品可能的加热作用对碳纳米管内盐溶液的影响采用热重分析实验进行了研究。热重分析实验的样品处理方式为，将 MWCNT-COOH 分别浸泡在纯水和 0.034 mol/L 的 NaCl 溶液中，并用超声波处理 20 min。超声波功率为 100 W，频率为 70 kHz。然后用定性滤纸将碳纳米管从溶液中过滤出来，用红外烘灯在 30～40 ℃ 温度范围内烘干 30 min，得到热重分析所用样品。热重分析实验使用 NETZSCH STAX449F3 同步热重分析仪，气氛为高纯氮气 (99.999%)，温度设置为 30～130 ℃，升温速率为 5 ℃/min。该温度范围可以达到已知的在 TEM 正常观测倍数下观察碳纳米管的温度[29,30]。

图 4.8 为热重分析实验结果。无论是纯水浸泡的 MWCNT-COOH，还是盐溶液浸泡的 MWCNT-COOH，在热重分析的加温条件下，重量损失都非常小。这

说明在 TEM 表征碳纳米管过程中，电子束对样品可能的加热作用对碳纳米管内盐溶液的影响非常有限。

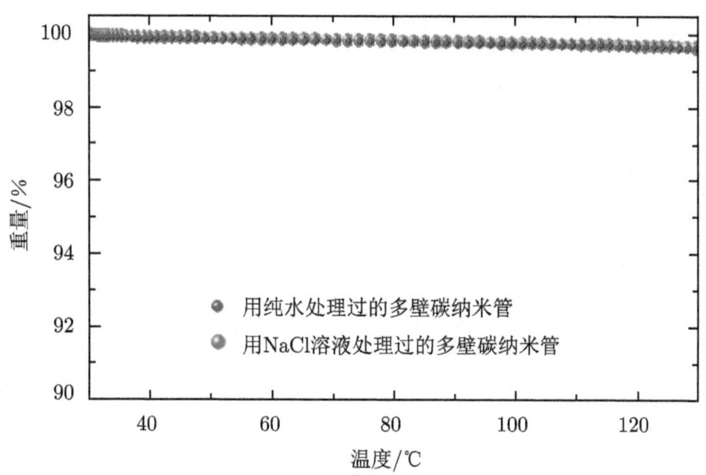

图 4.8 分别在纯水 (红色小球) 和 0.034 mol/L 的 NaCl 溶液 (绿色小球) 中浸泡处理后，红外烘灯 30~40 ℃ 下烘干 30 min 的两种 MWCNT-COOH 的热重分析结果。气氛为 99.999% 的高纯 N_2，加温方式为从 30 ℃，以 5 ℃/min 的速度加热到 130 ℃

3. 多次 TEM-EDS 实验

在对 MWCNT-COOH 填充盐溶液的位置进行 EDS 分析时，电子束的强度会增大。为了讨论 EDS 测试过程中 MWCNT-COOH 内盐溶液的稳定性，对一根羧基化多壁碳纳米管填充有盐溶液的位置进行了连续多次测试。图 4.9(a) 是一根外径约 26.0 nm，内径约 9.6 nm 的 MWCNT-COOH 的 TEM 照片。该碳纳米管浸泡过 0.034 mol/L NaCl 溶液。和图 4.6(a) 中未浸泡盐溶液的碳纳米管相比，该碳纳米管内部颜色在 130 nm 的长度范围内变得更深，这是因为该位置填充了 NaCl 盐溶液。图 4.9(b) 是对图 4.9(a) 中红色圆圈位置做的连续 6 次 EDS(每次约 40 s) 分析所得的 Na、O 两种元素的原子个数比。6 次 EDS 测得的 Na、O 两种元素的原子个数比在 0.38~0.56 范围内波动，说明在实验过程中，短时间内的 EDS 测试不会对 MWCNT-COOH 中的盐溶液组成产生太大的影响。另外，图 4.9(b) 中的 Na、O 两种元素的原子个数比要比 0.034 mol/L 的 NaCl 溶液中的 Na、O 两种元素的原子个数比 (6.12×10^{-4}) 高 2~3 个数量级。考虑到该位置的 MWCNT-COOH 上可能拥有—OH、—COOH 等含氧官能团，MWCNT-COOH 内部填充的 NaCl 溶液浓度至少要比 0.034 mol/L 高 2~3 个数量级。这和前面的理论预测高度一致。

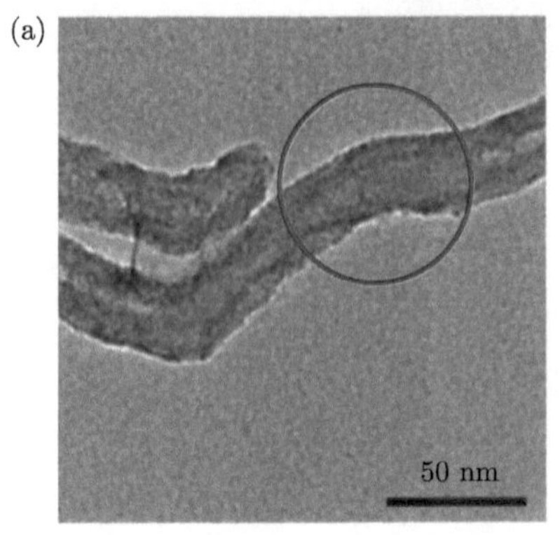

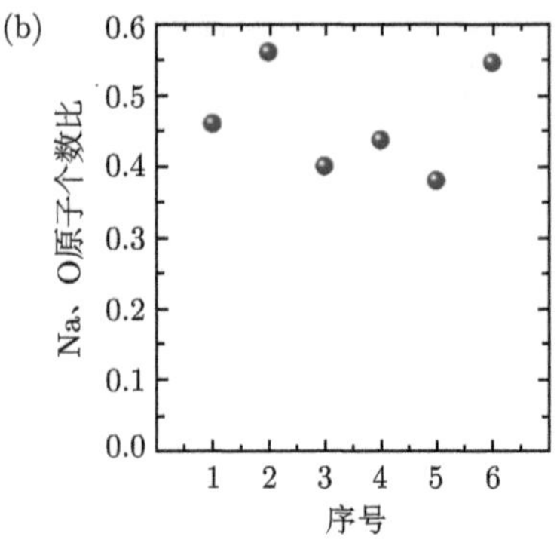

图 4.9 (a) 填充有高浓度 NaCl 溶液的 MWCNT-COOH 的 TEM 照片；(b) 对 (a) 中红色圆圈位置连续 6 次做 EDS 分析得到的 Na、O 两种元素的原子个数比

4.3.2 在盐溶液中浸泡之后的 MWCNT-COOH

按照传统的观点，当内径比较大的碳纳米管浸泡在溶液中时，水溶液在其中的通过性应该非常强，碳纳米管内外的盐溶液浓度应该相差不大[30−33]。然而本章之前的理论预测中显示，当 MWCNT-COOH 浸泡在非常稀的盐溶液中时，在碳纳米管内部会出现令人意外的超高浓度的盐 “溶液” 聚集。这里的 “溶液” 并不是一般意义上的溶液 (一般意义上的溶液指的是溶质溶解在溶剂中形成的均一稳定的混合物，而在碳纳米管内部的 “溶液” 其实是 NaCl 和微量水的混合物)。方便起见，本章称之为超高浓度盐溶液。这些超高浓度的盐溶液可以堵塞碳纳米管，阻止水的顺利通过。这种堵塞可以用来解释，为什么没有外部压力或者高于某一阈值的电场作用时，大内径 (通常 >1 nm) 碳纳米管只允许非常微量的水和离子通过的实验结论。基于这一发现，科学家应该重新考虑关于将碳纳米管用于海水淡化的设计思路，因为盐太容易在碳纳米管内部聚集并形成堵塞，必须在将碳纳米管用于海水淡化之前解决这一问题 (这可以让目前热衷于将碳纳米管应用于海水淡化的科学工作者少走很多弯路)。另外，这种碳纳米管在非常稀的盐溶液中浸泡即可在内部实现超高浓度盐溶液聚集的现象，表明碳纳米管可以被用来在稀溶液中收集离子，比如在贵金属的稀溶液中收集相应的离子。以下将使用实验来验证本章理论预测的准确性，MWCNT-COOH 浸泡在不同盐的稀溶液中时，对盐溶液的超高浓度聚集分述如下。

1. NaCl 溶液

图 4.10(a) 是一根在 0.034 mol/L 的 NaCl 溶液中浸泡过的 MWCNT-COOH 的高角度环形暗场扫描透射电镜 (HAADF-STEM) 图像，位于碳纳米管中间亮度更高的物质就是该碳纳米管内部填充的超高浓度盐溶液。HAADF-STEM 图像和

图 4.6(a) 所示的 TEM 照片相比，在观测碳纳米管内填充物方面具有非常大的优势。在该模式下，不同元素的明亮程度不同，可以明显地观测到填充物的位置、形状甚至是运动。

图 4.10(b) 是图 4.10(a) 中红色方框位置所对应的 C、O、Na、Cl 四种元素的 EDS 面扫描。Na 和 Cl 两种元素的信号非常强，位置处在碳纳米管 C 元素信号的正中间，宽度和碳纳米管内径差不多。O 元素的信号相对于 Na、Cl 两种元素来说比较弥散，宽度和碳纳米管的 C 信号相当，不过在中间位置稍微强一些。Na、Cl 元素来自该碳纳米管内部的盐溶液，O 信号来自碳纳米管内部的水和碳纳米管上的含氧官能团。如果碳纳米管内部的盐溶液浓度和管外相当 (0.034 mol/L)，那 EDS 是无法检测到 Na、Cl 两种元素的信号的，因为其含量远低于透射电镜 EDS 的检出限。这说明，浸泡在 NaCl 溶液中的羧基化多壁碳纳米管内部形成了高浓度的 NaCl 溶液聚集。

图 4.10(c) 为 8 根在 0.034 mol/L 的 NaCl 溶液中浸泡后的 MWCNT-COOH 中形成高浓度盐溶液聚集位置的 Na、Cl、O 三种元素的原子个数比。Na、Cl 两种元素的原子个数比的平均值为 1 ± 0.3，说明这两种元素原子个数相当。Na、O 两种元素的原子个数比范围为 0.09~1.53，这要比碳纳米管外 NaCl 溶液中的 Na、O 两种元素的原子个数比 (6.12×10^{-4}) 高 2~3 个数量级。MWCNT-COOH 中聚集的 NaCl 溶液浓度可以比常温下饱和 NaCl 溶液浓度 (常温下饱和 NaCl 溶液中 Na、O 两种元素的原子个数比约为 0.097) 高一个数量级。这么高浓度的 NaCl 溶液其实是一种 NaCl 和少量水组成的混合形态，流动性很差，可以堵塞碳纳米管，为了方便，本章仍然称之为溶液。

MWCNT-COOH 浸泡在 0.034 mol/L 的 NaCl 溶液中，在其内部可以实现超高浓度的 NaCl 溶液聚集，碳纳米管内部 NaCl 溶液浓度比管外高 2~3 个数量级。如果 NaCl 溶液的浓度发生改变会怎么样呢？为此本章做了浓度梯度实验。将 MWCNT-COOH 浸泡在浓度分别为 0.017 mol/L、0.034 mol/L、0.051 mol/L、0.085 mol/L、0.14 mol/L、0.25 mol/L 的 NaCl 溶液中，用 TEM 的 EDS 来分析 MWCNT-COOH 中发生高浓度 NaCl 溶液聚集位置的 Na、O 两种元素的原子个数比。这里 0.14 mol/L 对应生理盐水浓度，0.25 mol/L 对应海水中 NaCl 浓度。浓度梯度实验的结果如图 4.10(d) 所示，当 NaCl 溶液的浓度范围为 0.017~0.25 mol/L 时，浸泡在其中的 MWCNT-COOH 中，发生 NaCl 溶液聚集的位置的 Na、O 两种元素原子个数比范围为 0.09~5，每种浓度的管外 NaCl 溶液对应的 Na、O 两种元素原子个数比的平均值范围为 0.5~1.8。说明在浓度范围为 0.017~0.25 mol/L 的 NaCl 溶液中浸泡 MWCNT-COOH 时，管内的 NaCl 溶液的浓度都可以比管外的溶液浓度高 2~3 个数量级。

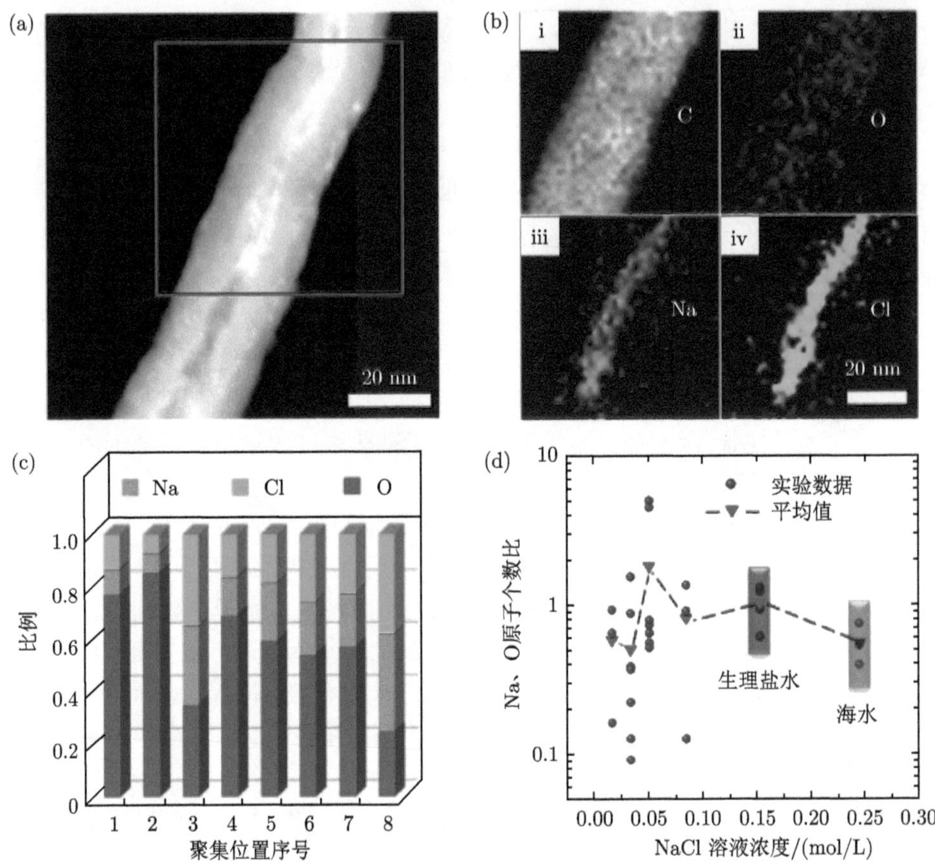

图 4.10　(a) 一根在 0.034 mol/L 的 NaCl 溶液中浸泡后的羧基化多壁碳纳米管在形成超高浓度盐溶液聚集位置的高角度环形暗场扫描透射电镜 (HAADF-STEM) 图像。(b) 图 (a) 中红色方框位置对应的 C、O、Na、Cl 四种元素的 EDS 面扫描 (分别展示在 i~iv 中)。(c) 8 根在 0.034 mol/L 的 NaCl 溶液中浸泡后的 MWCNT-COOH 中形成超高浓度盐溶液聚集位置的 Na、Cl、O 三种元素的原子个数比。(d) MWCNT-COOH 浸泡在不同浓度的 NaCl 溶液中时，形成超高浓度盐溶液聚集位置的 Na、O 两种元素的原子个数比的变化情况。(d) 中蓝色小球代表离散的数据点，红色三角形代表对应某个浓度的 NaCl 溶液下多个数据点的平均值，粉色和浅蓝色矩形位置对应的是浸泡生理盐水浓度 NaCl 溶液的数据和浸泡海水浓度 NaCl 溶液的数据

本章还研究了 MWCNT-COOH 内径和管内聚集的 NaCl 溶液的浓度关系。将三种内径 (2 nm，3 nm，5 nm) 的 MWCNT-COOH 在 0.034 mol/L 的 NaCl 溶液中浸泡，用透射电镜 EDS 来分析 MWCNT-COOH 中发生超高浓度 NaCl 溶液聚集位置的 Na、O 两种元素的原子个数比，实验结果如图 4.11 所示。随着

MWCNT-COOH 内径从 5 nm 减小到 2 nm，其内部发生超高浓度 NaCl 溶液聚集位置的 Na、O 两种元素的原子个数比呈升高趋势 (图 4.11(a))。当 MWCNT-COOH 的内径为 2~3 nm 时，在其内部观测到的 NaCl 已经结晶，可以很容易看到晶格衍射条纹，条纹间距为 0.283 nm，对应 NaCl 的 (200) 面 (图 4.11(b))。该结果和 4.2.3 节的理论预测结果吻合。

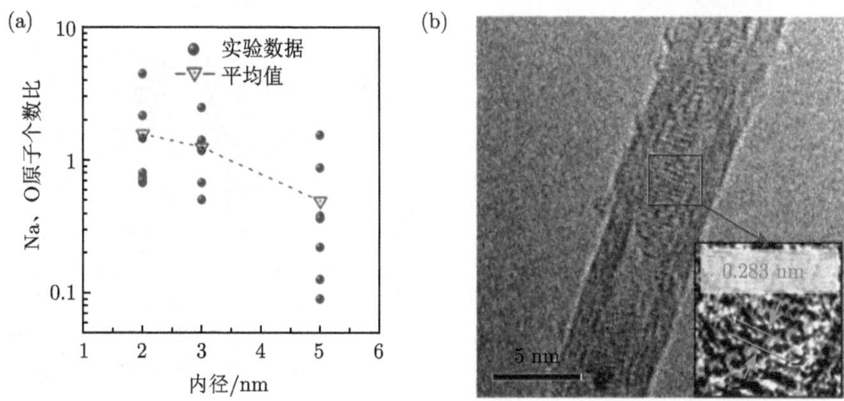

图 4.11 (a) 不同内径 MWCNT-COOH 浸泡 0.034 mol/L 的 NaCl 溶液后，聚集高浓度 NaCl 溶液位置的 Na、O 两种元素的原子个数比。(b) 一根内径约为 2 nm，并聚集高浓度 NaCl 溶液的羧基化多壁碳纳米管的透射电镜照片。(b) 图右下角的插图展示的是在该高浓度 NaCl 聚集处观察到的晶格衍射条纹

2. KCl 溶液

MWCNT-COOH 不仅可以在 NaCl 稀溶液中实现超高浓度盐溶液聚集，对于 KCl 的稀溶液也一样可以。图 4.12(a) 是一根在浓度为 0.034 mol/L 的 KCl 稀溶液中浸泡之后的 MWCNT-COOH 的 HAADF-STEM 图像。可以看到该碳纳米管外径约为 25 nm，内径约为 10 nm，管中心位置亮度明显高于管壁。图 4.12(b) 是图 4.12(a) 中红色方框区域的 C、O、K、Cl 四种主要元素的 EDS 面扫描图像。K、Cl 两种元素的信号都非常强，而且位于 C 信号正中间的位置，宽度和碳纳米管内径尺寸相当。O 信号弥散分布，具有与 C 信号几乎一样的轮廓，并且位于中间位置的信号比位于两边位置的要强。这说明在该碳纳米管内部填充了高浓度的 KCl 溶液 (浓度太低不会有 K、Cl 两种元素的强信号)。

和浸泡 NaCl 溶液的实验相似，对 MWCNT-COOH 实现高浓度 KCl 溶液聚集的位置进行了 EDS 分析。图 4.13(a) 是一根在 0.034 mol/L 的 KCl 溶液中浸泡后的 MWCNT-COOH 高浓度聚集 KCl 盐溶液位置的 EDS 结果。除了来自碳纳米管的 C 信号和来自透射电镜超薄钼网微栅的 Mo 信号之外，只能测到

K、Cl、O 三种元素的信号且原子个数比约为 36.1:31.6:32.3。这和图 4.12(b) 中的 EDS 面扫描分析结果一致。图 4.13(b) 为 9 根在 0.034 mol/L KCl 溶液中浸泡过的 MWCNT-COOH，实现高浓度 KCl 溶液聚集位置的 EDS 分析结果。K、Cl 两种元素的原子个数比平均为 1±0.2，说明这两种元素原子个数相当。K、O 两种元素的原子个数比范围为 0.096~1.021，这要比碳纳米管外 KCl 溶液中的 K、O 两种元素的原子个数比 (6.12×10^{-4}) 高 2~3 个数量级。

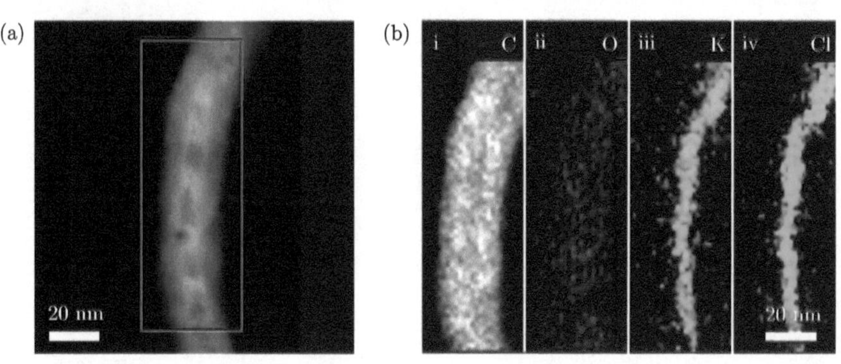

图 4.12 (a) 一根在 0.034 mol/L 的 KCl 溶液中浸泡后的羧基化多壁碳纳米管在形成高浓度盐溶液聚集位置的 HAADF-STEM 图像。(b) 为图 (a) 中红色方框位置对应的 C、O、K、Cl 四种元素的 EDS 面扫描图像

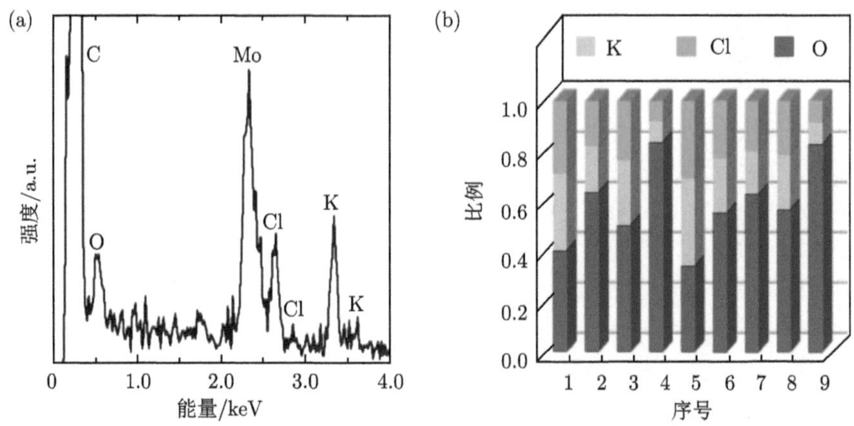

图 4.13 (a) 一根在 0.034 mol/L 的 KCl 溶液中浸泡后的 MWCNT-COOH 在形成高浓度盐溶液聚集位置的 EDS。Mo 信号来自透射电镜超薄钼网微栅。(b) 为 9 根在 0.034 mol/L 的 KCl 溶液中浸泡过的 MWCNT-COOH，实现高浓度 KCl 溶液聚集位置的 K、Cl、O 三种元素的 EDS 分析结果。这里，(a) 中的 EDS 对应于 (b) 中第 5 根碳纳米管

3. $PtCl_4$ 溶液

根据 MWCNT-COOH 在稀溶液中的超高浓度聚集现象，可以用 MWCNT-COOH 来提取痕量贵金属盐溶液中的贵金属离子。本章将 MWCNT-COOH 浸泡在 0.001mol/L 的 $PtCl_4$ 和氯金酸 ($AuCl_3$) 溶液中，用 TEM 观察碳纳米管内部重金属离子的聚集情况。

图 4.14(a) 是一根外径约 50 nm，内径约 15 nm 的 MWCNT-COOH。该碳纳米管浸泡过 0.001 mol/L $PtCl_4$ 溶液。和图 4.6(a) 中未浸泡盐溶液的碳纳米管相比，该碳纳米管内部颜色在 80 nm 的长度范围内变得非常深，这是因为该位置填充了高浓度的 $PtCl_4$ 溶液。C 元素信号主要来自于碳纳米管和透射电镜超薄钼网微栅上的无定形碳膜，Mo 元素来自于透射电镜超薄钼网微栅。EDS 测得该填充位置的元素组成为 Pt、O、Cl 三种元素，并且这三种元素的原子个数比为 14.5:15.2:70.3。图 4.14(c) 为 8 根在 0.001 mol/L $PtCl_4$ 溶液中浸泡过的 MWCNT-COOH，实现高浓度 $PtCl_4$ 溶液聚集位置的 Pt、O 两种元素的原子个数比位于 0.008~0.25 范围内，要比碳纳米管外 0.001 mol/L $PtCl_4$ 溶液中的 Pt、O 两种元素的原子个数比 (1.8×10^{-5}) 高 2~4 个数量级。

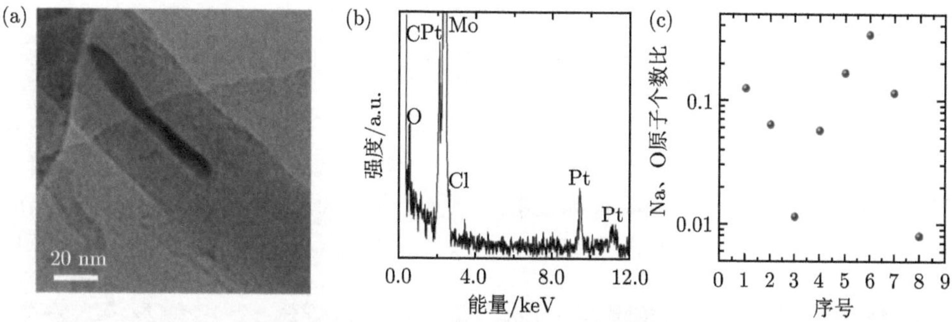

图 4.14 (a) 一根在 0.001 mol/L 的 $PtCl_4$ 溶液中浸泡后的 MWCNT-COOH 在形成高浓度盐溶液聚集位置的透射电镜照片。(b) 为 (a) 中形成高浓度盐溶液聚集位置。Mo 信号来自于透射电镜超薄钼网微栅。(c) 为 8 根在 0.001 mol/L $PtCl_4$ 溶液中浸泡过的 MWCNT- COOH 实现高浓度 $PtCl_4$ 溶液聚集位置的 Pt、O 两种元素的原子个数比

图 4.15(a) 是一根在浓度为 0.001 mol/L $PtCl_4$ 稀溶液中浸泡之后的 MWCNT-COOH 的 HAADF-STEM 图像。可以看到该碳纳米管外径约为 37 nm，内径约为 13 nm，管中心位置亮度明显高于管壁。图 4.15(b) 是图 4.15(a) 中红色方框区域的 C、O、Pt、Cl 四种主要元素的 EDS 面扫描图像。Pt、Cl 两种元素的信号都非常强，而且位于 C 信号正中间的位置，宽度与碳纳米管内径尺寸相当。O 信号弥散分布，具有与 C 信号几乎一样的轮廓，并且位于中间位置的信号比位于两

边位置的要强。这说明在该碳纳米管内部填充了高浓度 $PtCl_4$ 溶液 (浓度太低不会有 Pt、Cl 两种元素的强信号)。

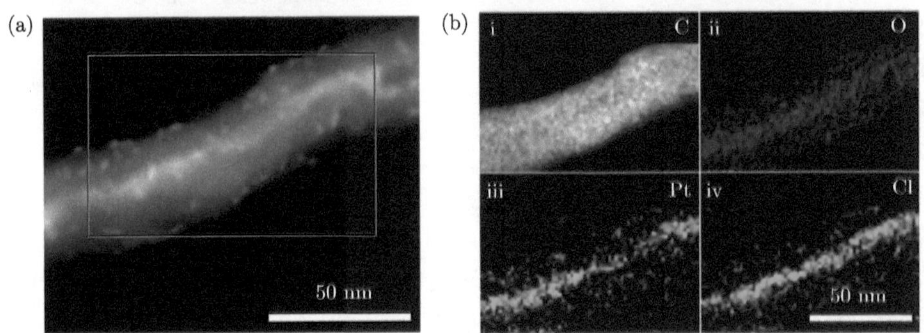

图 4.15　(a) 一根在 0.001 mol/L 的 $PtCl_4$ 稀溶液中浸泡后的 MWCNT-COOH 在形成高浓度盐溶液聚集位置的 HAADF-STEM 图像。(b) 为图 (a) 中红色方框位置对应的 C、O、Pt、Cl 四种元素的 EDS 面扫描图像

MWCNT-COOH 中形成的高浓度的 $PtCl_4$ 溶液形貌一般比较密实，长度在 80 nm 以上。这一现象说明碳纳米管具有在痕量的 $PtCl_4$ 稀溶液中收集铂离子的能力。

4. $AuCl_3$ 溶液

对于稀溶液中的金离子，也可以用 MWCNT-COOH 收集。图 4.16(a) 是一根在浓度为 0.001 mol/L $AuCl_3$ 稀溶液中浸泡之后的羧基化多壁碳纳米管的 HAADF-STEM 图像。可以看到该碳纳米管外径约为 29 nm，内径约为 11 nm，管中心位置有亮度明显高于管壁的小颗粒。图 4.16(b) 是图 4.16(a) 中红色方框区

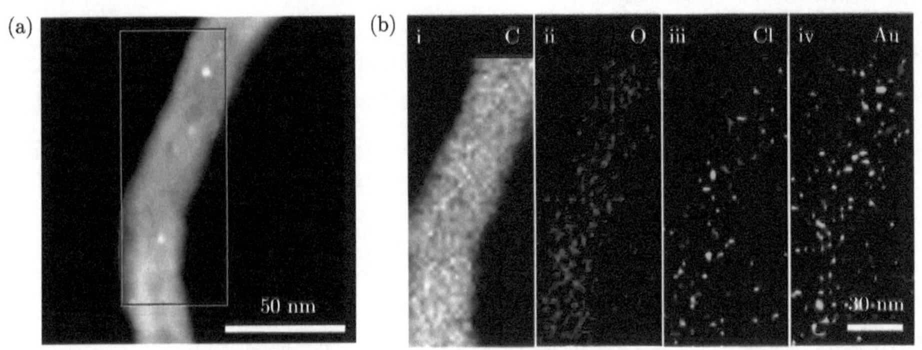

图 4.16　(a) 一根在 0.001 mol/L 的 $AuCl_3$ 稀溶液中浸泡后的 MWCNT-COOH 在形成高浓度盐溶液聚集位置的 HAADF-STEM 图像。(b) 为图 (a) 中红色方框位置对应的 C、O、Cl、Au 四种元素的 EDS 面扫描图像

域的 C、O、Cl、Au 四种主要元素的 EDS 面扫描图像。Au、Cl 两种元素的信号都比较强，形状为颗粒状而且位于 C 元素信号中间的位置。O 信号弥散分布，具有与 C 信号几乎一样的轮廓，并且位于中间位置的信号要比位于两边位置的稍强。

4.3.3 高强度电子辐照下 MWCNT-COOH 内部高浓度 NaCl 聚集的演变

本章还展示了使用高强度电子辐照内部填充高浓度盐溶液的粗 MWCNT-COOH 时的高浓度盐聚集的运动。一般认为，电子辐照是一种可以有效地加热碳纳米管内部水相的方法[34]，高强度的电子辐照会对 HAADF-STEM 内的 NaCl 超高浓度溶液聚集产生明显的影响。在实验中，使用 HAADF-STEM 模式下电流强度为 2.0~2.5 A/cm^2 的强电子辐照长时间照射 MWCNT-COOH 内部有高浓度 NaCl 聚集的位置，结果如图 4.17 所示。图 4.17(a) 中，MWCNT-COOH 内部的 NaCl 聚集在强电子辐照下不断地运动，发生分离–聚集–再分离的重复行为。图 4.17(b) 展示了在没有被强电子辐照之前，MWCNT-COOH 内部的高浓度 NaCl 聚集呈现出一种无定形结构。图 4.17(c) 展示的是，经过了 8 min 的强电子辐照

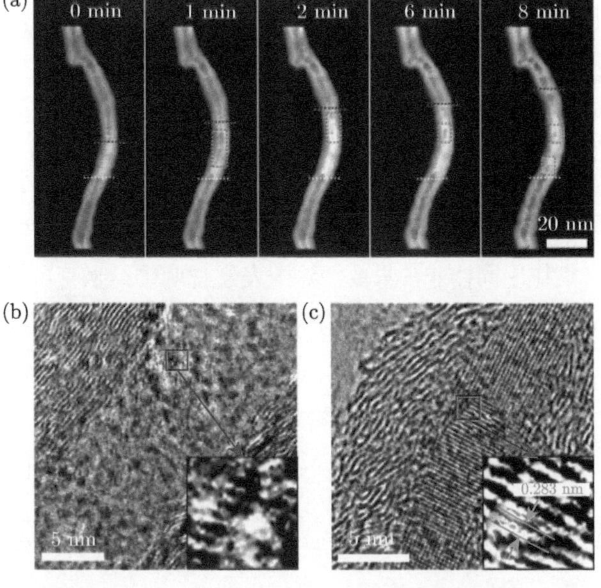

图 4.17 (a) 为在高强度的电子束照射下，一根多壁碳纳米管内的高浓度 NaCl 聚集在不同照射时间下的 HAADF-STEM 照片。这里用虚线矩形和虚线来帮助展示 NaCl 聚集的形态。(b) 和 (c) 分别为在这种强电子辐照之前和被辐照 8 min 后的多壁碳纳米管内形成高浓度 NaCl 聚集部分的 TEM 照片。(b) 和 (c) 中的插图展示了电子辐照前后多壁碳纳米管内高浓度 NaCl 聚集的结构转变。在 (c) 的插图中标出了 NaCl 结晶 (200) 面的晶面间距

之后，MWCNT-COOH 内高浓度的无定形 NaCl 聚集变成了规则的 NaCl 晶体。这也说明了这种 NaCl 聚集中 NaCl 的浓度非常高，当少量的水被电子束加热时 NaCl 就会形成结晶。

4.4 本章小结

按照传统的理论观点[35,36]，粗碳纳米管 (内径大于 1 nm) 中应该允许水或者离子顺利通过，但实验结果[37−39]并非如此。当没有外部压力或者高于某一阈值的电场作用时，较粗的碳纳米管在实验中只允许非常微量的水或者离子通过，实验和理论观点是非常矛盾的。本章用密度泛函理论、分子动力学模拟和基于传统化学平衡的理论分析，对这一现象进行了系统的预测，然后用一系列实验来验证理论预测结果。理论上，因为碳纳米管在稀盐溶液中时，水合阳离子和碳纳米管上芳香环所带 π 电子之间具有很强的水合阳离子-π 作用，当较粗的碳纳米管浸泡在盐的稀溶液中时，碳纳米管内部会强烈地吸附水合盐离子，从而堵塞碳纳米管。实验展示了浸泡在 NaCl、KCl、$PtCl_4$ 和 $AuCl_3$ 稀溶液中的多壁粗碳纳米管内部形成超高浓度的盐聚集。理论上，碳纳米管上芳香环所带 π 电子还可以和其他的，包括 Li^+, Mg^{2+}, Ca^{2+}, Cu^{2+}, Cd^{2+}, Cr^{2+}, Pb^{2+}, Ag^+, Pd^{2+} 和 Rh^{3+} 等水合阳离子发生强水合阳离子-π 作用，碳纳米管应该可以在非常多的阳离子的稀溶液中实现类似于本章实验中的聚集。

本章的工作提醒正在尝试用碳纳米管进行海水淡化的科学家，必须采取一些新的思路，比如利用外加电场来将碳纳米管内聚集的离子推开[10]。另外，人们对碳纳米管的吸附功能也有了新的认识。可以注意到在本章所述工作之前，只有关于用碳纳米管薄膜外表面在稀盐溶液中吸附盐的报道[40]。事实上，碳纳米管内表面对盐的聚集作用同样非常重要。这一发现说明碳纳米管可以用来在稀溶液中回收重金属，这对于贵金属回收[32,41−44]、环境保护[45]和生物系统中的定向输运[46]都有重要意义。

参考文献

[1] Gebbie M A, Wei W, Schrader A M, et al. Tuning underwater adhesion with cation-π interactions. Nature Chemistry, 2017, 9(5): 473-479.

[2] Dougherty D A. The cation-π interaction. Accounts of Chemical Research, 2013, 46(4): 885-893.

[3] Daze K D, Hof F. The cation-π interaction at protein-protein interaction interfaces: developing and learning from synthetic mimics of proteins that bind methylated lysines. Accounts of Chemical Research, 2013, 46(4): 937-945.

[4] Dougherty D A. Cation-π interactions in chemistry and biology: a new view of benzene, Phe, Tyr, and Trp. Science, 1996, 271(5246): 163-168.

[5] Duan M, Song B, Shi G S, et al. Cation ⊗3π: cooperative interaction of a cation and three benzenes with an anomalous order in binding energy. Journal of the American Chemical Society, 2012, 134(29): 12104-12109.

[6] Sunner J, Nishizawa K, Kebarle P, et al. Ion-solvent molecule interactions in the gas phase. The potassium ion and benzene. The Journal of Physical Chemistry, 1981, 85(13): 1814-1820.

[7] Xiu X, Puskar N L, Shanata J A P, et al. Nicotine binding to brain receptors requires a strong cation-π interaction. Nature, 2009, 458(7237): 534-537.

[8] Ma J C, Dougherty D A. The cation-π interaction. Chemical Reviews, 1997, 97(5): 1303-1324.

[9] Mahadevi A S, Sastry G N. Cation-π interaction: its role and relevance in chemistry, biology, and material science. Chemical Reviews, 2013, 113(3): 2100-2138.

[10] Wan R Z, Li J Y, Lu H J, et al. Controllable water channel gating of nanometer dimensions. Journal of the American Chemical Society, 2005, 127(19): 7166-7170.

[11] Chen L, Shi G S, Shen J, et al. Ion sieving in graphene oxide membranes via cationic control of interlayer spacing. Nature, 2017, 550(7676): 380-383.

[12] Shi G S, Chen L, Yang Y Z, et al. Two-dimensional Na-Cl crystals of unconventional stoichiometries on graphene surface from dilute solution at ambient conditions. Nature Chemistry, 2018, 10(7): 776-779.

[13] Shi G S, Liu J, Wang C L, et al. Ion enrichment on the hydrophobic carbon-based surface in aqueous salt solutions due to cation-π interactions. Scientific Reports, 2013, 3: 3436.

[14] Shi G S, Shen Y, Liu J, et al. Molecular-scale hydrophilicity induced by solute: molecular-thick charged pancakes of aqueous salt solution on hydrophobic carbon-based surfaces. Scientific Reports, 2014, 4: 6793.

[15] Becke A D. Density-functional exchange-energy approximation with correct asymptotic behavior. Physical Review A, 1988, 38(16): 3098-3100.

[16] Lee C, Yang W T, Parr R G, et al. Development of the Colle-Salvetti correlation-energy formula into a functional of the electron density. Physical Review B, 1988, 37(2): 785-789.

[17] Frisch M J, et al. Gaussian 09. Revision E.01. Gaussian Inc., Wallingford CT, 2009.

[18] Phillips J C, Braun R, Wang W, et al. Scalable molecular dynamics with NAMD. Journal of Computational Chemistry, 2005, 26(16): 1781-1802.

[19] Hoover W G. Canonical dynamics: equilibrium phase-space distributions. Physical Review A, 1985, 31(3): 1695-1697.

[20] Nosé S. A molecular dynamics method for simulations in the canonical ensemble. Molecular Physics, 1984, 52(2): 255-268.

[21] Humphrey W, Dalke A, Schulten K, et al. VMD-visual molecular dynamics. Journal of Molecular Graphics, 1996, 14(1): 33-38.

[22] Jorgensen W L, Chandrasekhar J, Madura J D, et al. Comparison of simple potential functions for simulating liquid water. The Journal of Chemical Physics, 1983, 79(2): 926-935.

[23] Adelman S A. Generalized Langevin equation approach for atom/solid surface scattering: general formulation for classical scattering off harmonic solids. The Journal of Chemical Physics, 1976, 64: 2375.

[24] Verlet L. Computer "experiments" on classical fluids: I Thermodynamical properties of Lennard-Jones molecules. Physical Review, 1967, 159(1): 98-103.

[25] Grogan J M, Schneider N M, Ross F M, et al. Bubble and pattern formation in liquid induced by an electron beam. Nano Letters, 2014, 14(1): 359-364.

[26] Lehman J H, Terrones M, Mansfield E, et al. Evaluating the characteristics of multiwall carbon nanotubes. Carbon, 2011, 49(8): 2581-2602.

[27] Carrett B C, Dixon D A, Camaioni D M, et al. Role of water in electron-initiated processes and radical chemistry: issues and scientific advances. Chemical Review, 2005, 105(1): 355-390.

[28] Agrawal K V, Shimizu S, Drahushuk, L W, et al. Observation of extreme phase transition temperatures of water confined inside isolated carbon nanotubes. Nature Nanotechnology, 2017, 12(3): 267-273.

[29] Tomo Y, Askounis A, Ikwta T, et al. Superstable ultrathin water film confined in a hydrophilized carbon nanotube. Nano Letters, 2018, 18: 1869-1874.

[30] Ajayan P M, Lijima S. Capillarity-induced filling of carbon nanotubes. Nature, 1993, 361(6410): 333-334.

[31] Tasis D, Tagmatarchis N, Bianco A, et al. Chemistry of carbon nanotubes. Chemical Reviews, 2006, 106(3): 1105-1136.

[32] Pan X L, Fan Z L, Chen W, et al. Enhanced ethanol production inside carbon-nanotube reactors containing catalytic particles. Nature Materials, 2007, 6(7): 507-511.

[33] Huang X, Yu H, Tan H T, et al. Carbon nanotube-encapsulated noble metal nanoparticle hybrid as a cathode material for Li-oxygen batteries. Advanced Functional Materials, 2014, 24(41): 6516-6523.

[34] Gogotsi Y, Libera J A. Güvenç-Yazicioglu A, et al. *In situ* multiphase fluid experiments in hydrothermal carbon nanotubes. Applied Physics Letters, 2001, 79(7): 1021-1023.

[35] Thomas J A, McGaughey A J H. Reassessing fast water transport through carbon nanotubes. Nano Letters, 2008, 8(9): 2788-2793.

[36] Kannam S K, Todd B D, Hansen J S, et al. How fast does water flow in carbon nanotubes? The Journal of Chemical Physics, 2013, 138(9): 094701.

[37] Secchi E, Marbach S, Niguès A, et al. Massive radius-dependent flow slippage in carbon nanotubes. Nature, 2016, 537(7619): 210-213.

[38] Lee C Y, Choi W, Han J H, et al. Coherence resonance in a single-walled carbon nanotube ion channel. Science, 2010, 329(5997): 1320-1324.

[39] Tunuguntla R H, Henley R Y, Yao Y C, et al. Enhanced water permeability and tunable ion selectivity in subnanometer carbon nanotube porins. Science, 2017, 357(6353): 792-796.

[40] Yang H Y, Han Z J, Yu S F, et al. Carbon nanotube membranes with ultrahigh specific

adsorption capacity for water desalination and purification. Nature Communications, 2013, 4: 2220.

[41] Yue C L, Sun H M, Liu W J, et al. Environmentally benign, rapid, and selective extraction of gold from ores and waste electronic materials. Angewandte Chemie International Edition, 2017, 56(32): 9331-9335.

[42] Pan X L, Fan Z L, Chen W, et al. Enhanced ethanol production inside carbon-nanotube reactors containing catalytic particles. Nature Materials, 2007, 6(7): 507-511.

[43] Tsang S C, Chen Y K, Harris P J F, et al. A simple chemical method of opening and filling carbon nanotubes. Nature, 1994, 372(6502): 159-162.

[44] Dong K, Zhou G H, Liu X M, et al. Structural evidence for the ordered crystallites of ionic liquid in confined carbon nanotubes. The Journal of Physical Chemistry C, 2009, 113(23): 10013-10020.

[45] Hashim M A, Mukhopadhyay S, Sahu J N, et al. Remediation technologies for heavy metal contaminated groundwater. Journal of Environmental Management, 2011, 92(10): 2355-2388.

[46] Cheng X J, Sun R, Yin L, et al. Light-triggered assembly of gold nanoparticles for photothermal therapy and photoacoustic imaging of tumors *in vivo*. Advanced Materials, 2017, 29(6): 1604894.

第 5 章　离子对氧化石墨烯膜层间距的调控及其在离子筛分中的应用

5.1 引　　言

海水脱盐和污水净化是解决水资源短缺问题的重要途径[1]，其中滤膜起到了至关重要的作用。尽管多种有机和无机材料 (如高分子聚合物、活性炭、沸石和陶瓷材料等[2−4]) 在商业化过滤技术中取得了一定的进展，但这些材料普遍存在能耗高、成本高等问题，严重地影响了其应用的广泛性。如何降低能耗及控制成本依然是该领域亟待解决的问题。

自 2005 年以来，多个实验研究表明，碳纳米管表面的疏水作用能使其具有远超已有滤膜的透水能力，当水分子进入碳纳米管后，可以几乎无摩擦地快速渗透[5−7]。因此，人们预期碳纳米管可作为性能极佳的海水脱盐膜材料。如今十多年过去了，虽然碳纳米管膜的合成制造技术有了极大的提高，但并没有相关实验研究表明，碳纳米管膜可以作为海水脱盐膜有效去除离子并保持高速水流[8]。

氧化石墨烯 (graphene oxide, GO) 膜具有大量的二维通道，被认为是一种性能极佳的、可用于海水脱盐和劣质水净化的过滤膜材料。近年来，随着有关石墨烯或氧化石墨烯技术的发展，大量理论和实验研究表明，基于石墨烯或氧化石墨烯的纳米膜，具有很好的水透过能力[9]。与碳纳米管滤膜中固定尺寸的一维通道不同，多层氧化石墨烯膜是以二维狭缝为主的。如果能控制滤膜中的石墨烯或氧化石墨烯片层的间距，可以过滤不同尺寸的分子/离子，从而应用于不同的分离、过滤领域[10,11]。

虽然层状堆叠的氧化石墨烯膜具有超薄、高流量、节能等特点，可实现溶液中精确的离子和分子筛选。然而，由于氧化石墨烯膜内的片层间距是可变的，在过滤时易被溶胀，这使得如何使氧化石墨烯膜保持足够小的层间距以截留小尺寸离子成为巨大的挑战。本章首先从理论上提出水合阳离子与碳基表面具有相当强的水合离子-π 作用 (传统观点认为该相互作用可以忽略不计)；基于上述理论，在实验上验证了利用不同离子对氧化石墨烯膜的层间距进行便捷、高精度的控制 (精确程度达到 1 Å)，这些控制层间距的氧化石墨烯膜可以实现对其他离子的高效截留。

第一性原理计算以及紫外吸收光谱等实验揭示：离子对层间距的精确控制主要源于强的水合阳离子-π 作用以及稳定的氢键网络作用，导致水合阳离子被吸附在氧化石墨烯片层的氧化基团和芳香环共存的区域。渗透实验表明，水合离子半径较小的离子能“锁定”氧化石墨烯的层间距，有效阻止其自身以及水合离子半径较大的离子进入层间或扩大层间距。利用这一特性，采用 K^+ 控制氧化石墨烯膜的层间距，可以实现对 Na^+、Mg^{2+}、Li^+、Ca^{2+} 等其他离子的有效截留与筛分。这些发现为氧化石墨烯膜在水的脱盐净化等领域开发了新途径，扩展了新应用，并为未来的研究打开了新思路。

5.2 量化计算水合阳离子在氧化石墨烯片层之间的运动规律

5.2.1 模型简介

量子化学的密度泛函理论 (DFT) 计算方法可计算气相中不同的一价离子在氧化石墨烯片层上的吸附情况。众所周知，氧化石墨烯氧化度不同，其石墨烯上官能团数量与种类也各不相同，氧化石墨烯的常见氧化度约为 5%。因此，该模拟采用一个由 65 个碳原子构成的模型。其中，氧化官能团有两个，一个为羟基，位于氧化石墨烯中心位置的芳香环左侧碳原子上，一个为环氧基团，位于石墨烯中心位置右侧的芳香环上。两个官能团相距 2.84 Å，整个体系带电 $+1e$，自旋为 2，不考虑非成键电子对，在 B3LYP/6-31G 计算方法和基组上进行结构优化，计算精度 0.0018 Å。离子结构优化初始位置位于两个官能团中间上方 3 Å 处。优化结果如图 5.1 所示，三种离子都稳定吸附在接近芳香环中心的位置，以及氧化石墨烯表面的含氧官能团之间。这是由于离子同时受到芳香环的离子-π 吸附作用和含氧官能团的静电相互作用的影响，使其吸附在图中的位置。

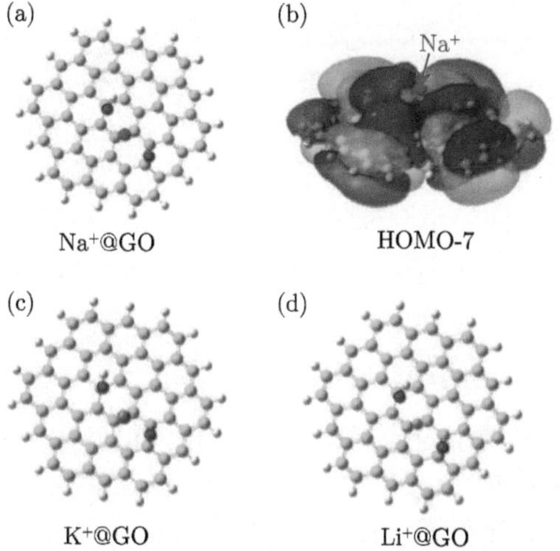

图 5.1 (a) Na^+、(c) K^+、(d) Li^+ 三种离子在氧化石墨烯片层上的最优吸附结构图以及 (b) Na^+ 在氧化石墨烯片层上的轨道图

5.2.2 能量分析

对 Na^+-GO 体系结构优化后的结果进行 HOMO 轨道分析，可以进一步研究阳离子-π 作用在吸附中所起的作用。由于石墨烯上的碳原子大部分处于同一能级，所以有相当数量的占据态轨道处于接近的能级。观察 HOMO-7 轨道可以发现，氧化石墨烯片层上的离域电子占据了部分 Na^+ 的空轨道 (图 5.1(b))。这说明离子与氧化石墨烯片层之间的阳离子-π 作用参与了氧化石墨烯片层对离子的吸附。根据公式 (5.1) 可进一步计算水合离子在氧化石墨烯片层上的吸附能

$$E_{\text{adsorption}} = E_{\text{system}} - E_{\text{GO}} - E_{\text{hydrated-cation}} \tag{5.1}$$

其中 $E_{\text{adsorption}}$、E_{system}、E_{GO}、$E_{\text{hydrated-cation}}$ 分别表示水合离子吸附在氧化石墨烯上的吸附能、系统总能量、氧化石墨烯的能量以及水合离子的能量。

Li^+，Na^+ 和 K^+ 三种离子在氧化石墨烯上的吸附能分别为 −88.6 kcal/mol，−72.8 kcal/mol 和 −58.9 kcal/mol。其中 Li^+ 在氧化石墨烯上不仅吸附能最大，而且吸附距离最近。Na^+ 的吸附能小于 Li^+，吸附位置也相对较高；K^+ 吸附能在三者中最小，其吸附位置也最高，距离氧化石墨烯片层上碳原子所在平面大约 2.92 Å。这是由于气相下吸附的都是裸离子，离子本身半径大小决定了离子在氧化石墨烯上吸附位置的高度。根据已有研究结果显示，Li^+，Na^+，K^+ 三种离子的离子本身半径分别为：0.76 Å，1.00 Å，1.38 Å，满足 $Li^+ < Na^+ < K^+$，所以气相下的 K^+ 吸附距离最远，同时吸附能也最低。

根据以上的模拟结果，可以推断出在气相条件下，氧化石墨烯片层和阳离子有着很强的阳离子-π 作用。这一作用会使阳离子被吸附到氧化石墨烯片层表面，靠近含氧官能团和芳香环并存的位置。

那么，在水溶液中，碱金属离子是否也会受到离子-π 作用的影响？这是一个非常重要的问题，也是研究水溶液中水合离子-π 作用无法避开的问题。尽管从 20 世纪末起，国际上普遍认为，由于离子被水分子水合后形成了水壳层屏蔽，水溶液中阳离子与芳香环之间的水合离子-π 作用比较小，甚至可以忽略不计[12]，但是在动态过程中，由于多粒子效应，水合离子-π 作用将被强化。这一过程在 5.2.3 节会被重点讨论。

5.2.3 离子在石墨烯片层间的动力学分析

第一性原理动力学模拟对水合阳离子-π 作用以及水分子的屏蔽效应有着远超经典动力学模拟的精度。为此，本章利用量化计算软件 CP2K 的第一性原理动力学模块进行计算，研究在氧化石墨烯片层中的碱金属离子受到的影响。模型构建如下：构建一个长方体周期性边界条件区域，内有两层氧化石墨烯片，氧化石墨烯片层模型与 5.2.1 节中密度泛函理论计算的模型相同——单层氧化石墨烯片包含 62 个碳原子、3 个环氧官能团和 3 个羟基[13]。两层氧化石墨烯之间间距为

10 Å，这个高度由很多之前研究的实验结果综合分析得到[14,15]，即为浸泡在水中氧化石墨烯的平均层间距。在氧化石墨烯层之间填充 300 K 室温条件下标准密度的水分子[16]，水分子数为 114，并在其中加入一个 Na^+ 和一个 Cl^-，整个体系呈电中性。模拟开始时将 Na^+ 放在两块石墨烯片层中间位置，然后通过动力学模拟，观察 Na^+ 的运动情况。整个模拟在 PBE/DZVP 精度下进行，并考虑范德瓦耳斯相互作用的影响而引入 DFT-D3 修正[17]。为了降低计算量，同时减少因石墨烯形变而导致的其他问题对吸附的干扰，动力学模拟中将氧化石墨烯的碳原子进行了固定。时间步长选择为 0.2 fs，温度 300 K，总模拟时间 40 ps。模拟中 Na^+ 和下层氧化石墨烯片层的距离变化情况如图 5.2 所示。

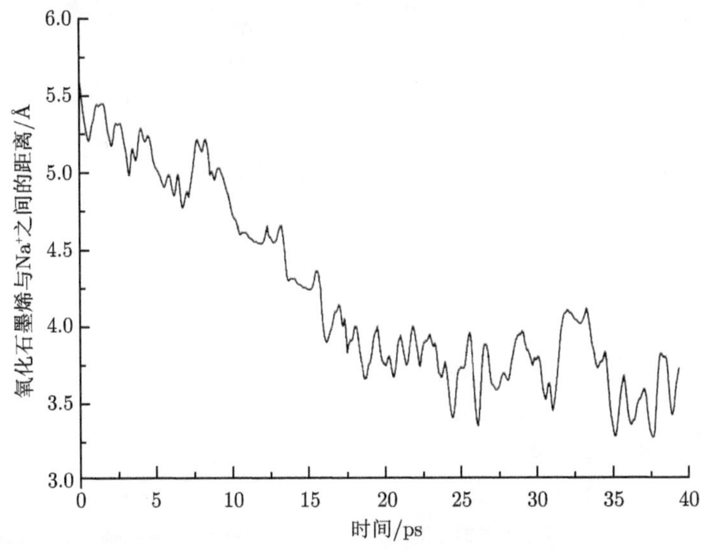

图 5.2 两层氧化石墨烯中间的 Na^+ 在溶液中的垂直运动轨迹随时间变化图

通过图 5.2 可以看到，Na^+ 的高度一开始是随机变化的，但是一旦达到 4.5 Å 变化之后，其高度迅速下降到 4 Å 附近。这说明通过 15 ps 的模拟，Na^+ 接近并吸附在石墨烯表面，达到距离氧化石墨烯表面 4 Å 左右的高度；在随后的 25 ps 内，在该位置附近波动：Na^+ 相对于石墨烯板的最高高度为 4.2 Å，最低高度为 3.4 Å。但 Na^+ 始终没有脱离下层氧化石墨烯，也没有重新回到溶液中去。这一模拟结果说明，氧化石墨烯会主动吸附溶液中的 Na^+，使之靠近并吸附在氧化石墨烯上。

图 5.3 清晰地展现了 Na^+ 的运动过程。图中青色、白色、粉红、红色的球分别代表碳、氢、官能团上的氧原子与水分子中的氧原子，蓝色和黄色球分别代表 Na^+ 和 Cl^-。观察模拟在进行到 14 ps 时，Na^+ 接近吸附位点，位于芳香环和官能团共同存在的区域，而这个吸附位置和 5.2.1 节中密度泛函数理论对气象下 Na^+-氧化石墨烯体系的结构优化结果相吻合。同时注意到后面的 25 ps，Na^+

始终处于这个位置附近，证明 Na^+ 在该吸附位点吸附比较稳定。通过这个模拟可知，水合阳离子-π 作用和含氧官能团的吸引，会将溶液中的阳离子吸附在含氧官能团和芳香环共存的位置，如果这两个相互作用对离子施加的吸附能足够大 (如吸附 Na^+)，那么这个离子就有可能被稳定吸附在这一位置附近。对从动力学模拟得到的 Na^+ 的轨迹进行分析，证明氧化石墨烯表层对于 Na^+ 吸附足够稳定。

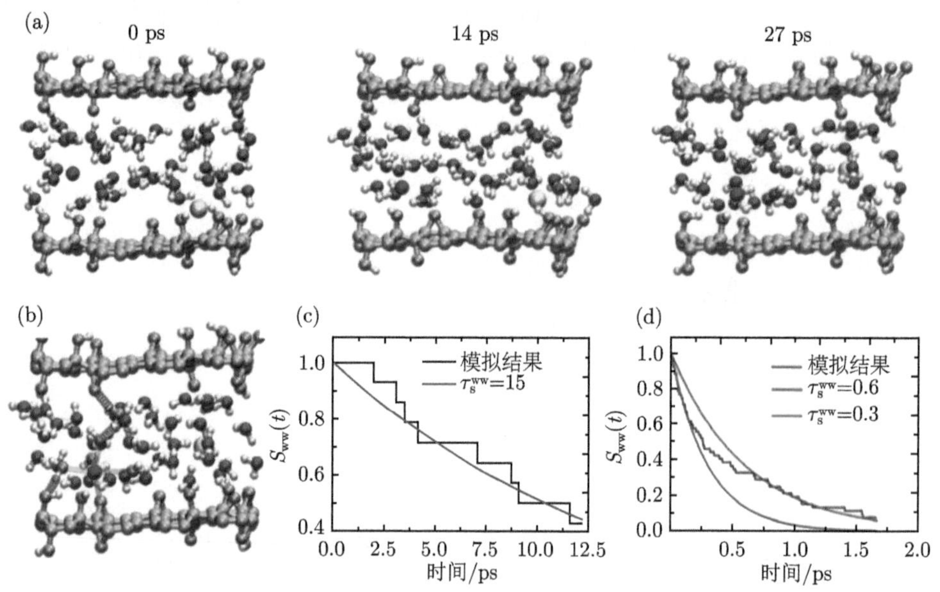

图 5.3　NaCl 在氧化石墨烯膜内的吸附过程：第一性原理的分子动力学模拟

青色、白色、粉红、红色的球分别代表碳、氢、官能团上的氧原子及水分子中的氧原子，蓝色和黄色的球代表 Na^+ 和 Cl^-，橘黄色的球代表环绕 Na^+ 的结合水中的氧原子，红色螺旋形代表氢键。(a) 不同模拟时间的快照；(b) 稳定后的吸附位点；(c) 图 (b) 中水分子间氢键的相关函数；(d) 纯水条件下的水分子间氢键的相互关联，以及实验拟合的氢键寿命

对 Na^+ 吸附在氧化石墨烯表面时间内的一帧进行分析，如图 5.3(a) 所示。可以发现，Na^+ 与下方官能团距离很近，但与石墨烯的距离又相较上文中气相吸附的距离略大。同时，观察 Na^+ 周围的水分子与上、下两层氧化石墨烯片上的官能团相对位置，发现 Na^+ 的结合水同上、下两层氧化石墨烯片上的官能团形成氢键 (图 5.3(b) 中红色螺旋线部分)。统计这些氢键从形成到断开的时间，根据氢键平均寿命计算公式：

$$S_{ww}(t) = e^{-\frac{t}{\tau_s^{ww}}} \tag{5.2}$$

计算得到平均氢键寿命约为 15 ps，远大于普通条件下的平均氢键寿命[18]。同时，在该体系中，仅将离子替换为水分子进行对照模拟。分析所有水分子氢键的断裂情况发现，氧化石墨烯层中水分子的氢键平均寿命约为 0.5 ps，是含盐体系中盐离子周围结合水与上、下层氧化石墨烯官能团形成氢键的寿命的 1/30。这说明含

盐体系中的 Na^+ 周围的结合水同上、下层氧化石墨烯上的官能团形成了比较稳定的氢键。因此，通过氢键、离子本身和上、下层氧化石墨烯上官能团的静电相互作用、芳香环的离子-π 作用，可以将上、下两层氧化石墨烯联系起来，从而形成一个“桥墩”，支撑并限制了两层氧化石墨烯的间距。从图 5.3 中可以看出，两层氧化石墨烯片层的间距，基本就是水合离子这个“桥墩”的高度。如果引入不同离子，只要能够形成稳定的桥墩，势必会造成氧化石墨烯之间不同的层间距；而层间距的大小，受限于引入的离子在溶液中形成的水合离子这个“桥墩”的高度。因此，可以使用不同的阳离子，获得具有不同层间距的氧化石墨烯膜。

5.3 理论计算不同水合阳离子对氧化石墨烯膜层间距的影响

本章利用 Gaussian 软件计算不同水合阳离子在氧化石墨烯上的吸附，体系包含两层氧化石墨烯片层，化学计量比均为 $C_{65}H_{19}O_2$，参照了水环境下氧化石墨烯浸胀后的层间距高度，将两层氧化石墨烯膜初始高度设为 12 Å[19,20]。三种水合离子均放置在双层氧化石墨烯中间位置。整个体系带电 $+1e$，自旋不考虑非成键电子对，其自旋量子数为 2，计算精度 0.0018 Au。结构优化结果如图 5.4(a)~(c) 所示，水合离子同含氧官能团的相互作用以及氢键均用不同颜色表示，同时用红色区域代表水分子的范德瓦耳斯半径。可以看到，三种离子均吸附在氧化石墨烯双层之间，而且三种水合离子控制的氧化石墨烯膜层间距分别为 10.24 Å(Li^+)，9.75 Å(Na^+)，9.09 Å(K^+)。从图 5.4 中的水合 K^+ 在氧化石墨烯膜层之间的吸附构型可以看出，红色区域代表的水分子范德瓦耳斯半径无法完全包裹住 K^+，使得 K^+ 存在直接接触氧化石墨烯层的区域，而其他两种离子则完全被水分子包裹了。特别是 Li^+，它和下层氧化石墨烯片层之间还隔了一层水分子。因此，通过该理论研究可以得到由不同阳离子控制的氧化石墨烯膜层间距排序为：$Li^+ > Na^+ > K^+$，且 K^+ 与氧化石墨烯直接接触，周围结合水并未完全包裹 K^+。

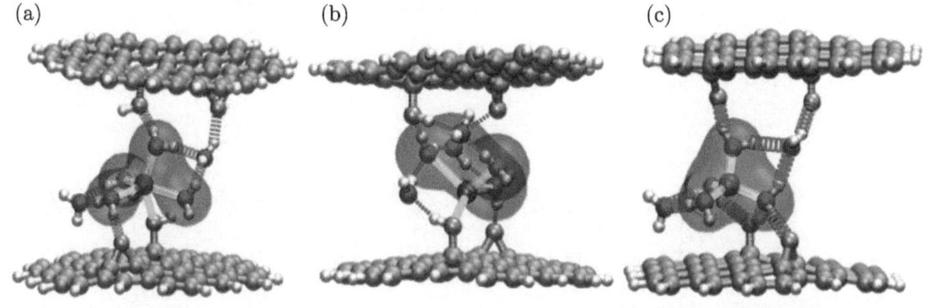

图 5.4 密度泛函理论模拟得到的三种水合离子和氧化石墨烯吸附时的最稳定结构

图中红色区域代表水分子的范德瓦耳斯体积，红色螺旋线和蓝色透明线分别代表氢键和离子同氧原子的静电作用。(a) Na^+-$(H_2O)_6$@GO；(b) K^+-$(H_2O)_6$@GO；(c) Li^+-$(H_2O)_6$@GO

水合离子和氧化石墨烯之间的相互作用能 ($\Delta E_{\text{hydrated cation-GO}}$)，离子和氧化石墨烯之间的相互作用能，以及离子水合能分别用以下公式计算：

$$\Delta E_{\text{hydrated-GO}} = E_{\text{cation-}(\text{H}_2\text{O})_6@\text{GO}} - E_{\text{cation-}(\text{H}_2\text{O})_6} - E_{\text{GO}} \tag{5.3}$$

$$\Delta E_{\text{cation-GO}} = E_{\text{cation@GO}} - E_{\text{cation}} - E_{\text{GO}} \tag{5.4}$$

$$\Delta E_{\text{hydrated}} = E_{\text{cation-}(\text{H}_2\text{O})_6} - E_{\text{cation}} - E_{(\text{H}_2\text{O})_6} \tag{5.5}$$

其中，E_{GO} 和 ΔE_{cation} 分别是优化的氧化石墨烯和离子的总能量。

图 5.1(b) 分子轨道分析已经清晰揭示了含氧基团中氧原子的孤对电子、氧化石墨烯的芳香环结构的非局域 π 电子和阳离子空轨道之间的耦合作用。该结果表明，离子控制层间距主要归因于水合阳离子和芳香环之间的相互作用，即水合阳离子-π 作用，以及水合阳离子和含氧基团之间的相互作用。

双层氧化石墨烯片层之间的水合离子的吸附能结果见图 5.5。水合离子与水的结合能的顺序为：K^+-$(H_2O)_6$>Na^+-$(H_2O)_6$>Li^+-$(H_2O)_6$。注意到，只有水合 K^+ 在有无氧化石墨烯时其能量是相近的，这说明水合 K^+ 的吸附结构比较稳固。

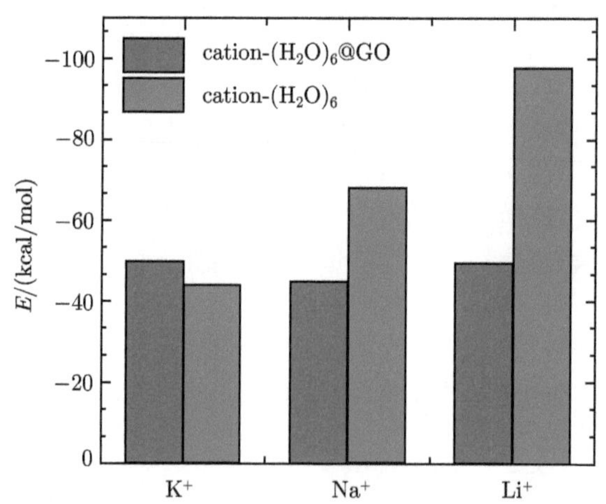

图 5.5 不同水合离子与氧化石墨烯片层之间的吸附能以及离子水合能的差异

5.4 紫外吸收光谱验证阳离子和氧化石墨烯膜之间的水合阳离子-π 作用

紫外吸收光谱可以直接反映离子与芳香环之间的相互作用。图 5.6 显示了氧化石墨烯悬浮液以及悬浮液和 KCl、NaCl、$CaCl_2$、LiCl 和 $MgCl_2$ 的混合溶液的紫外吸收光谱。氧化石墨烯在 ~230 nm 处的吸收峰，对应芳香环结构的 π-π* 电子跃迁[21,22]。和纯氧化石墨烯悬浮液相比，含各种盐溶液的氧化石墨烯溶液的紫外吸收峰强度明显下降，表明氧化石墨烯中芳香环结构的共轭双键受离子影响很大。这种因离子-π 作用导致的紫外吸收峰强度的变化，也在 Trp 和 Cu^{2+} 混合溶液中存在，被认为是 Cu^{2+} 吸附在氨基酸的吲哚芳香环上引起的[23]。该紫外吸收光谱的实验结果和 5.3 节的密度泛函理论计算的分子轨道的结果相符。

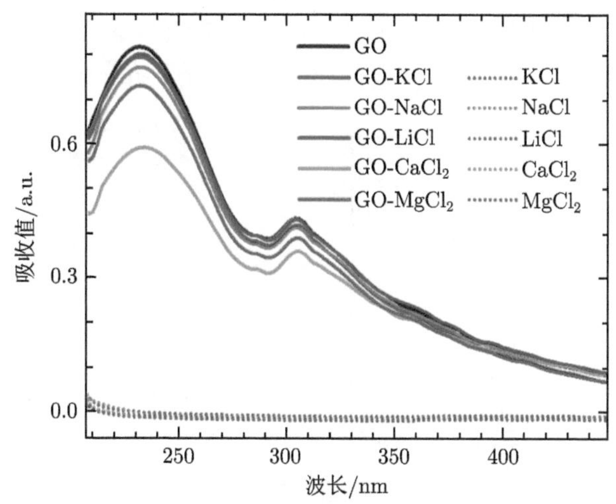

图 5.6 氧化石墨烯溶液的紫外吸收光谱

50 mg/L 浓度的氧化石墨烯溶液和 0.025 M 浓度的盐溶液以 1:1 体积比形成混合溶液

5.5 实验验证基于水合阳离子-π 作用对氧化石墨烯膜层间距的控制

5.5.1 不同阳离子控制氧化石墨烯膜的层间距

在理论预测了离子与氧化石墨烯膜之间存在很强的水合离子-π 作用，且会直接影响离子在氧化石墨烯片层之间的吸附，并对氧化石墨烯膜的层间距起到一定的调控作用的基础上，本节将采用实验验证。

首先制备不同的盐溶液，将独立支撑的氧化石墨烯 (GO) 膜分别浸入制备好的溶液中，常温浸泡半小时。然后用镊子把浸泡后的氧化石墨烯膜取出，此时氧化石墨烯膜是较为湿润的状态 (不进行任何干燥过程，包括空气干燥)，且膜内含有一定量的盐溶液。再将这些含不同盐溶液的氧化石墨烯湿膜进行 XRD(X 射线衍射) 检测，检测结果如图 5.7(a) 所示。

以这些氧化石墨烯膜在干燥状态 (此时未经过任何处理过程)、纯水浸润状态为基准，对比其他用不同盐处理后的氧化石墨烯湿润膜时的衍射峰，存在明显的偏移。利用布拉格方程 (Bragg equation) 可将衍射峰转化为膜的层间距 (interlayer spacing)，如图 5.7(b) 所示。当氧化石墨烯膜浸泡在纯净水中时，其层间距为 12.9 Å，与文献报道的结果一致[24]。而当氧化石墨烯膜浸泡在 KCl、NaCl、LiCl、$CaCl_2$ 和 $MgCl_2$ 溶液中时，对应的层间距分别为 11.5 Å、12.2 Å、13.0 Å、13.6 Å 和 13.7 Å。因此，纯水和各种盐溶液对氧化石墨烯膜层间距的控制顺序，从大到小为：$MgCl_2$>LiCl>$CaCl_2$> 纯水 > NaCl>KCl。层间距最大的为 $MgCl_2$ 处理过的膜，最小的为 KCl 处理过的膜。而且由 KCl 溶液浸泡后的氧化石墨烯膜的层间距比已有文献报道的最小的层间距 (~13.0 Å) 还要小很多[24−26]。

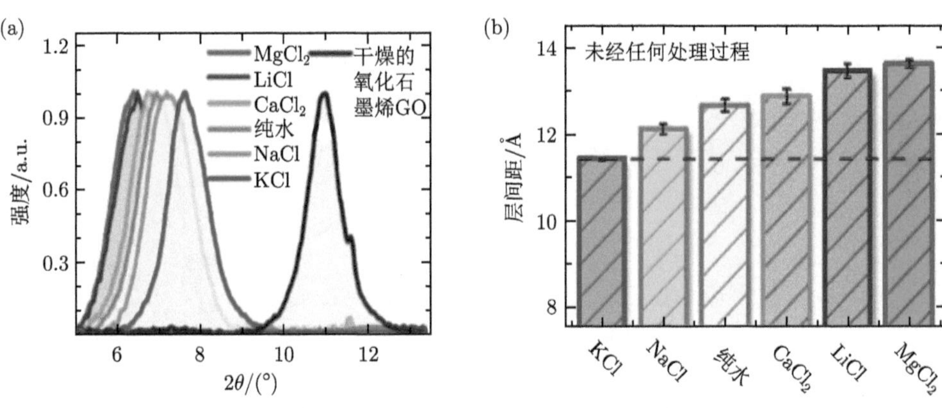

图 5.7 不同盐溶液浸泡的氧化石墨烯膜的 (a) XRD 检测结果和 (b) 不同溶液处理后的层间距

此外，利用二维同步广角 WAXS(小角 X 射线散射) 实验，也可以测量石墨烯膜的层间距，进一步验证离子对氧化石墨烯膜层间距的控制，如图 5.8 所示。首先，氧化石墨烯膜的二维 WAXS 图是典型的散射圆弧，这表明氧化石墨烯膜为明显的二维取向结构。其次，由层间距的结果可知，干燥的氧化石墨烯膜的层间距为 8.0 Å，在 KCl 溶液中对应层间距为 9.6 Å，在 NaCl 溶液中为 10.4 Å，在 $CaCl_2$ 溶液中为 11.8 Å，在 LiCl 溶液中为 12.3 Å 以及在 $MgCl_2$ 溶液中为 13.4 Å。通过 WAXS 测出的层间距的实验结果与 XRD 的层间距实验结果，对于同种盐溶液 (离子) 控制的层间距大小顺序是一致的，如表 5.1 所示。

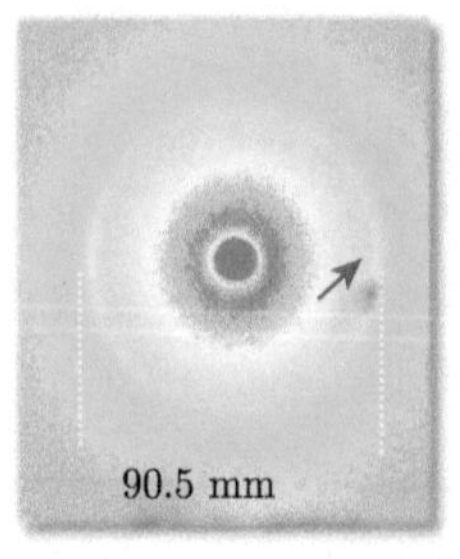

干燥的氧化石墨烯

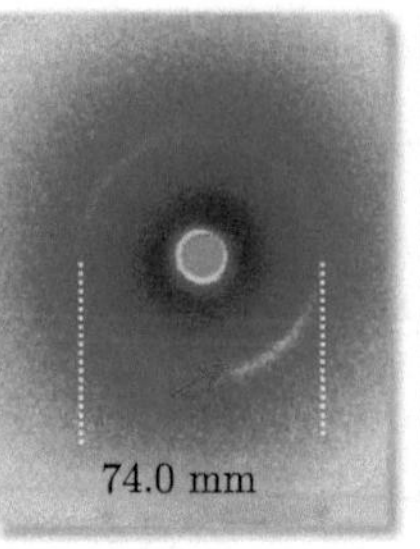

KCl

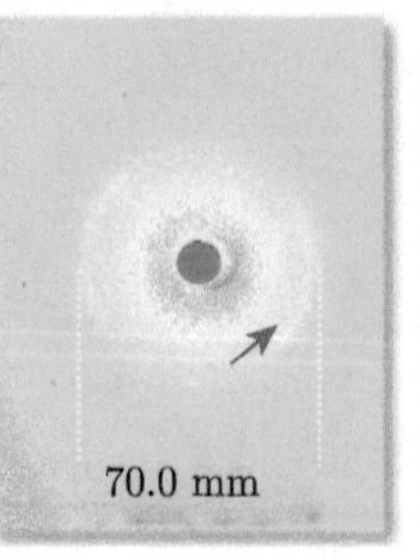

NaCl

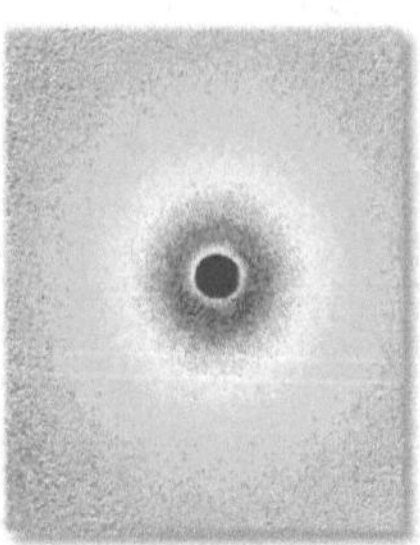

纯水浸泡过

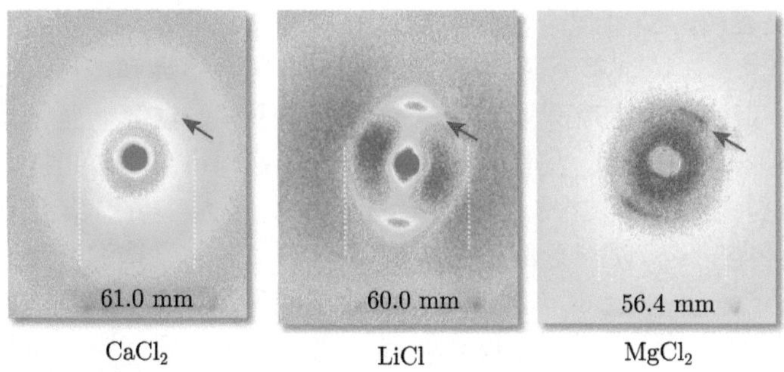

图 5.8 氧化石墨烯膜的原膜 (干膜未经处理) 及不同盐溶液浸泡 (KCl、NaCl、$CaCl_2$、LiCl 和 $MgCl_2$) 后的二维同步 WAXS

表 5.1 两种方法测得的氧化石墨烯膜的层间距 (单位：Å)

	XRD	WAXS
干燥的氧化石墨烯膜	7.9 ± 0.1	8.0
KCl 溶液浸泡过的 GO 膜	11.5 ± 0.1	9.6
NaCl 溶液浸泡过的 GO 膜	12.3 ± 0.1	10.4
$CaCl_2$ 溶液浸泡过的 GO 膜	13.2 ± 0.1	11.8
LiCl 溶液浸泡过的 GO 膜	13.6 ± 0.1	12.3
$MgCl_2$ 溶液浸泡过的 GO 膜	13.7± 0.1	13.4

图 5.7 提到，由于 KCl 溶液处理后，得到的被 KCl 控制的氧化石墨烯膜的层间距是所有被控制层间距中最小的。本节采用两步法验证 K^+ 对氧化石墨烯层间距的控制，如图 5.9 所示。具体的方法为，第一步，用 KCl 溶液 (跟之前浓度相同) 对氧化石墨烯膜进行层间距的控制；第二步，将处理后的膜置于含有相同浓度 NaCl 的混合溶液中，静置半小时后取出。仍采用 XRD 检测经过混合盐溶液两步处理的氧化石墨烯湿膜 (此时含有混合离子) 的层间距。

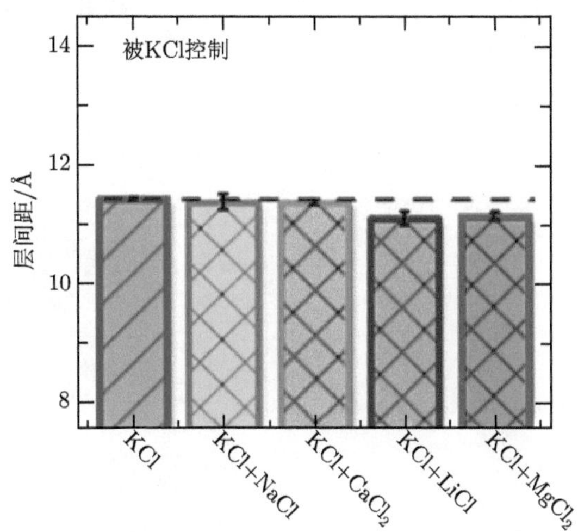

图 5.9 KCl 控制的氧化石墨烯膜加入其他盐后的层间距

检测结果表明，经过混合盐溶液两步处理的氧化石墨烯膜的层间距 (也就是相应的峰的位置) 与经过单一 KCl 溶液处理的氧化石墨烯膜相近，即所有的峰位置相对于单一溶液处理的膜只是非常轻微的水平平移，这表明膜的层间距几乎不受第二步浸泡处理的影响。具体结果为：第二步处理后含 NaCl 的混合溶液的层间距为 11.5 Å，含 $CaCl_2$ 混合溶液的层间距为 11.4 Å，含 LiCl 混合溶液的层间距为 11.3 Å 和含 $MgCl_2$ 混合溶液的层间距为 11.3 Å。这些混合离子处理后所对应的层间距都近似于单一 K^+ 溶液处理后的层间距 (即 11.4 Å)。以上结果表明，氧化石墨烯膜经 K^+ 处理后，不仅能够有效地控制膜的层间距，而且 K^+ 也具有潜在的排他性，即可以排斥可能形成更大层间距的其他离子进入膜内导致膜内间距变化。换句话说，K^+ 能够稳定地控制氧化石墨烯膜的层间距，使得层间距不被其他离子所影响。

那么排斥形成更大层间距的离子进入膜内的这种能力是 K^+ 所独有的，还是所有离子的共性？为进一步验证这一问题，这里先采用 NaCl 或 $CaCl_2$ 单一溶液处理氧化石墨烯膜，然后将处理后的膜浸泡到可以把层间距控制到更大的离子与第一步离子的混合溶液中，30 min 后再用 XRD 检测这些氧化石墨烯膜的层间距，结果如图 5.10 所示。

图 5.10 中结果表明，Na^+ 或者 Ca^{2+} 控制氧化石墨烯膜的层间距后，都可以排斥其他可能形成更大间距的离子 (如 Mg^{2+}) 进入到该膜内。具体来说，当用 NaCl 或 $CaCl_2$ 溶液控制层间距后，再将膜放入相同浓度的 NaCl+M 或 $CaCl_2$+M(M=$CaCl_2$、$MgCl_2$) 溶液中，其 XRD 的测量结果与初始单一的 NaCl 或 $CaCl_2$ 控制的结果相比，峰位置基本保持一致，只是有轻微的平移，如图 5.10(a) 以及图 5.10(c)；对应到层间距，单一用 NaCl、$CaCl_2$ 和 $MgCl_2$ 控制的膜的层间距分别为 12.3 Å、12.8 Å 和 13.7 Å，而混合溶液 NaCl+$CaCl_2$、NaCl+$MgCl_2$ 和 $CaCl_2$+$MgCl_2$ 中的层间距分别为 12.4 Å、12.3 Å 和 12.6 Å。由此可知，NaCl 对应的 12.3 Å 和 NaCl+$CaCl_2$、NaCl+$MgCl_2$ 对应的 12.4 Å、12.3 Å，见图 5.10(b)。

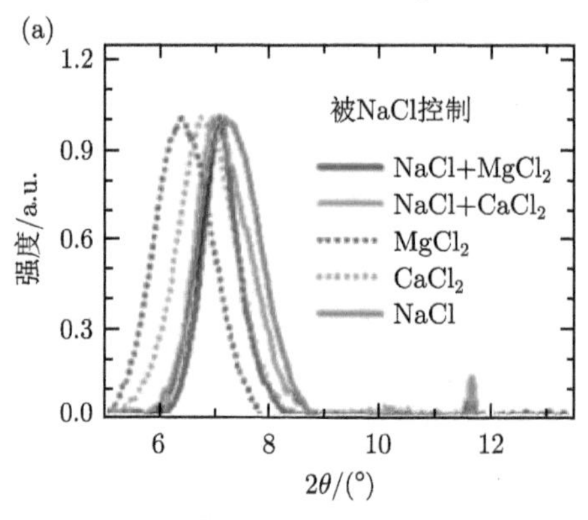

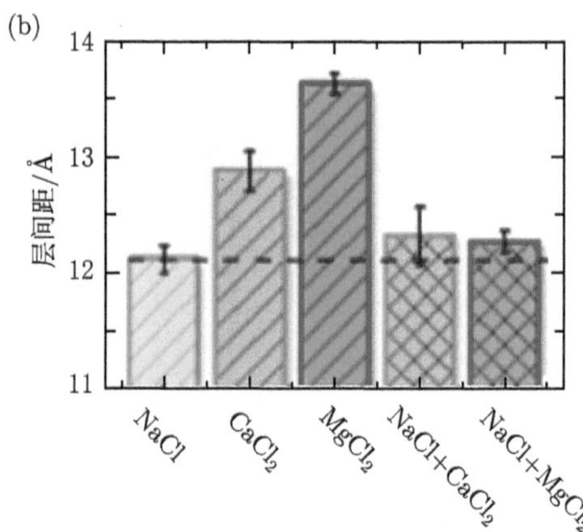

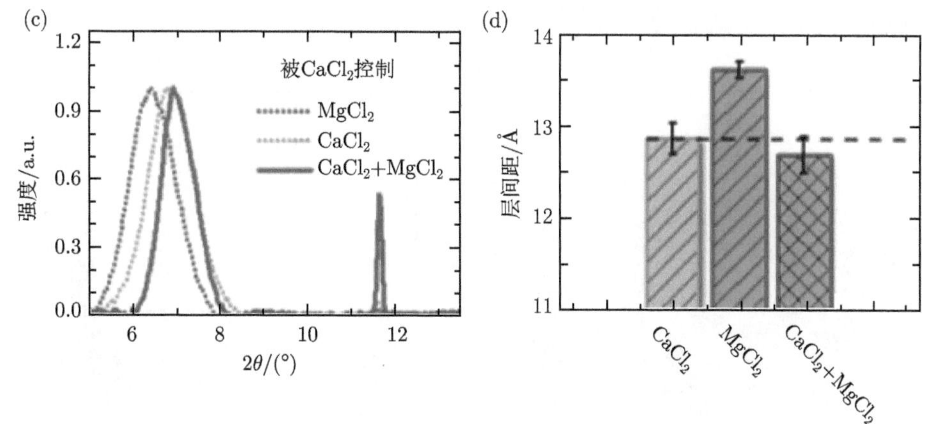

图 5.10 NaCl、$CaCl_2$ 分步控制的氧化石墨烯膜的层间距的测试

(a) NaCl 控制的氧化石墨烯膜 XRD 检测；(b) NaCl 控制的氧化石墨烯膜的层间距的统计；(c) $CaCl_2$ 控制的氧化石墨烯膜 XRD 检测；(d) $CaCl_2$ 控制的氧化石墨烯膜的层间距统计

$CaCl_2$ 对应的 12.8 Å 和 $CaCl_2$+$MgCl_2$ 对应的 12.6 Å 几乎保持一致，见图 5.10(d)。以上三种阳离子的分步控制结果都表明，氧化石墨烯膜的层间距是由可将其控制到较小间距的阳离子所决定的，当这种阳离子预先控制了层间距后，可有效排除掉其他具有更大的水合半径、可能形成更大层间距的离子进入膜内。因此可形象概括为：首先进入膜内的离子能实现层间距的"锁定"。

深入探讨用离子精确控制层间距的氧化石墨烯膜对于离子截留和离子筛分的实际应用将展现在本章中的渗透实验部分。

5.5.2 不同离子在氧化石墨烯膜上的吸附

本节将采用称重法和 XPS(X 射线光电子能谱分析) 进一步分析浸泡不同的盐溶液后氧化石墨烯膜内的离子吸附情况。首先以原始的干膜称重并作为基准 (记为 m_1)，然后将这些干膜浸泡在 0.25 mol/L 的 KCl、NaCl、$CaCl_2$、LiCl 和 $MgCl_2$ 盐溶液中 1 小时。接着采用离心的方法去除氧化石墨烯膜表面的吸附水，称量此时含盐的氧化石墨烯湿膜的重量 (记为 m_2)，计算相应的湿膜/干膜的质量之比 (即 m_2/m_1)，归一化为吸附量。

在图 5.11(a) 所示的结果中，湿膜/干膜的质量之比分别为 2.4(KCl)、3.6(NaCl)、3.0($CaCl_2$)、3.6(LiCl) 和 3.1($MgCl_2$)。氧化石墨烯膜对同种价态离子的吸附量与有效离子半径 (注意不是水合半径) 的大小成反比 (表 5.2)。Li^+，Na^+，K^+ 这三种离子的半径依次增大，而氧化石墨烯湿膜对这些离子的吸附量的顺序则遵循含 Li^+> 含 Na^+> 含 K^+。这与 5.5.1 节中提到的 XRD 结果显示的不同一价盐离子对层间距的控制的顺序是一致的，即层间距的大小顺序为 LiCl>NaCl>KCl。因此，对于相同价态 (同为一价) 的盐溶液，氧化石墨烯膜对盐溶液的吸附量与由

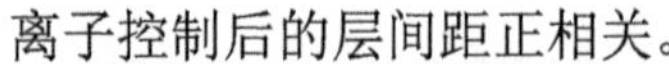

离子控制后的层间距正相关。

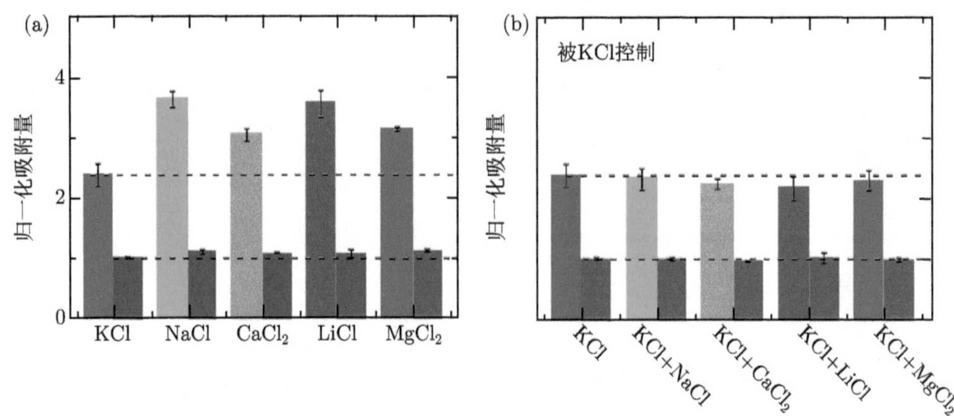

图 5.11　氧化石墨烯膜对不同盐溶液的归一化吸附量

(a) 氧化石墨烯用不同盐溶液浸泡后湿膜和干膜的归一化质量；(b) KCl 控制层间距的氧化石墨烯膜用不同盐溶液浸泡后的干重和湿重的归一化质量

表 5.2　不同阳离子的有效离子半径与水合离子半径

	K^+	Na^+	Ca^{2+}	Li^+	Mg^{2+}
有效离子半径/Å	1.39	1.04	1.01	0.78	0.74
水合离子半径 /Å	3.32	3.57	4.13	3.84	4.37

但是氧化石墨烯膜对不同价态离子的盐溶液的吸附量的大小并没有明显的规律。例如，对一价离子 Na^+、Li^+ 的吸附都大于对二价离子 (这里指 Ca^{2+}, Mg^{2+}) 的吸附，但是一价离子中 K^+ 的吸附量又是最低的。这可能是氧化石墨烯膜内部的二维褶皱结构造成的。由于氧化石墨烯膜内存在褶皱空间，在水合离子-π 作用下，这些离子与氧化石墨烯片层形成了一定的相互作用，这将直接影响膜内盐溶液的吸附量。另外，从二维 WAXS 散射图中发现，因一价离子到二价离子的取向性增强，氧化石墨烯膜内盐溶液的吸附空间减少，从而导致湿膜的质量在不同盐溶液中的变化相对较少。

进一步对浸润过盐溶液的氧化石墨烯湿膜进行 60 ℃ 的干燥箱内烘干 8 小时的干燥处理，取出后用高精度的天平称取干燥后含盐的氧化石墨烯膜的质量，结果显示在图 5.11(b)。进行归一化处理后，含盐的氧化石墨烯干膜的质量相比于原始未经任何处理的氧化石墨烯膜 (干燥状态) 的质量明显增加。这说明，干燥后的氧化石墨烯膜内有盐存在，也即氧化石墨烯膜对盐有存储功能。有趣的是，浸泡过 KCl 溶液的氧化石墨烯干膜的质量与原始氧化石墨烯膜的质量相差不大，几乎是相当的；而干燥前的 KCl 溶液浸泡的湿膜的质量是纯膜质量的 2.4 倍，表明浸泡湿膜质量的增加主要来自于水分子的渗透，而进入膜内的 KCl 极少。

图 5.12 为 KCl 溶液浸泡后再干燥处理的氧化石墨烯膜的 XPS 图谱。结果表明，氧化石墨烯膜内不仅含有 C、O 两种元素的信号峰 (此两种是氧化石墨烯的基本元素)，同时出现了微量的钾元素的信号峰，说明 K^+ 确实进入到氧化石墨烯膜的内部。但是钾元素的信号峰比较弱，说明进入氧化石墨烯膜内部的 K^+ 较少。该结果和图 5.11 中吸附量的结果一致。

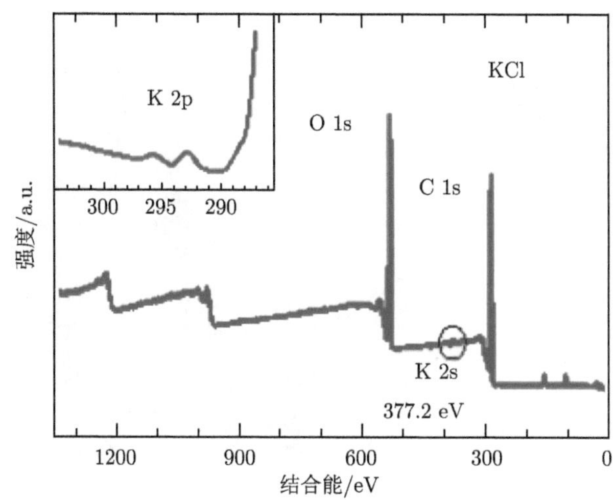

图 5.12 KCl 溶液浸泡后再干燥处理的氧化石墨烯膜的 XPS 图谱

为进一步探究 K^+ 控制层间距后其他较大离子对层间距的影响，这里依旧使用两步法，即首先采用 KCl 对氧化石墨烯膜进行控制后，再将该膜放到混合溶液中，对比两步处理后的氧化石墨烯湿膜质量与原始的未经处理的氧化石墨烯膜的质量，并进行归一化处理，结果见图 5.11(b)。

结果表明，经 KCl 处理后再吸附其他不同盐溶液的氧化石墨烯的含盐湿膜的质量和只经过 KCl 处理的氧化石墨烯的含盐湿膜的质量几乎无差别。继而，两步混合处理后的氧化石墨烯的湿膜在干燥处理后，其质量与初始的未经任何处理的氧化石墨烯的干膜的质量基本相等。这说明两步处理的膜内在 K^+ 进入后，除了含有微量的 K^+，后续的其他盐离子则很难继续进入膜内。结合 XPS 的结果，也发现用 KCl 溶液浸泡后的氧化石墨烯膜内仅含有微量的 K^+，再次说明在 KCl 溶液环境下，当氧化石墨烯膜内进入一些 K^+ 后，这些 K^+ 会微量吸附在膜内，且这些微量的 K^+ 阻止了其他盐离子进一步吸附在氧化石墨烯膜内。需要指出的是，K^+ 并不影响水分子的吸附，这可以从归一化后湿膜的质量都为原始干膜质量的两倍以上得出，说明此时膜内的微量 K^+ 是仍然允许水分子渗透到膜内的。

5.5.3 阳离子控制氧化石墨烯膜的层间距稳定性

石墨烯膜的层间距稳定性随时间的变化关系如图 5.13 所示。测试方法与前文单一溶液一致，先将制备好的氧化石墨烯膜分别浸泡在 KCl、NaCl 单一溶液中，再浸泡在相同浓度的 KCl+NaCl 混合溶液中，在 144 小时内用 XRD 测量不同时间段的层间距。由图 5.13 可知，在 0.05 个小时后，膜的层间距变化区间较小，且用单一 KCl 浸泡过的膜与用 KCl+NaCl 混合溶液浸泡过的膜，其层间距较一致。这些结果都清晰地展示出 K^+ 可以稳定、有效地控制氧化石墨烯的层间距在 11.4 Å 附近。分步混合溶液的浸泡结果也显示 K^+ 控制后导致对其他离子的阻碍作用也很稳定。

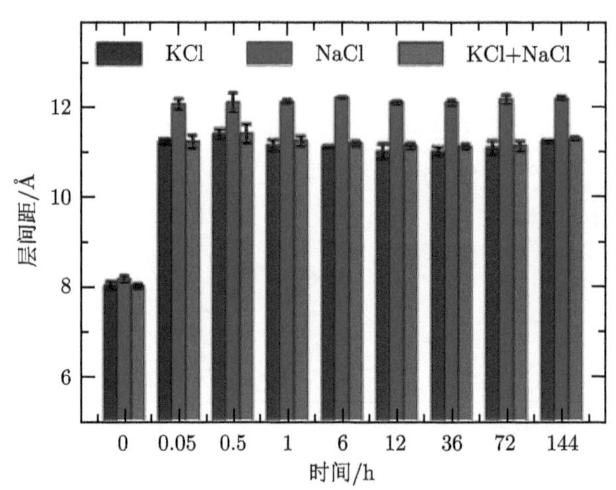

图 5.13 浸泡在不同盐溶液中氧化石墨烯膜的层间距稳定性和浸泡时间的关系

5.6 基于水合阳离子-π 作用控制间距的氧化石墨烯膜的渗透实验

5.6.1 渗透实验方法

本章中使用的膜的制作方法是最常规的真空抽滤法，即利用真空压力将自制的氧化石墨烯溶液均匀地沉积至自制的陶瓷基底上，如图 5.14(a) 所示。从图 5.14(b) 的扫描电镜图中可知，制备出的氧化石墨烯膜具有层状结构，且表面均匀、无孔隙和缺陷。因此，该方法制备的氧化石墨烯膜非常适合用于离子截留、渗透实验。图 5.14(c) 中，氧化石墨烯膜的厚度均匀，大约为 280 nm。该厚度可以通过改变抽滤时间和氧化石墨烯溶液含量、浓度等进行控制。

离子渗透实验使用的仪器为自制的渗透装置。图 5.15 (a) 为未控制层间距的氧化石墨烯膜的渗透实验示意图。以渗透 NaCl 溶液为例：中间的膜渗透开始前在纯水中浸泡 1 小时，渗透装置一侧为 0.25 M 的 NaCl 溶液，另一侧为纯水。两侧溶液体积相同，均为 35 mL。图 5.15(b) 为利用 KCl 溶液控制层间距后的氧化石墨烯膜的渗透实验示意图。仍以渗透 NaCl 溶液为例：膜先在目标溶液 (0.25 mol/L

的 KCl 溶液) 中浸泡 1 小时后封入渗透装置，35 mL 0.25 mol/L 的 KCl 溶液加入到一侧，同时在另一侧加入同样体积的 0.25 M 浓度的 NaCl 和 0.25 M 浓度的 KCl 的混合盐溶液。需要注意的是，两种实验在操作过程中皆要缓慢且小心，要保持膜的表面垂直于渗透方向，且为保证溶液中离子浓度的均匀分布，在两侧溶液都放入一样的磁子，并在测试过程中使用磁力搅拌。实验过程中，采集不同时期的渗透侧的溶液，并计算相应离子的渗透速率以及截留率。采集的方法均匀统一，使用 ICP(电感耦合等离子体光谱仪) 测试离子的浓度。在测试离子浓度时，所有数据都需在仪器开机基线稳定、运行正常之后进行记录。

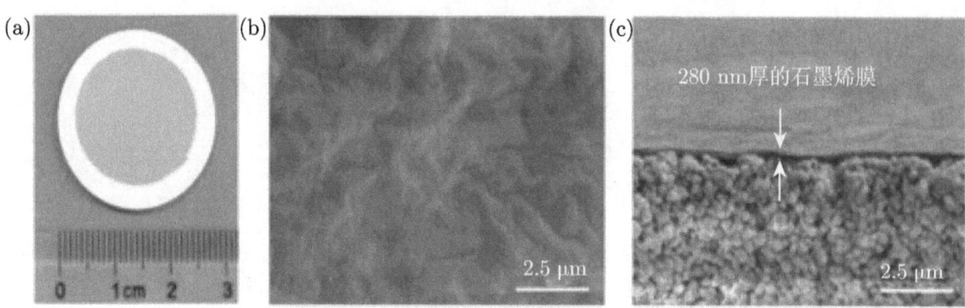

图 5.14 抽滤法制备的氧化石墨烯膜

(a) 带基底的氧化石墨烯膜的形貌图；氧化石墨烯膜的 (b) 表面和 (c) 断面的 SEM 图

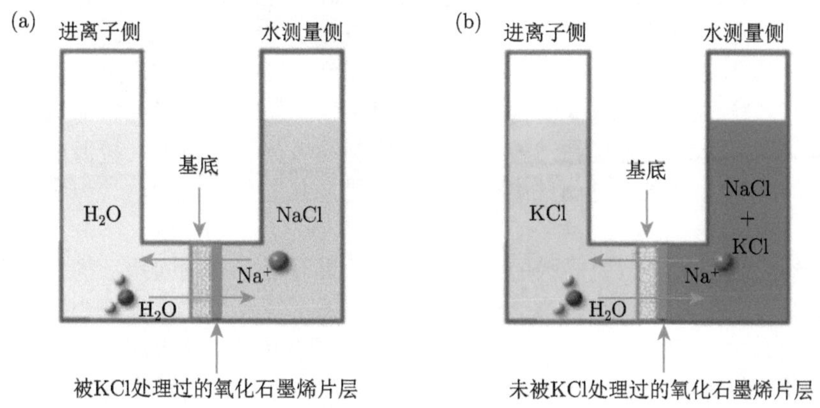

图 5.15 渗透实验示意图

(a) 未控制层间距的氧化石墨烯膜用于 NaCl 溶液的渗透体系；(b)KCl 控制层间距的氧化石墨烯膜用于 NaCl 溶液的渗透体系

5.6.2 基于水合阳离子-π 作用的氧化石墨烯膜对离子的控制有效性

在离子渗透实验中，氧化石墨烯膜的厚度为 750 nm (记为 GO-750)。图 5.16(a) 显示了分别用未控制层间距的膜和用 K^+ 控制层间距后的膜测试出的 Na^+、Mg^{2+} 以及 Ca^{2+} 的渗透速率。其中，用未控制层间距的膜测出三者的渗透速率依次为

0.19 mol/(m²·h)、0.03 mol/(m²·h) 和 0.03 mol/(m²·h)；而采用经过 K^+ 控制层间距后的膜，测得的三种离子 (Na^+、Mg^{2+} 和 Ca^{2+}) 的浓度均在检测限之下。这表明控制间距后的氧化石墨烯膜，对于离子的截留作用表现出色，此时膜对这些离子截留率均超过了 95%。

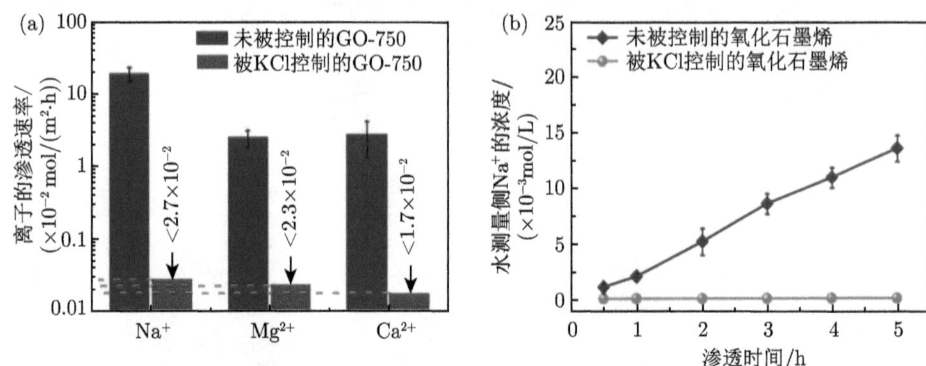

图 5.16 (a) 在未控制的和被 KCl 控制的氧化石墨烯膜中，Na^+、Ca^{2+} 和 Mg^{2+} 三种离子的渗透速率；(b) 5 小时内通过未控制的和被 KCl 控制的氧化石墨烯膜的 Na^+ 浓度随时间的变化曲线

水通量也是膜过滤性能的另一个重要参数。实验结果表明，水分子能渗透过离子控制间距后的氧化石墨烯膜，通量约为 0.2 LMH (l/(m²·h))。另一方面，水通量与膜的厚度负相关，研究发现，当膜的厚度为 280 nm 时，水的通量增加到 0.4 LMH，较 750 nm 的膜提高了一倍。同时更薄的膜仍然表现出非常好的离子截留效果。从最终数据来看，相比于未经控制的氧化石墨烯膜，较薄的、经过离子控制的氧化石墨烯膜对测试离子的渗透率是未控制的 1/120。具体将在下一部分详细讨论。

另外，这些氧化石墨烯膜的稳定性测试结果显示，控制间距后的氧化石墨烯膜在五小时内均未检测到有离子透过，说明其稳定性良好。而未经控制的膜在五小时内通过的离子浓度一直保持上升的趋势。而且值得注意的是，在 5 小时内，未经处理的膜相比于经过处理的氧化石墨烯膜，Na^+ 的渗透速率相差一个以上量级，见图 5.16(b)。

氧化石墨烯膜的厚度对离子的渗透行为也有着显著的影响。三种氧化石墨烯膜的厚度分别为 280 nm(GO-280)，550 nm(GO-550) 以及 750nm(GO-750)。以渗透 NaCl 为研究体系，检测氧化石墨烯膜的膜厚度对 Na^+ 渗透速率的影响。上述三种厚度的膜，每一种厚度至少制备两张，一张不经处理，一张经过 KCl 溶液处理以控制其层间距。离子渗透的检测方法与前文一致。如图 5.17，用 KCl 控制层间距后的 GO-280 膜比未控制层间距的 GO-280 膜，Na^+ 的渗透率降低到原来的 1/130；而 GO-550 膜在此方面则降低到原来的 1/180；同时注意到，当用厚度为 750 nm 的 GO-750 膜时，渗透的 Na^+ 浓度低于仪器检测线，几乎没有离子渗透过去。以上结果说明，氧化石墨烯膜厚度的增加有利于离子截留，膜越厚，截留效果越明显。这是由于随着 GOM 膜厚度的增加，氧化石墨烯膜内通过自组装方式有序的二维片层堆叠结构也在增加，从而有利于离子的截留。

这些结果也说明，利用离子控制间距后的氧化石墨烯膜具有更好的离子截留功能，而这一功能可归因于膜内部的石墨烯的层间距被调控得更小。

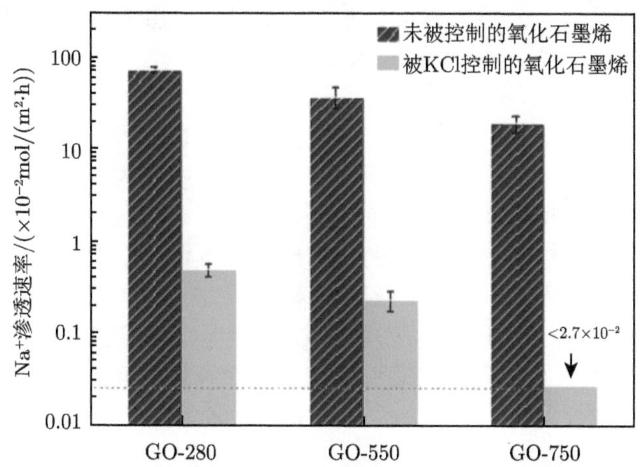

图 5.17 不同厚度的氧化石墨烯膜对 Na^+ 渗透速率的比较

为进一步考察 NaCl 渗透溶液的浓度对离子渗透行为的影响，图 5.18 显示了浓度范围从最低的 0.01 mol/L，到最高 2.5 mol/L 的 Na^+ 的渗透速率。

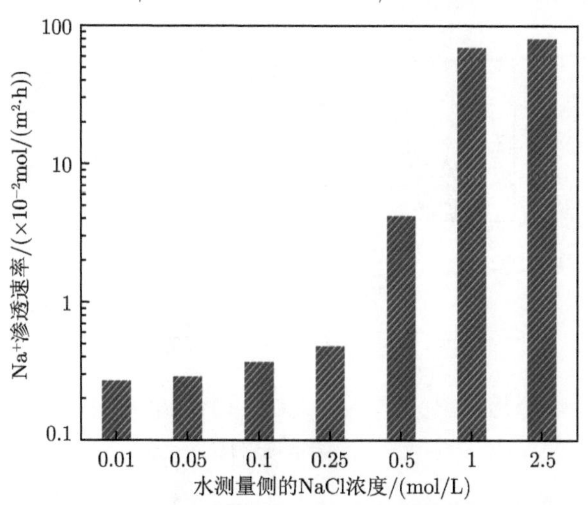

图 5.18 不同初始浓度的渗透液对离子渗透速率的影响

图 5.18 中的实验结果可分为三个部分。首先在开始区间，渗透液 NaCl 的浓度低于 0.25 M 时，Na^+ 的渗透速率较小，都低于 0.01 mol/(m^2·h)，这表明在该

浓度范围内的石墨烯层间距可以被有效稳定，对渗透液浓度影响不大；在中间区，NaCl 的浓度范围在 0.25 ~ 0.50 mol/L 时，Na^+ 的渗透速率虽然相对低浓度有一些上升，但是依然低于 0.05 mol/(m^2·h)，远小于未经控制间距的膜的离子渗透速率 (图 5.16)。但是，当 NaCl 溶液浓度较高，即大于 1.0 mol/L 时，Na^+ 的渗透速率显著上升，且不随 NaCl 浓度的进一步增加而增加 (高浓度的两组实验结果相差不大)。这是因为随着渗透液浓度增大，溶液中离子的驱动力增强了，当驱动力大于临界值时，K^+ 的渗透效果会变差，此时对于层间距的控制效果已经不能起到决定作用了。因而 Na^+ 能够较为快速地渗透。

本节进一步选用两种一价离子 (即 K^+ 和 Na^+) 控制层间距的氧化石墨烯膜 (750 nm 厚，记为 GO-750)，对两种二价混合离子 (Ca^{2+} 和 Mg^{2+}) 进行筛分截留实验，验证用一价离子控制层间距后，能否阻止形成更大层间距的离子渗透。从图 5.19 可知，使用 K^+ 和 Na^+ 有效控制层间距后，都可以实现对二价 Ca^{2+} 或 Mg^{2+} 的有效截留。与未控制层间距的氧化石墨烯膜相比，用 Na^+ 控制层间距的氧化石墨烯膜对这两种二价离子的截留率都大于 95%，再次证明了用离子控制氧化石墨烯膜层间距的方法在实际应用领域的可行性。更应该指出的是，K^+ 控制层间距的氧化石墨烯膜的截留效果明显优于 Na^+，这与其层间距的结果一致。层间距越小，越有利于离子的截留，尤其是对半径较大的离子，被截留得更加充分。

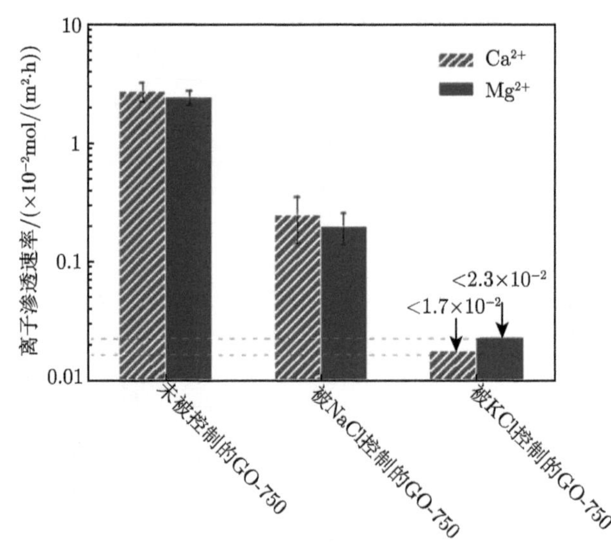

图 5.19 未经处理的氧化石墨烯膜和经过 NaCl/KCl 控制的氧化石墨烯膜对二价离子渗透速率的影响

5.6.3 KCl 控制间距的氧化石墨烯膜对混合离子的渗透速率及离子筛选

本节进一步考察了膜厚 750 nm 的氧化石墨烯膜被 KCl 控制层间距后，在混合盐溶液中不同离子的渗透速率差异，并与未经控制间距的氧化石墨烯膜对照。

选择的体系为包括 Na^+、Al^{3+}、Ca^{2+} 三种离子的混合溶液。对于未经处理的膜，测试一侧包含三种离子的混合溶液，另一侧为纯水 (pure water)。而对于 K^+ 控制间距处理后的膜，还需要在两侧加同样浓度的KCl溶液以防止膜内 K^+ 的逃逸。

图 5.20 显示，在 KCl 控制间距的氧化石墨烯膜中，一价 Na^+ 的渗透速率是在未被控制的膜中的 1/45；而二价的 Mg^{2+} 和 Ca^{2+} 在其中的渗透速率也小了很多，并且对这两种二价离子的截留率均超过了 90%。对比单一盐溶液，虽然混合溶液中某种离子的截留率明显减小，但仍保持了很高的截留效果。

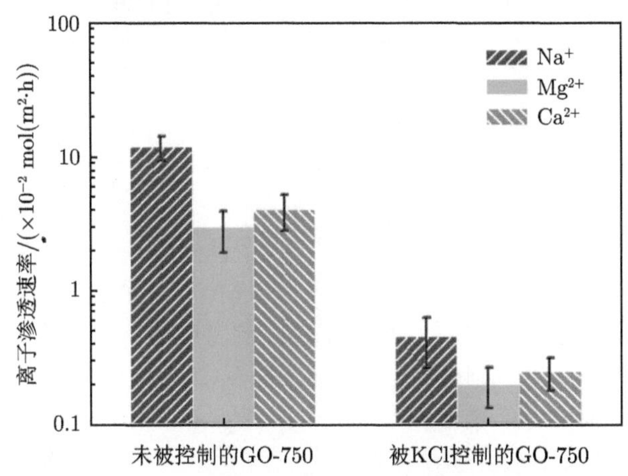

图 5.20　未被控制的氧化石墨烯膜和被 KCl 控制的膜对三种混合离子溶液的渗透速率

混合盐溶液的截留率的下降可能和离子的种类有关。在混合盐溶液中包含了更复杂的多种离子，其与氧化石墨烯片层之间的相互作用也相应地比较复杂。另外，截留率的下降也与渗透压有关。由于混合盐溶液中总的离子浓度较高，产生了更强的渗透驱动压力，在很大程度上影响了离子的截留率。

5.7　不同浓度阳离子的水合阳离子-π 作用对石墨烯膜层间距的控制

5.7.1　不同浓度 K^+ 控制的氧化石墨烯膜的层间距

不仅是阳离子类别，阳离子浓度在控制氧化石墨烯膜方面也起着至关重要的作用。如图 5.21 所示，氧化石墨烯膜在纯水中的层间距为 12.8 Å，在 0.05 M、0.25 M、1.00 M 和 1.50 M KCl 中的层间距分别为 11.9 Å、11.4 Å、11.1 Å 和 10.7 Å。其中，纯水中的 12.8 Å 和 0.25 M KCl 中的 11.4 Å 分别对应之前的检测结果。在不同浓度的 KCl 溶液中，层间距的大小顺序为 0.05 M>0.25 M>1.00 M>1.50 M，即在已知浓度下，被 KCl 控制的氧化石墨烯膜的层间距随 KCl 浓度的增大而减小。

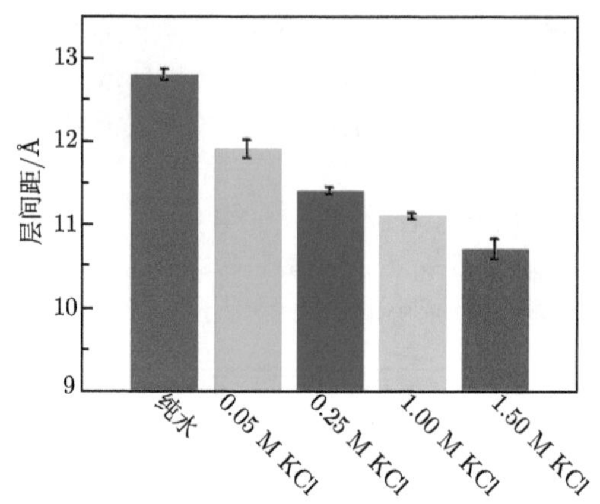

图 5.21　不同浓度 K^+ 控制的氧化石墨烯膜的层间距

5.7.2　不同浓度 K^+ 控制氧化石墨烯膜层间距的机理

图 5.22 为混合了 0.05 M、0.25 M、1.00 M 和 1.50 M KCl 溶液的氧化石墨烯溶液的紫外吸收光谱。其中，230 nm 左右的特征峰为氧化石墨烯的 **π-π*** 芳香烃共轭双键。与纯水中的氧化石墨烯相比，在 KCl 溶液中的氧化石墨烯的特征峰强度随 KCl 的浓度降低而增强。这表明，阳离子浓度越高，对芳香环共轭双键的影响越大。密度泛函理论模拟计算表明[27]，离子与氧化石墨烯表面有着强大的水合阳离子-π 作用，这种作用能使阳离子在氧化石墨烯表面产生富集作用。阳离子的富集越强，对紫外吸收光谱的强度影响越大。这种影响具体表现在氧化石墨烯膜的层间距上，即阳离子浓度越高，被其控制的氧化石墨烯膜的层间距越小。

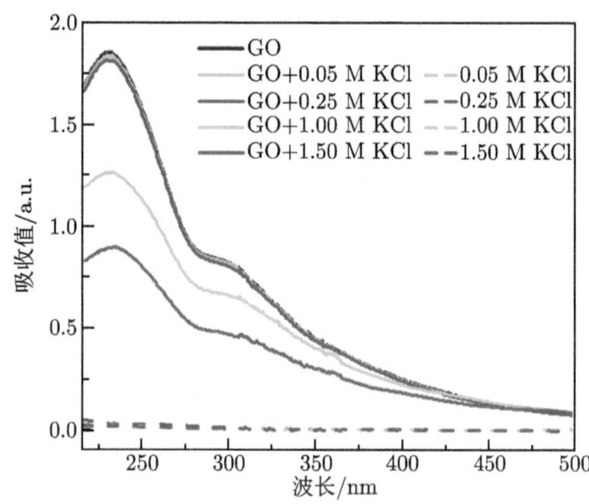

图 5.22　100 mg/L 的氧化石墨烯悬浮液与 0.05 M、0.25 M、1.00 M 或 1.50 M 的 KCl 溶液 1:1(体积比) 混合后的紫外吸收光谱。所有溶液都稀释 10 倍

5.7.3 不同浓度 K^+ 控制的氧化石墨烯膜对 Mg^{2+} 渗透行为的影响

如图 5.23 所示，选用 0.25 M 作为 Mg^{2+} 的初始渗透浓度，不同浓度 KCl 控制氧化石墨烯膜的层间距时，Mg^{2+} 在渗透速率方面表现出了极大的差异：即当 K^+ 的浓度分别为 0.05 M、0.25 M、1.00 M 和 1.50 M 时，Mg^{2+} 的渗透速率分别为 0.72 mol/(m²·h)、0.23 mol/(m²·h)、0.14 mol/(m²·h) 和 0.02 mol/(m²·h)，相比于对照组 (即未用 K^+ 控制的膜，渗透速率为 0.92 mol/(m²·h))，渗透速率皆有所下降。尤其是 1.5 M KCl 控制的膜，Mg^{2+} 的渗透速率下降明显。且 Mg^{2+} 在不同膜中的渗透速率顺序为：未被控制的膜 >0.05 M KCl 控制的膜 >0.25 M KCl 控制的膜 >1.00 M KCl 控制的膜 >1.50 M KCl 控制的膜。这表明氧化石墨烯膜的层间距越小，离子的渗透速率越慢，对离子的截留效果越好，尤其是 1.50 M KCl 控制的膜，其对 Mg^{2+} 的截留率超过 99.9%，水通量依然能达到 0.47 LMH。Mg^{2+} 渗透速率大小顺序也与前述测过的层间距数据 (XRD 结果) 相符，即层间距越小，离子的渗透速率越慢。

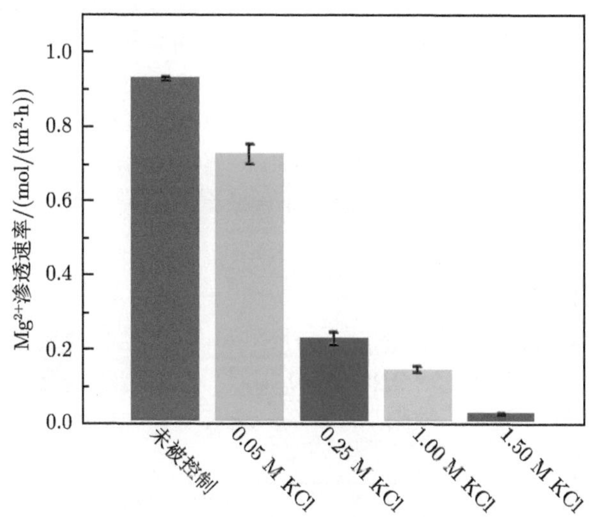

图 5.23 未被控制及不同浓度 KCl 控制的氧化石墨烯膜中，初始渗透浓度为 0.25 M 的 Mg^{2+} 的渗透速率

Mg^{2+} 的初始浓度对其自身渗透行为也有影响。图 5.24(a) 对比了几组初始浓度分别为 0.1 M、0.15 M 和 0.25 M 的 Mg^{2+} 通过未被控制、0.25 M KCl 控制、1.00 M KCl 控制和 1.50 M KCl 控制的氧化石墨烯膜的渗透速率。结果表明，同一浓度 K^+ 控制的氧化石墨烯膜，Mg^{2+} 的初始浓度越高，其渗透速率越大。这主要归因于高浓度的离子有着较高的浓度梯度驱动力。此外，不同浓度的 K^+ 控制的氧化石墨烯膜上，Mg^{2+} 的渗透速率皆为以下顺序：未被控制的膜 >0.25 M KCl 控制的膜 > 1.00 M KCl 控制的膜 >1.50 M KCl 控制的膜。

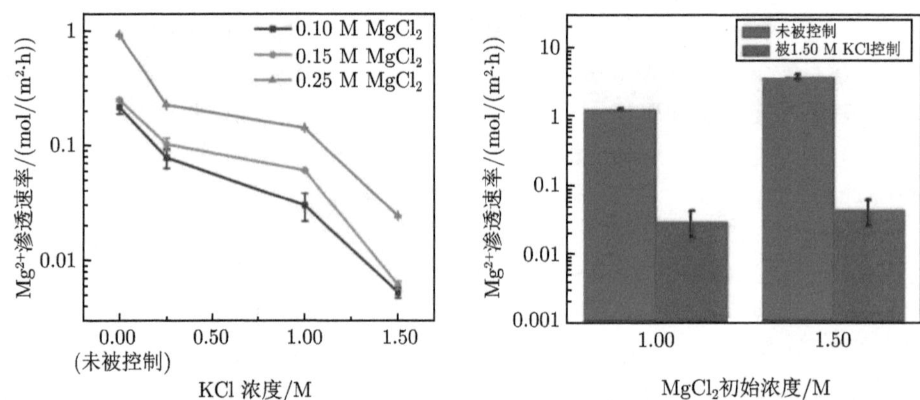

图 5.24　(a) 在未被控制和不同浓度 KCl 控制的氧化石墨烯膜中，低浓度 Mg^{2+} 对其自身渗透行为的影响；(b) 在未被控制和 1.50 M KCl 控制的氧化石墨烯膜中，高浓度 Mg^{2+} 的渗透行为

进一步提高 Mg^{2+} 的初始高浓度至 1.00 M 和 1.50 M，在通过 1.50 M KCl 控制的氧化石墨烯膜时，其渗透速率与未被控制的膜相比，有着显著的降低，如图 5.24(b) 所示。其中，未被控制的膜，1.00 M 和 1.50 M Mg^{2+} 的渗透速率分别为 1.26 mol/ $(m^2{\cdot}h)$ 和 3.80 mol/$(m^2{\cdot}h)$，而相对于 1.50 M KCl 控制的膜，其渗透速率分别为 0.029 mol/$(m^2{\cdot}h)$ 和 0.043 mol/$(m^2{\cdot}h)$。这表明，1.50 M KCl 控制的氧化石墨烯膜对不同浓度的 Mg^{2+} 都有显著的阻碍渗透效果，但渗透速率在高初始浓度时有所下降。

5.7.4　其他阳离子的浓度效应

图 5.25 显示了不同浓度的 NaCl、LiCl 和 KCl 控制的氧化石墨烯膜的离子渗透速率。其中，初始浓度为 0.25 M 的 Mg^{2+} 的渗透速率依然遵循 “0.25 M 控制 >1.00 M 控制 >1.50 M 控制” 的顺序，这表明其他阳离子同样具有这种浓度效应。

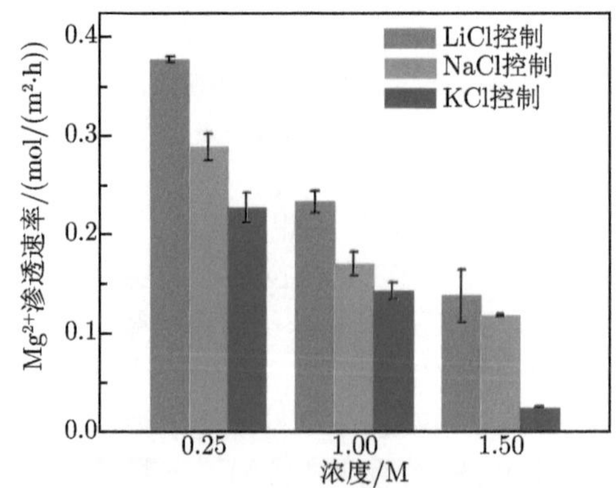

图 5.25　不同浓度 LiCl、NaCl、KCl 控制的氧化石墨烯膜中 Mg^{2+} 的渗透速率

另外，在相同浓度下，不同离子对氧化石墨烯膜的控制效果有所差别，根据离子渗透速率可知，其控制效果的大小顺序为 KCl 控制 >LiCl 控制 >NaCl 控制。由此推测，离子控制的氧化石墨烯膜的层间距顺序为：KCl 控制 <LiCl 控制 <NaCl 控制，这一顺序与前面通过 XRD 精确测出的层间距顺序相一致。

5.8 本章小结

本章利用第一性原理计算了水溶液中水合 Na^+ 在双层氧化石墨烯膜之间的动力学，证明水合 Na^+ 容易吸附于芳香环和含氧官能团之间，并且证明这种吸附源于强非共价键的水合阳离子-π 作用及氢键网络作用。用 Gaussian 软件对水合离子在双层氧化石墨烯膜之间的结构进行了探索，发现水合 K^+ 在双层膜之间形变严重。利用轨道分析和电荷分布，分析了水合离子在 GO 膜之间的电荷转移和成键情况。模拟得到了氧化石墨烯膜的层间距受其中间水合离子半径大小控制的推断，并给出了 K^+ 控制的 GO 膜能够排除溶液中其他离子进入氧化石墨烯膜内部的物理解释：① 水合 K^+ 的有效半径小于其他两种水合离子；② 由于 K^+ 与水合层的相互作用较弱，进入氧化石墨烯膜后水合层发生形变，导致特别小的层间距。经过 K^+ 溶液浸泡的氧化石墨烯膜能阻止其他离子包括 K^+ 自身的进入，从而使其能够有效地过滤盐溶液中的离子。这些理论研究结果和实验结果相符合。此外，本章还研究了阳离子浓度对水合离子-π 作用的影响，通过分析膜中的层间距和离子渗透速率，得到以下规律：阳离子浓度越高，这种水合阳离子-π 作用越强，控制膜的层间距越小。同时，膜的厚度、目标离子的初始浓度等都对离子渗透行为有影响。这些研究有力地推动了氧化石墨烯膜在离子筛分、海水淡化等方面的应用。

各类离子在不同领域有着各自重要的角色。例如锂离子，因其在电池、储能等领域[28,29]发挥着越来越重要的作用，已经成为一种热门能源物质。但锂离子的开发、回收过程中，往往伴随着其他离子的出现。因此，分离技术是得到高纯度锂离子的重要手段之一。也就是说基于水合阳离子-π 型号作用调控氧化石墨烯膜层间距的方法可以实现离子种类和离子浓度的双重调控，在未来研究中有可能满足各类离子的高效分离。前期的密度泛函理论计算表明，其他离子 (Fe^{2+}, Co^{2+}, Cu^{2+}, Cd^{2+}, Cr^{2+} 和 Pb^{2+}) 的离子-π 作用比 Na^+ 的更强。这预示着其他离子能形成更宽广的层间距控制范围，以及在生物领域更大的潜在应用前景。

石墨烯类材料是有着特殊的电子性能的单片层二维材料，若能有效地将石墨烯或氧化石墨烯有序地组装起来，成为固定间距的石墨烯或者氧化石墨烯膜，将会调节其电学性能 [33]，并可大大扩展石墨烯或氧化石墨烯膜，尤其是干燥的氧化石墨烯膜在包括材料储能领域、气体分离，以及催化领域的应用[34–38]。

一般来说，对于氧化石墨烯膜层间距的调节较多见于湿膜 (溶液状态下)，对于干膜的调控研究较少。受到本章方法的启发，可以利用不同盐溶液对干膜的层间距进行调节。研究结果显示，基于此方法可实现对干膜层间距的有效调节，控制干膜层间距的关键是阴离子[39]。

参 考 文 献

[1] Qu X L, Alvarez P J J, Li Q. Applications of nanotechnology in water and wastewater treatment. Water Research, 2013, 47(12): 3931-3946.

[2] Kang G, Cao Y. Application and modification of poly(vinylidene fluoride) (PVDF) membranes: A review. Journal of Membrane Science, 2014, 463(1): 145-165.

[3] Geim A K. Graphene, status and prospects. Science, 2009, 324(5934): 1530-1534.

[4] Asadollahi M, Bastani D, Musavi S A. Enhancement of surface properties and performance of reverse osmosis membranes after surface modification: a review. Desalination, 2017, 420: 330-383.

[5] De Volder M F L, Tawfick S H, Baughman R H, Hart A J. Carbon nanotubes: present and future commercial applications. Science, 2013, 339(6119): 535-539.

[6] Majumder M, Chopra N, Andrews R, Hinds B J. Enhanced flow in carbon nanotubes. Nature, 2005, 438(7064): 44.

[7] Holt J K, Park H G, Wang Y, Stadermann M, Artyukhin A B, Grigoropoulos C P, Noy A, Bakajin O. Fast mass transport through Sub-2-80 nanometer carbon nanotubes. Science, 2006, 312(5776): 1034-1037.

[8] Jackson D T, Nelson P N. Preparation and properties of some ion selective membranes: a review. Journal of Molecular Structure, 2019, 1182: 241-259.

[9] Han Y, Xu Z, Gao C. Ultrathin graphene nanofiltration membrane for water purification. Advanced Functional Materials, 2013, 23(29): 3693-3700.

[10] Kim H W, Yoon H W, Yoon S M, Yoo B M, Ahn B K, Cho Y H, Shin H J, Yang H, Paik U, Kwon S, Choi J Y, Park H B. Selective gas transport through few-layered graphene and graphene oxide membranes. Science, 2013, 342(6154): 91-95.

[11] Yuan Z, Benck J D, Eatmon Y, Blankschtein D, Strano M S. Stable temperature-dependent gas mixture permeation and separation through suspended nanoporous single-layer graphene membranes. Nano Letters, 2018, 18(8): 5057-5069.

[12] Dougherty D A. Cation-π interactions in chemistry and biology. A new view of benzene, phe, tyr, and trp. Science, 1996, 271(5246): 163-168.

[13] Yang J, Shi G, Tu Y. High correlation between oxidation loci on graphene oxide. Angewandte Chemie International Edition, 2014, 53(38): 10190-10194.

[14] Hung W S, Tsou C H, De Guzman M. Cross-linking with diamine monomers to prepare composite graphene oxide-framework membranes with varying d-spacing. Chemistry of Materials, 2014, 26(9): 2983-2990.

[15] Abgrall P, Nguyen N. Nanofluidic devices and their applications. Analytical Chemistry, 2008, 80(7): 2326-2341.

[16] Price D J, Brooks C L. A modified TIP3P water potential for simulation with Ewald summation. Journal of Chemical Physics, 2004, 121(20): 10096-10103.

[17] Moellmann J, Grimme S. DFT-D3 study of some molecular crystals. Journal of Physical Chemistry C, 2014, 118(14): 7615-7621.

[18] Bulone D, Donato I D, Palmavittorelli M B. Density, structural lifetime, and entropy of H-bond cages promoted by monohydric alcohols in normal and supercooled water. Journal of Chemical Physics, 1991, 94(10): 6816-6826.

[19] Cohentanugi D, Grossman J C. Water desalination across nanoporous graphene. Nano Letters, 2012, 12(7): 3602-3608.

[20] Abraham J, Vasu K S, Williama C D. Tunable sieving of ions using graphene oxide membranes. Nature Nanotechnology, 2017, 12(6): 546-550.

[21] Hung W S, Tsou C H, De Guzman M, An Q F, Liu Y L, Zhang Y M, Hu C C, Lee K R, Lai J Y. Cross-linking with diamine monomers to prepare composite graphene oxide-framework membranes with varying d-Spacing. Chemistry of Materials, 2014, 26(9): 2983-2990.

[22] Su Y, Kravets V G, Wong S L, Waters J, Geim A K, Nair R R. Impermeable barrier films and protective coatings based on reduced graphene oxide. Nature Communications, 2014, 5(1): 4843.

[23] Raidongia K, Huang J. Nanofluidic ion transport through reconstructed layered materials. Journal of the American Chemical Society, 2012, 134(40): 16528-16531.

[24] Zhu Y, Xu D, Zhao Q, Li, Y, Peng W, Zhang G, Zhang F, Fan X. Controllable preparation of ultrathin sandwich-like membrane with porous organic framework and graphene oxide for molecular filtration. Scientific Reports, 2015, 5(1): 14961.

[25] Yorita H, Otomo K, Hiramatsu H, Toyama A, Miura T, Takeuchi H. Evidence for the cation-π interaction between Cu^{2+} and tryptophan. Journal of the American Chemical Society, 2008, 130(46): 15266-15267.

[26] Shi G, Dang Y, Pan T, Liu X, Liu H, Li S, Zhang L, Zhao H, Li S, Han J, Tai R, Zhu Y, Li J, Ji Q, Mole R A, Yu D, Fang H. Unexpectedly enhanced solubility of aromatic amino acids and peptides in an aqueous solution of divalent transition-metal cations. Physical Review Letters, 2016, 117(23): 238102.

[27] Shi G, Liu J, Wang C, Song B, Tu Y, Hu J, Fang H. Ion enrichment on the hydrophobic carbon-based surface in aqueous salt solutions due to cation-π interactions. Science Reports, 2013, 3: 3436.

[28] Han X. Negating interfacial impedance in garnet-based solid-state Li metal batteries. Nature Materials, 2017, 16(5): 572-579.

[29] Bruce P G, Freunberger S A, Hardwick L J, Tarascon J M. Li-O_2 and Li-S batteries with high energy storage. Nature Materials, 2011, 11(1): 19-29.

[30] Zhou S N, Lu X Q , Wu Z H, Jin D L, Guo C, Wang M H, Wei S X. Diffusion and separation of CH_4/N_2 in pillared graphene nanomaterials: a molecular dynamics investigation. Chemical Physics Letters, 2016, 660: 272-276.

[31] Wu T, Diaz M C, Zheng Y H, Zhou R F, Noble R D. Influence of propane on CO_2/CH_4 and N_2/CH_4 separations in CHA zeolite membranes. Journal of Membrane Science, 2015, 473: 201-209.

[32] Zheng H X, Zhu L, He D L, Guo T C, Li X F, Xue Q Z. Two-dimensional graphene oxide membrane for H_2/CH_4 separation: insights from molecular dynamics simulations. International Journal of Hydrogen Energy, 2017, 42(52): 30653-30660.

[33] Castro A H, Guinea F, Peres N M R, Novoselov K S, Geim A K. The electronic properties of graphene. Reviews of Modern Physics, 2009, 81(1): 109-162.

[34] Yin Z, Sun S, Salim T, Wu S, Huang X, He Q. Organic photovoltaic devices using highly flexible reduced graphene oxide films as transparent electrodes. ACS Nano, 2010, 4(9): 5263-5268.

[35] Ji Z, Shen X, Zhu G, Zhou H, Yuan A. Reduced graphene oxide/nickel nanocomposites: facile synthesis, magnetic and catalytic properties. Journal of Materials Chemistry, 2012, 22(8): 3471-3477.

[36] Ambrosi A, Pumera M. Electrochemically exfoliated graphene and graphene oxide for energy storage and electrochemistry applications. Chemistry, 2016, 22(1): 153-159.

[37] Kim H W, Yoon H W, Yoon S M, Yoo B M, Ahn B K, Cho Y H, et al. Selective gas transport through few-layered graphene and graphene oxide membranes. Science, 2013, 342(6154): 91-95.

[38] Ibrahim A, Lin Y S. Gas permeation and separation properties of large-sheet stacked graphene oxide membranes. Journal of Membrane Science, 2018, 550: 238-245.

[39] Liang S, Mu L, Chen L, Jiang J, Yang Y, Fang H. Tunning the interlayer spacings in dry graphene oxide membranes via ions. Chemistry: An Asian Journal, 2020, 15: 2346-2349.

第 6 章　常温常压下具有反常化学计量比的二维 Na_2Cl/Na_3Cl 晶体

6.1　引　　言

如第 5 章所述，离子会吸附在氧化石墨烯表面。当溶液中盐浓度增加时，盐会大量地富集在氧化石墨烯表面，甚至可能铺满石墨烯表面。

由统计物理知识可知，在热扰动下，这样大量富集的物质，很可能会达到有序，进而形成晶体。本章将介绍，这样的富集不仅仅是形成了晶体，而且形成的晶体不是常规化学计量比的晶体，而是二维的 Na_2Cl 和 Na_3Cl 晶体。

需要说明的是，通常情况下，只有当溶液中的溶质浓度达到或者超过其饱和浓度时，才会实现溶质的成核，最终形成晶体[1]。因此，常温常压下从不饱和溶液中形成晶体通常是不大可能的。但是近年来，人们采用一些辅助手段，例如，利用激光诱导实现对苯丙氨酸 ($C_9H_{11}NO_2$)[2]、甘氨酸 ($C_2H_5NO_2$)[3] 以及氯酸钠 ($NaClO_3$)[4] 在不饱和条件下的结晶。另外，使用相似的基底同样可以实现此效果，例如，将硫酸钡 ($BaSO_4$) 基底置于不同浓度的不饱和溶液中，成功得到硫酸铅 ($PbSO_4$) 以及硫酸锶 ($SrSO_4$) 晶体[5,6]。值得注意的是，这两种晶体的晶格常数与基底非常类似，而石墨烯基底与盐完全没有这样的类似性。

有关反常化学计量比物质，过去仅仅存在于高温高压条件下，2013 年 Zhang 等在高于 20 GPa 压强下，得到了稳定的 Na_2Cl, Na_3Cl, Na_3Cl_2, $NaCl_3$, $NaCl_7$[7]。在本章的后面，可以发现，在石墨烯和其他类石墨材料表面得到的反常化学计量比晶体，不仅仅因为它们存在于常温常压条件下而具有实用价值，更重要的是，它们还表现出特异的电子结构。这种结构可以使其具有常温磁性、导电等意想不到的特性，有可能应用于更广阔的领域。

6.2　实验证实石墨烯基膜表面存在反常化学计量比的二维 Na-Cl 晶体

6.2.1　XRD 的实验结果

利用 XRD(X 射线衍射) 分步检测还原的氧化石墨烯膜在不饱和溶液中诱导晶体，结果如图 6.1 所示。检测方法：将还原的氧化石墨烯膜置于玻璃载片上，放入自制 PE(Polyethylene，聚乙烯) 袋子中；接着，在袋子内加入一定量的不同浓度的 NaCl 溶液；待还原的氧化石墨烯膜被 NaCl 溶液浸润充分后，再利用玻璃载片，倾斜一定角度，将绝大部分溶液放置于 PE 袋一侧，以尽量减少膜表面附着的溶液；之后将玻璃载片置于 XRD 的载物台上，并以还原的氧化石墨烯膜为中心，进行 XRD 测试。在图 6.1 的红色阴影部分，对照氧化石墨烯膜样品，2θ 在大约 32° 位置存在一个新的布拉格衍射峰，该峰位接近标准 NaCl 晶体的 (200) 峰的 2θ 值。这是出乎意料的，因为标准的三维 NaCl 晶体能产生多个高阶晶面的 XRD 衍射峰[8]，得到的单峰表明，所得到的晶体不是常规的三维晶体，而是一种二维的 Na-Cl 晶体结构。由于 NaCl 饱和溶液大约为 5.1 M，这些结果意味着在常温常压下且远低于饱和 NaCl 浓度的条件下，形成了二维 Na-Cl 晶体。

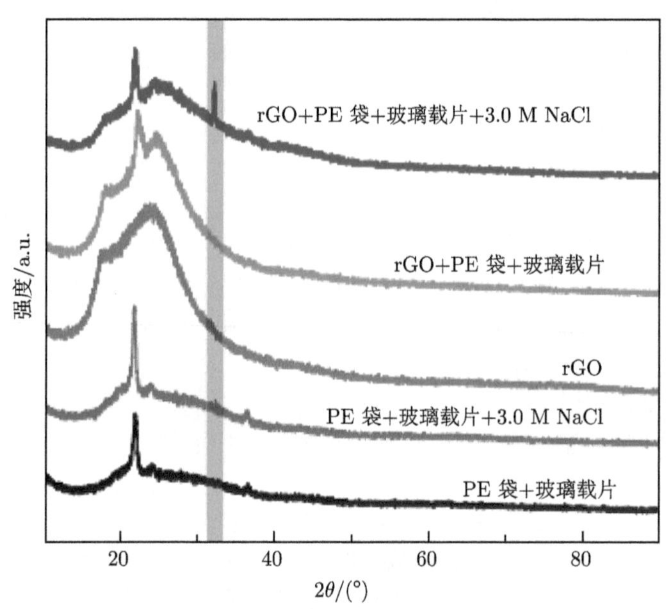

图 6.1 还原的氧化石墨烯 (rGO) 膜在不饱和溶液中的 XRD 图谱

在上述工作基础上，另外选择了其他三张还原的氧化石墨烯膜，并进行了 XRD 测试。操作步骤也是采取分步测试的方法。测试结果表明，这三张还原的氧化石墨烯膜上均出现了常规 NaCl 晶体的 (200) 晶面所对应的特征峰。具体结果见图 6.2，红色阴影部分为 NaCl 的晶体峰。以上结果说明，还原的氧化石墨烯膜在不饱和溶液中确实可以诱导出二维 Na-Cl 晶体，这一现象是普遍存在的。具体的结构还有待理论计算结合透射电子显微镜 (TEM)、能谱仪 (EDX) 等实验来确认。

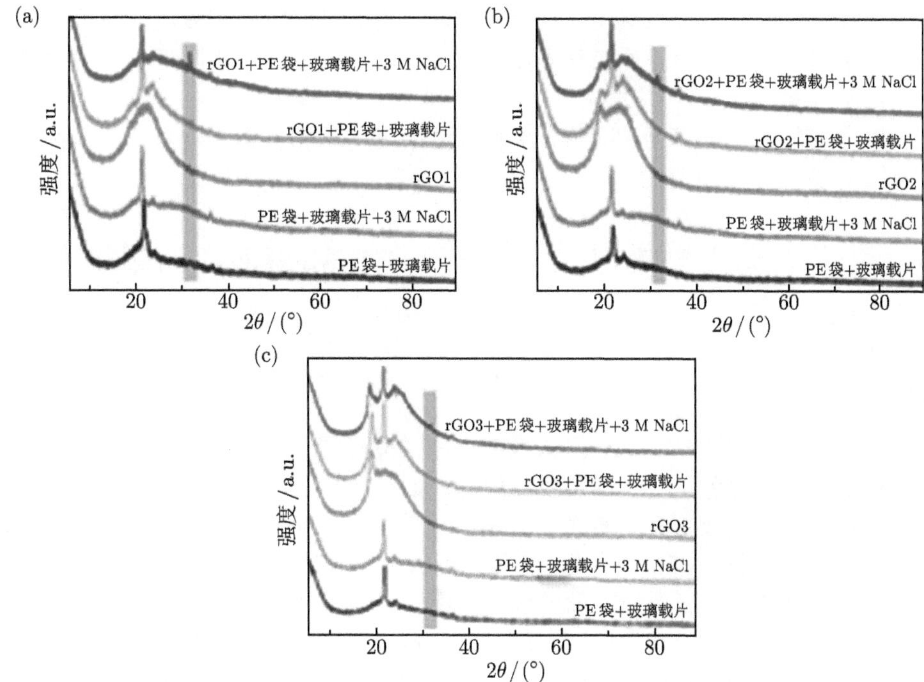

图 6.2 三张还原氧化石墨烯 (rGO) 膜在不饱和溶液中的 XRD 图谱

6.2.2 紫外光谱的实验结果

图 6.3 显示了将一定浓度还原的氧化石墨烯 (rGO) 悬浊液与 3.0 M (未饱和) 的 NaCl 溶液进行 1:1 混合，再将混合液进行紫外光谱 (UV) 检测。从图中可以明显看到，对于纯的 rGO，在 ~230 nm 的位置有明显的吸收峰，这对应着芳香环结构的 π-π* 电子跃迁[9,10]。当 rGO 和 NaCl 溶液混合时，相比于纯的 rGO 溶液，

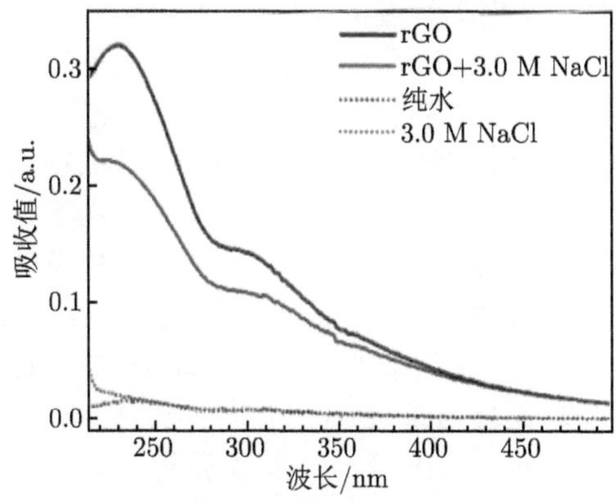

图 6.3 还原的氧化石墨烯与 3.0 M NaCl 混合溶液的紫外吸收光谱

还原的氧化石墨烯溶液的浓度为 15 mg/L，与 3.0 M 的 NaCl 以 1:1 体积比形成混合溶液

混合溶液所在的峰位置虽然没有明显的偏移，但紫外吸收峰强度明显下降，这表明混合溶液中的离子对还原氧化石墨烯的芳香环共轭双键的影响很大。这也是水合阳离子-π 作用的一个例证。

以上结果和第 5 章提到的 rGO 和溶液中离子的相互作用基本一致，都是由水合阳离子-π 作用引起的。

6.3 经典动力学模拟预测 NaCl 不饱和溶液在石墨烯表面形成二维晶体

6.3.1 模型简介

由于量子化学计算存在模拟体系较小、模拟时间过短，其无法完整模拟结晶这一处于宏观或者至少是介观尺度的现象。而经典分子动力学模拟虽然在模拟体系、时长上可以进行结晶的研究，但是这一方法所包含的现有力场参数对水合阳离子-π 作用的表征不准确。为此，方海平、石国升等研究人员结合量子力学计算，开发了离子分别与类石墨烯表面的水合阳离子-π 作用的经典力场参数，并自主开发了该力场生成软件，其生成的力场可以直接添加到常用的经典分子动力学模拟软件中，如 NAMD，并申请了专利。基于这个软件，可以实现基于修正水合 Na^+-π 作用力场参数的经典动力学模拟，对 NaCl 溶液中石墨烯片层上的离子运动与分布进行研究。

研究过程中使用的模拟体系分为两组，包括含有修正水合 Na^+-π 作用的体系与未修正的体系 (作为对照组)。含有修正的水合 Na^+-π 作用的体系又包括 1.3 mol/L 与 3.0 mol/L 两种不同浓度的 NaCl 溶液模型，而未修正的模型是 3.0 mol/L NaCl 溶液。所有系统均具有同一大小的石墨烯片，共 324 个 C 原子，位于整个体系的下方。为避免不同的离子数量影响模拟结果，这两个体系中的溶液都含有 155 个 NaCl 离子对。根据浓度的不同，分别有 5192 和 2220 个水分子，对应 1.3 mol/L 与 3.0 mol/L 的 NaCl 溶液浓度。水分子模型选择 SPCE 模型。这是由于 SPCE 模型在经典模拟中具有电荷分布、整个水溶液径向分布与实验结果接近的特点[11]。所有系统均具有周期性，模拟盒子大小为 41.75 Å×42.54 Å×150 Å。系统通过在 z 方向上保证足够的真空层高度，使得 z 方向上每个周期之间的相互作用可以忽略不计。模拟中所用到的成键和非键作用参数来自 CHARRM 力场 [12]，设定 C—C 原子间范德瓦耳斯半径 (σ_{CC}) 为 3.55 Å，其势井深度 (ε_{CC}) 为 0.070 kcal/mol。Na 离子和 Cl 离子被设定为带有 $1e$ 与 $-1e$ 的电荷量。且 Na 与 Na，Cl 与 Cl 之间的范德瓦耳斯参数 $\sigma_{Na-Na} = 2.43$ Å，$\sigma_{Cl-Cl} = 4.04$ Å，$\varepsilon_{Na-Na} = -0.047$ kcal/mol，$\varepsilon_{Na-Na} = -0.150$ kcal/mol。范德瓦耳斯相互作用的截断距离被设置为 14 Å。静电相互作用通过 PME 处理。通过 NAMD 自带的 TclBC 界面引入离子-π 作用势作用于溶液中的离子，其具体 TclBC 脚本参照相关文献[13]，设定如下：

$$V = 4\varepsilon\left[\left(\frac{z_{\mathrm{m}}}{\sigma_0}\right)^8 - \left(\frac{z_{\mathrm{m}}}{\sigma_0}\right)^4\right] \tag{6.1}$$

式中，V 代表溶液中 Na^+ 与石墨烯片的水合 Na^+-π 作用势；z_{m} 代表体系中 Na^+ 与石墨烯片的距离；ε 与 σ_0 根据之前本组相关研究得出[14]，$\varepsilon = 16.4$ kcal/mol，$\sigma_0 = 3.8$ Å。

6.3.2 模拟结果及分析

之前的研究已经证实,Cl^- 与石墨烯的相互作用不及 Na^+ 等阳离子的 1/10[15]，因此水合阴离子-π 作用是可以忽略的。图 6.4 显示了各个体系模拟能量最小化过程中初始和经过 40 ns 模拟后的构型。

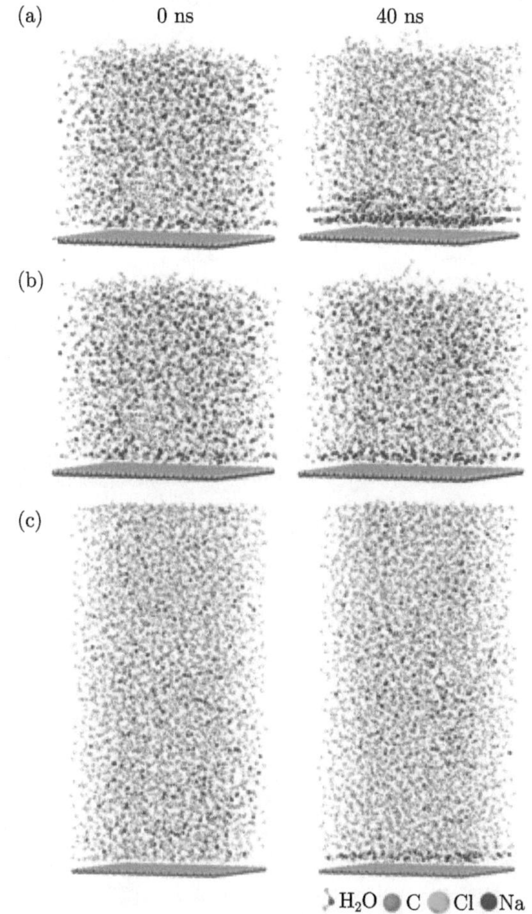

图 6.4 (a) 和 (b) 为经典动力学模拟图，包含石墨烯上 3.0 M NaCl 溶液考虑水合离子-π 作用与不考虑该作用的对比。青色、白色、红色的球分别代表碳、氢、氧原子。蓝色和绿色分别代表钠离子和氯离子。(c) 1.3 M NaCl 溶液在考虑水合阳离子-π 作用的动力学模拟图

根据模拟结果，统计按照高度划分的区域内平均每个离子对应的水分子数量，推断离子是否析出结晶。如图 6.4(a) 所示，在含有水合 Na^+-π 作用的体系中，当溶液浓度超过一定程度 (3.0 M) 时，经过一段时间后，有部分钠元素和氯元素都在石墨烯表面形成一定程度的富集。在图 6.5 中，可以明显地观察到有离子在石墨烯表面发生了富集。仔细观察可以看出，富集的离子有两层。在 z 方向概率密度分布图上，存在两个峰。观察图中蓝线可知，在 Na^+、Cl^- 富集且靠近石墨烯的区域中，Na^+ 的平均水合离子数量明显降低。因此，如图 6.4(a) 右图，当模拟进行到 40 ns 时，已有 71 个 Na^+ 和 62 个 Cl^- 在石墨烯表面聚集，而形成的堆积结构有点类似于普通的 NaCl 晶体。其中，Na^+ 的数量略多于 Cl^-，这是因为 Cl^- 同芳香环的作用远弱于 Na^+，吸附在表面的数量较小。图 6.4(c) 显示当溶液浓度相对较低时 (1.3 M)，在石墨烯表面富集的离子数量相对 3.0 M 时要少很多。在石墨烯上只能观察到较少的离子在石墨烯上聚集，且不同于图 6.4(a) 中密集而有规律的分布，图 6.4(b) 中只能看到这些离子各自杂乱地平铺在石墨烯上。由图 6.5(b) 可以看出，离子周围所对应的概率为 15%，说明这一区域只是离子的吸附，离子周围存在大量的水分子。所以在 1.3 M 浓度下，尽管在模拟中修正了水合 Na^+-π 作用，但因为过

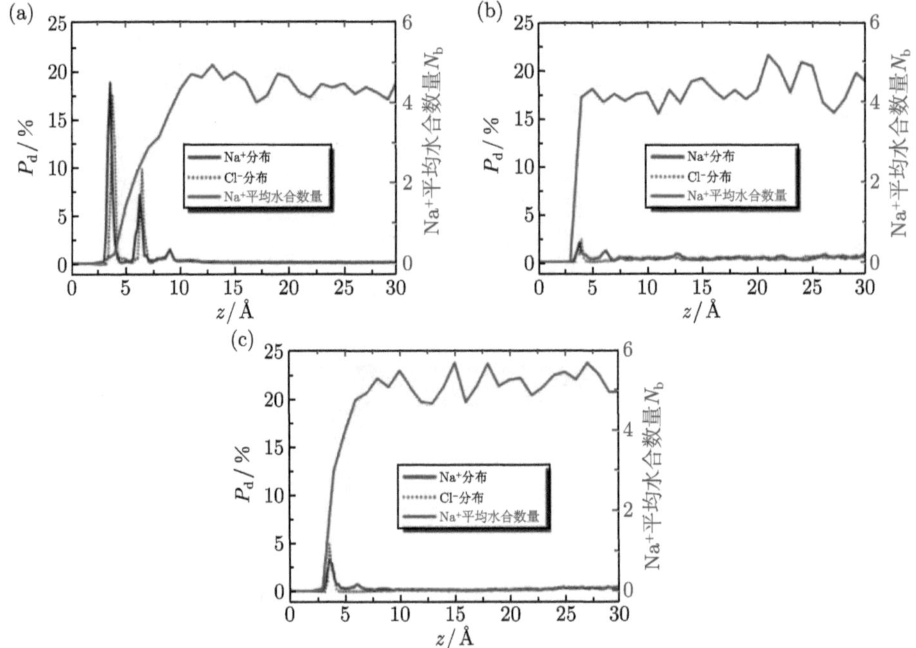

图 6.5　(a) 和 (b) 经典分子动力学计算得到的 3 M NaCl 溶液中，有 (a)/无 (b) 水合离子-π 作用下，Cl^- (黑虚线) 和 Na^+ (黑实线) 的概率密度分布，以及 Na^+ 的平均水合数量 (蓝线) 随 z 轴的变化曲线。(c) 经典动力学计算得到的，1.3 M NaCl 溶液中，水合阳离子-π 作用下，Cl^- (黑虚线) 和 Na^+ (黑实线) 的概率密度分布，以及 Na^+ 的平均水合数量 (蓝线) 随 z 轴的变化曲线

低浓度和热运动等因素的影响，石墨烯片上富集的离子数目不足。而当 MD 模拟不考虑水合离子-π 作用时，同样 3.0 M 浓度的 NaCl 溶液，石墨烯片表面盐离子浓度很低。观察对照组图 6.4 (c)，可以看到尽管浓度相同，但在没有修正水合阳离子-π 作用的体系中，石墨烯表面几乎不存在离子的吸附，而图 6.5(c) 的概率密度分布图也证实了这一点，因为石墨烯表面的峰非常小。

6.4 基于量化计算的石墨烯基底上反常化学计量比二维 Na-Cl 晶体的可能结构

通过修正水合 Na^+-π 作用的经典动力学模拟可知，即便 NaCl 溶液在没有达到饱和浓度的情况下，离子也会在石墨烯表面富集。由统计物理知识可知，在热扰动下，这样大量富集的物质，很可能会达到有序，进而形成晶体。而实验也给出了有晶体的证据。显然，经典力场很难精确给出离子的水合性质，更难以给出晶体脱水后的结构。基于密度泛函理论的量化计算软件 CP2K，可以寻找一种理论上可以稳定存在于石墨烯上，或者石墨烯片层之间的几种可能的二维 Na-Cl 晶体结构，如图 6.6 ~ 图 6.10。考虑到石墨烯表面是一个正六边形，而 NaCl 是一个典型的面心立方晶体 (fcc) 结构，它和石墨烯表面并不能做到简单意义上的晶格匹配。Na^+ 在芳香环的中心位置 (即 H 位) 吸附能最高、吸附最为稳定[16]。因此，在保证石墨烯原胞完整的前提下，使尽可能多的 Na^+ 处于芳香环中心位置，将各个模型进行结构优化，排除结构优化过程中系统结构发生较大变化且对称性较差的初始结构，优化结构具有周期性，从而可得到 NaCl 在石墨烯上可能的几种堆垛最小周期。之前的多篇文献提及阳离子会改变芳香环内部的电荷分布，使得碳原子与碳原子之间的 sp^2 杂化轨道发生改变，最终使得芳香环结构发生一定的变化，从而引起石墨烯的形变。同时也应该注意到，NaCl 吸附在石墨烯上的过程中可能存在电荷转移，这也会影响 NaCl 本身的 Na-Cl 键长。因此，对这些得到的 NaCl-石墨烯周期团簇结构需要进行晶格常数的优化，使得整个结构能量最小化。具体操作为：固定晶格参数，对 NaCl-石墨烯团簇进行结构优化后，对 a、b 两个晶格方向及其反方向以 0.1 Å 为间隔进行扫描，寻找系统能量极小值点所对应的周期性晶格常数。例如，图 6.6 所找到的石墨烯上的 Na_2Cl 晶体稳定结构，其对应的超胞具有 17.07×11.23 Å^2 的周期性晶格常数。因此在这一区域内，这个晶格常数所确定的 NaCl-石墨烯团簇是较为稳定的。进一步对这个团簇进行一次固定晶格参数的结构优化，得到如图 6.11 所示的一种石墨烯上能够稳定存在的晶体结构模型。

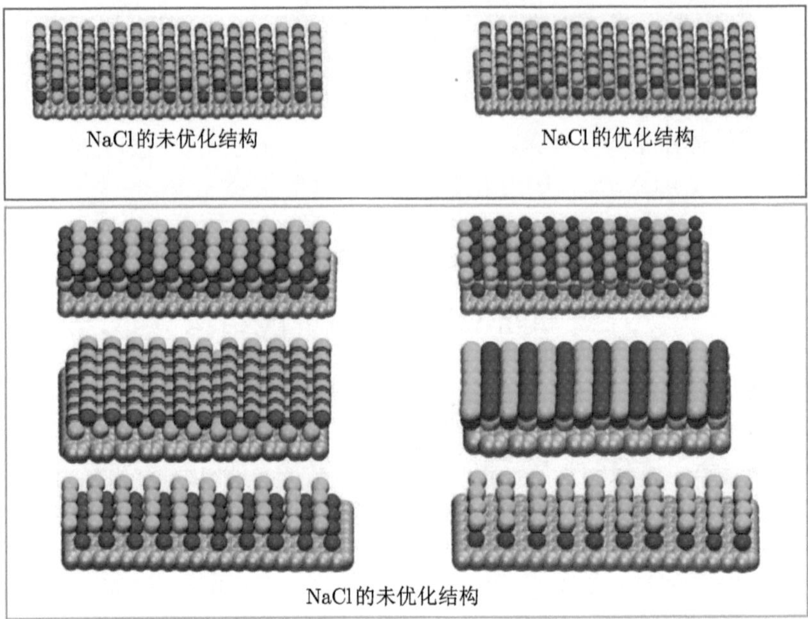

图 6.6　CP2K 检测的部分石墨烯上的 NaCl 晶体团簇结构，其中只有红框内的结构可以通过第一步结构优化

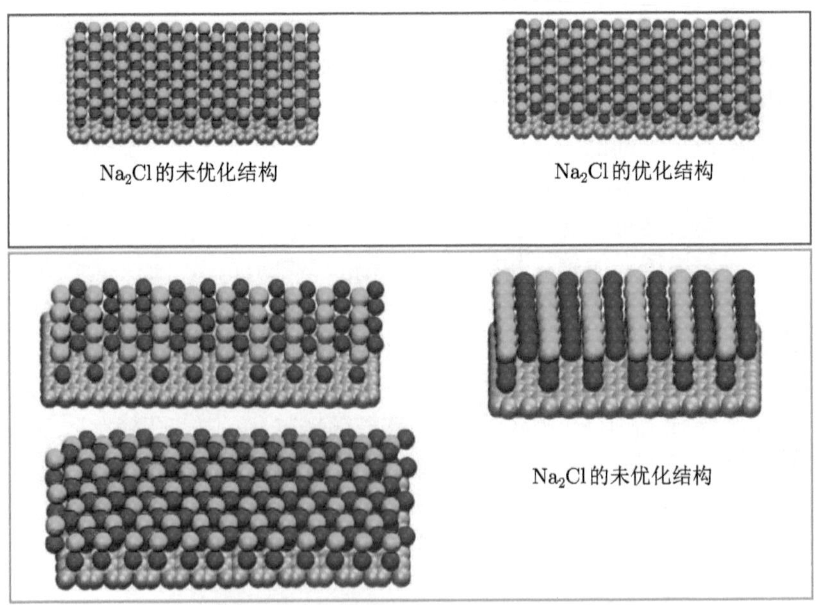

图 6.7　CP2K 检测的一些石墨烯层间的 Na_2Cl 晶体团簇结构，其中只有红框内的结构可以通过第一步结构优化

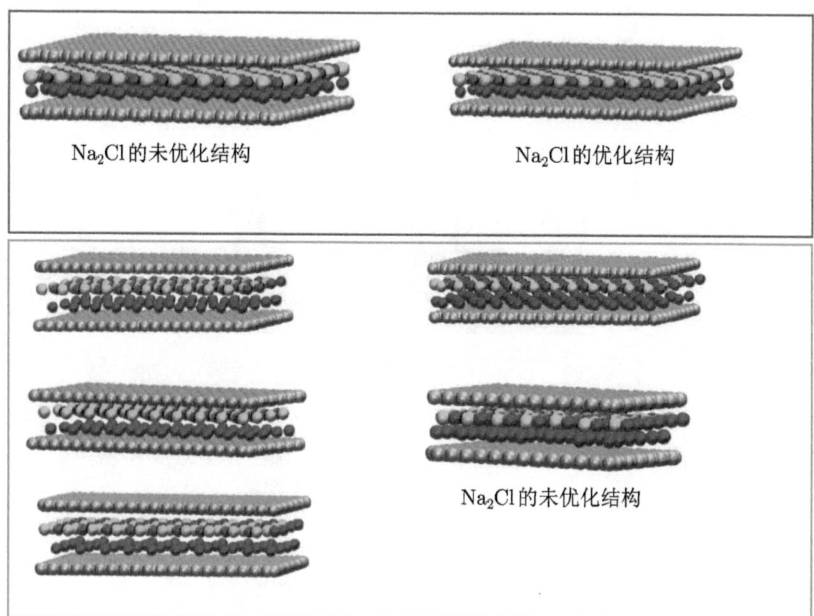

图 6.8 部分 CP2K 检测的一些石墨烯层间的 Na_2Cl 晶体团簇结构，其中只有红框内的结构可以通过第一步结构优化

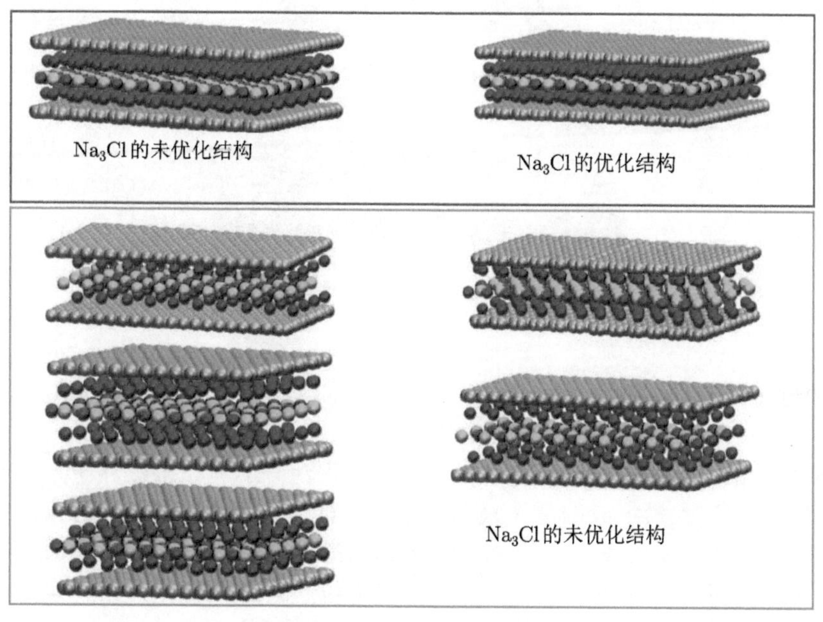

图 6.9 CP2K 检测的一些石墨烯层间的 Na_3Cl 晶体团簇结构，其中只有红框内的结构可以通过第一步结构优化

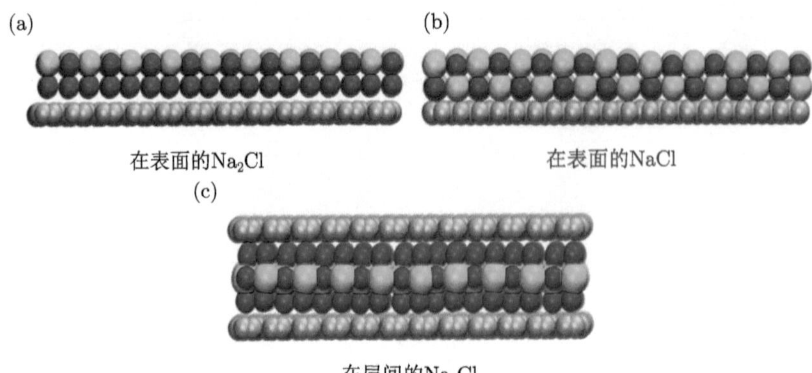

图 6.10 结构优化后得到的在石墨烯上吸附的三种 Na-Cl 团簇可能的晶体结构

(a) Na_2Cl，(b) NaCl 和 (c) Na_3Cl 。青色，蓝色以及绿色的球分别代表 C 原子、Na^+ 和 Cl^-

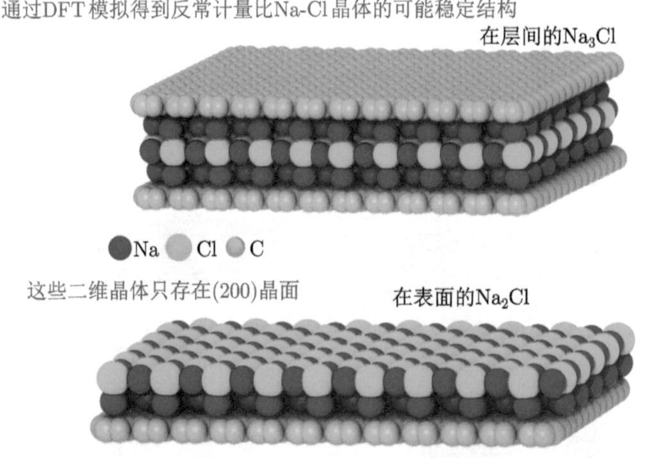

图 6.11 Na_3Cl 与 Na_2Cl 构型的侧视图，这两种反常化学计量比晶体都只存在 (200) 晶面

通过这种方式，得到了若干个 Na-Cl 构型，包括石墨烯上的 NaCl、Na_2Cl 和石墨烯层间的 Na_3Cl。这三种结构的 Na、Cl 元素计量比分别为 1:1、2:1、3:1。理论模拟得到的 Na_2Cl 和 Na_3Cl 结构是特别值得注意的。在自然界中，人们普遍认为由 Na、Cl 元素组成的晶体只有 1:1 这一种化学计量比的存在方式。普通的 NaCl 晶体与此处所发现的对应化学计量比的晶体结构在 a、b、c 晶向上有明显差别，表现为晶胞参数的不同。因此，Na_2Cl 和 Na_3Cl 这两个反常计量比晶体的晶格参数都小于标准 NaCl 晶体的晶格参数 (图 6.12)。

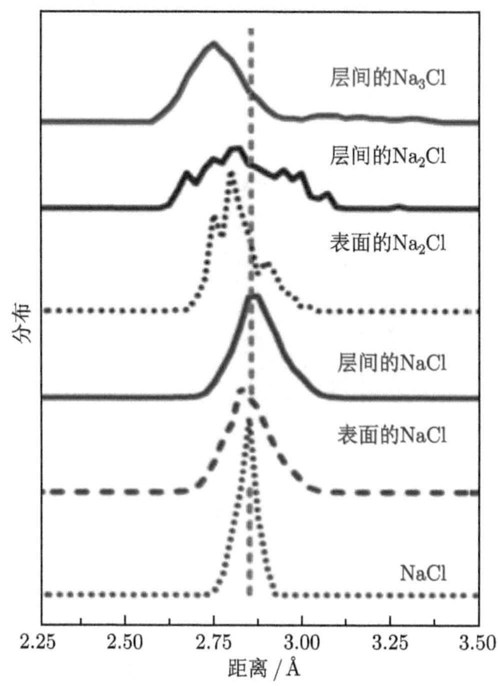

图 6.12 理论计算得到的 Na-Cl 吸附晶体晶格常数，每个峰代表了 Na-Cl 晶体的距离分布

6.5 常温常压下得到的二维晶体的实验验证

6.5.1 XRD 实验

为进一步验证理论模拟中石墨烯受限空间中形成的 Na_2Cl 和 Na_3Cl 这两个反常计量比晶体的晶格参数都小于标准 NaCl 晶体的晶格参数的结果，又分别进行了不同 NaCl 浓度浸泡的 rGO 膜，以及用石墨粉代替 rGO 膜的 XRD 检测。在图 6.13(a) 的红色阴影部分，2θ 在大约 $32°$ 位置均存在一个新的 XRD 峰，该峰位接近标准 NaCl 晶体的 (200) 峰的 2θ 值。从图 6.13(b) 的局部放大图中可以发现，NaCl 低浓度浸泡的 rGO 膜出现的 XRD 峰偏离较大；饱和 NaCl 浓度浸泡的 rGO 膜中出现的 XRD 峰接近标准 NaCl 晶体的 (200) 峰。显然，由于 rGO 膜表面的吸附，在饱和 NaCl 浓度浸泡条件下易形成标准 NaCl 结晶。当用石墨粉代替 rGO 膜浸泡时，虽然石墨粉表明同样存在大量的芳香环结构，但是很难形成 1 nm 或更小的双层石墨烯受限空间。根据 6.4 节中的理论模拟预测，3.0 M 的 NaCl 溶液浸泡的石墨粉表面应只能出现二维的 Na_2Cl 晶体。这两种晶体的晶格参数都比 Na_3Cl 要大。因此，在用石墨粉代替 rGO 膜浸泡的 XRD 实验测试结果中，如图 6.13(b) 所示，其出现的 (200) 峰位偏左移，该结果证实了理论模拟的预测。

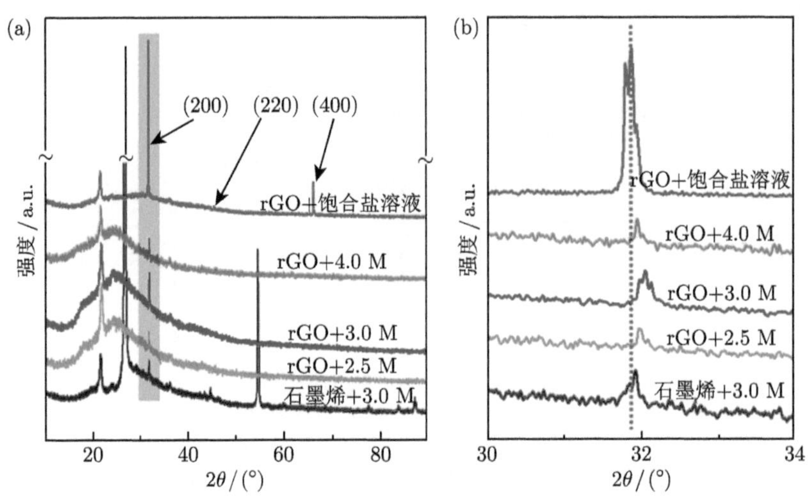

图 6.13 (a) 常温常压下石墨烯基材料在饱和及未饱和溶液中诱导出晶体的 XRD 图；(b) 图是 (a) 的局部横向放大图

6.5.2 TEM 电镜实验确定二维晶体的结构

将浸泡未饱和 NaCl 溶液的 rGO 膜干燥，采用 TEM(透射电镜) 的 EDS 能谱分析所得到的二维晶体内部的元素成分，发现这些晶体主要由 Na 和 Cl 两种元素组成。有趣的是，这两种元素的比例，并不完全是 1:1，其比例范围为 0.6~6.1，具体见表 6.1。也就是说，还原的氧化石墨烯膜诱导出的晶体，Na 和 Cl 的化学计量比不完全是常规的 1:1，而是具有反常化学计量比。Na 和 Cl 比例较为典型的是约 2:1 和约 3:1，这与理论预测在石墨烯基表面的二维晶体主要是 Na_2Cl 以及 Na_3Cl 一致。由于是对浸泡 NaCl 溶液的 rGO 膜进行干燥处理后进行的检测，残留的 NaCl 溶液干燥将形成标准的 NaCl 晶体，因此 EDS 能谱分析中也得到了一定量的 1:1 正常比例。另一方面，这些反常化学比例的晶体具有很好的稳定性，在同一区域重复测量 5 次 EDS 元素分析，均得到了相同的元素含量，如图 6.14 的插图所示。

通过电子衍射图可以观测更为精确的晶格参数 (图 6.15)。为进一步对比，将理论得到的不同的 Na-Cl 晶体的晶格参数进行转换。首先发现了晶面相互垂直的直接实验证据，该数据和理论计算结果相比较，差距很小，可以认为，TEM 证明理论提出的几个反常计量比晶体的晶面参数是存在且可信的。其次，TEM 也观测到了这些析出晶体由部分存在晶格参数较标准 NaCl 晶体发生偏移的现象。选取浸泡过 3.0 M NaCl 溶液并干燥后的 rGO 膜的衍射斑点图样，与理论计算得到的晶体构型中晶格参数推出的衍射斑点进行“比对”发现，理论得到的 Na_3Cl，Na_2Cl

表 6.1 图 6.15 中得到的晶体中 Na 和 Cl 两种元素的含量分布及其相对比例

计数值	Na 元素含量/%	Cl 元素含量/%	Na:Cl
1	1.5	0.6	2.4
2	1.3	0.4	2.9
3	2.5	0.8	3.3
4	2.6	0.7	3.8
5	0.2	0.3	0.8
6	3.0	0.5	6.1
7	0.2	0.3	0.6
8	1.6	0.5	3.4
9	0.5	0.3	1.9
10	0.9	0.4	2.4
11	0.9	0.4	2.2
12	0.5	0.3	1.6
13	0.1	0.3	0.2
14	0.3	0.4	0.8
15	1.4	0.8	1.9
16	0.2	0.4	0.6
17	0.5	0.4	1.2
18	0.7	0.7	1.0
19	1.0	1.0	1.0
20	0.3	0.4	0.6
21	1.2	0.5	2.5
22	0.6	0.5	1.2
23	0.8	0.3	2.2
24	0.3	0.3	1.0
25	0.7	0.5	1.3
26	0.6	0.4	1.7
27	0.5	0.5	1.0
28	1.6	0.8	2.1
29	0.4	0.4	1.1
30	0.8	0.3	2.5
31	1.0	0.6	1.7
32	0.6	0.3	2.0
33	0.5	0.5	1.0

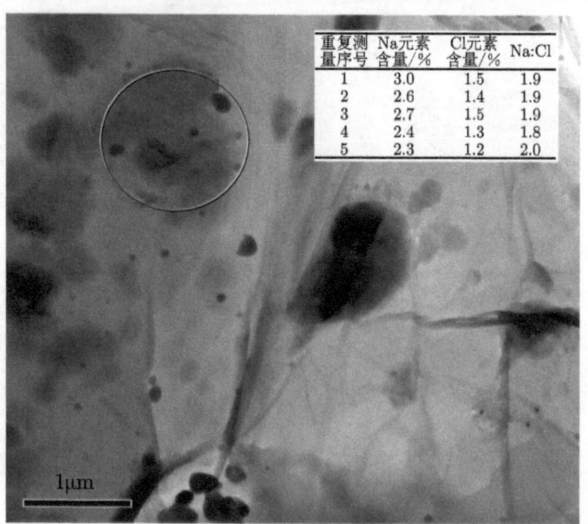

重复测量序号	Na元素含量/%	Cl元素含量/%	Na:Cl
1	3.0	1.5	1.9
2	2.6	1.4	1.9
3	2.7	1.5	1.9
4	2.4	1.3	1.8
5	2.3	1.2	2.0

图 6.14 典型的还原的氧化石墨烯膜诱导晶体的 TEM 图谱

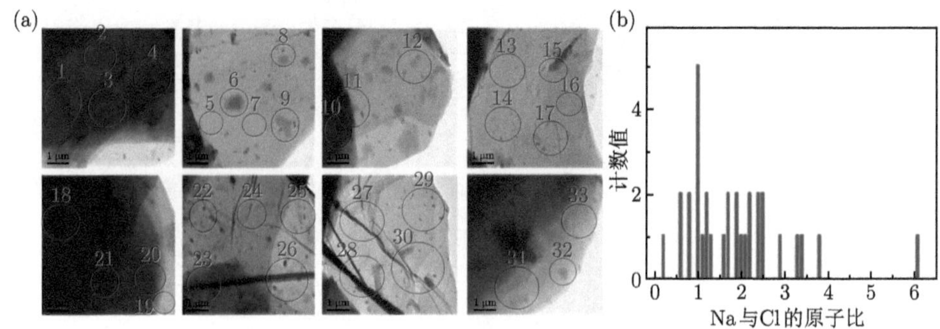

图 6.15　还原的氧化石墨烯 (rGO) 膜的 TEM 图谱

(a) 二维 Na-Cl 晶体形貌；(b) 二维 Na-Cl 晶体中的 Na 与 Cl 相对比例

和 NaCl 与 XRD 实验得到的衍射图样结果是一致的，如图 6.16(a)~(c) 中彩色斑点所示。图中的短线代表理论计算晶格参数的误差。已知理论构型的晶体中，其晶面夹角为 90°，和衍射斑点图符合，而几个构型与 STM 衍射斑点的具体位置有区别，Na_3Cl 的衍射斑点与理论拟合的 Na_3Cl 构型最为接近，但石墨烯层间析出的 NaCl 有微小差距。图 6.16 (d) 为标准三维 NaCl 的反演衍射斑点图与实验测得的 STM 衍射斑点对比图，可以发现二者之间有一定的差距。图 6.16 中，实验所观测到的衍射斑点同标准 NaCl 的衍射斑点进行对比后发现，两图中的衍射斑点较数据库中标准 NaCl 的衍射斑点更为靠外。这些衍射斑点证实了在实验中也确实得到了反常计量比的二维晶体，且这些晶格参数位于理论计算预言的晶格参数范围内，这也证明了理论计算所得到的晶格参数是可信的。

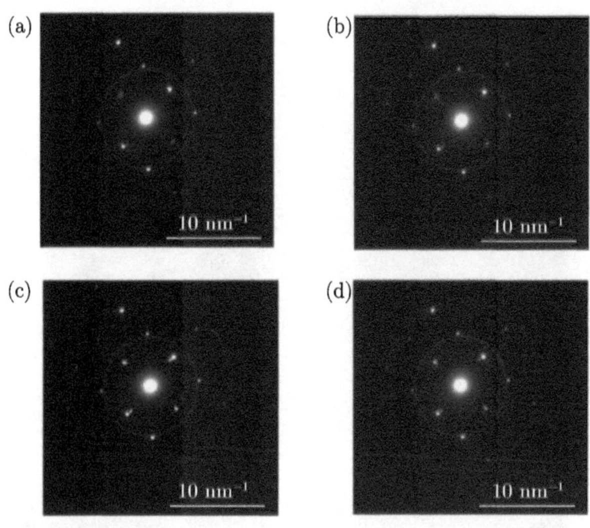

图 6.16　含有 Na-Cl 晶体的 rGO 膜的 TEM 衍射斑点图样

(a) Na_3Cl；(b) Na_2Cl；(c) 二维 NaCl 以及 (d) 三维 NaCl

6.6 反常计量比 Na-Cl 结构的稳定性的理论分析

为了研究石墨烯上形成的反常化学计量比的 Na-Cl 系列模型是否稳定及其吸附机理，借助 Guassian 量化计算软件设计出单个 Na_2Cl 团簇吸附在石墨烯片层上的结构。该石墨烯片层包含 84 个碳原子，边缘的碳原子用氢原子饱和。在模拟中，如果石墨烯片层足够大，则可以将边际效应所产生的误差降低到足够小。通过 Guassian 的结构优化，可以得到这个 Na_2Cl 团簇吸附在石墨烯表面的稳定结构。

该团簇在石墨烯上的吸附能大小为 −44.3 kcal/mol，是普通氢键大小的 6 倍以上，这从侧面说明了 Na_2Cl 团簇在石墨烯上具有较强的吸附作用，该作用足够维持这个团簇在石墨烯上的稳定吸附。同时，通过 Mulliken 电荷分析，可以清楚地了解 Na_2Cl 团簇与其下方石墨烯片层的电荷分布。Na_2Cl 团簇的总电量降低到 $0.66e$，而下面石墨烯片层的带电量为 $0.34e$。如图 6.17 所示，石墨烯片层上的电荷分布和靠近石墨烯的 Na^+ 位置有着直接关系，呈周期性的正负性。为进一步表征 Na_2Cl 团簇与下方石墨烯片层的相互作用来源，对 HOMO/LOMO 轨道进行分析。HOMO/LOMO 轨道是指最高占据态轨道和最低未占据态轨道，这两种轨道都可以展示各原子在该区域的电子轨道分布情况。可以从中得出原子间共用电子，也就是成键状况。不同的颜色代表不同自旋，同一颜色连续部分表明该

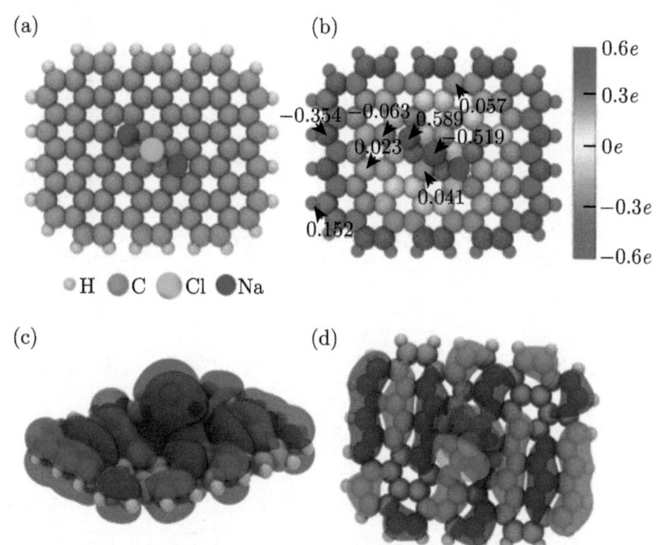

图 6.17 (a) 基于密度泛函理论优化结构后的石墨烯上带 1 价正电荷的 Na_2Cl 团簇；(b) 石墨烯片层上 Na_2Cl 团簇的 Mulliken 电荷分布。石墨烯-Na_2Cl 团簇的占据态轨道 (HOMO-14) 的 (c) 侧视图与 (d) 俯视图

区域有连续的电子云，可能是几个原子共用电子的表现。此外，分子有多少个能级，就有多少个 MO 轨道，石墨烯因为其碳原子所处环境相同，所以具有很高的简并度。HOMO 轨道分析结果显示，石墨烯片层上的离域电子填充了 Na_2Cl 团簇中 Na^+ 的部分空轨道，这些数据表明了这一 Na_2Cl 团簇在石墨烯片层上具有稳定性。

利用 CP2K 软件对石墨烯上的 Na_2Cl 、Na_3Cl 晶体进行分析，发现 Na_2Cl 晶体和 Na_3Cl 晶体与其下方的石墨烯表面发生了明确的电荷转移。通过 Mulliken 电荷分析法 (图 6.18) 发现 Na_2Cl 下方，与 Na_3Cl 两侧的石墨烯层上都带有电荷，且电荷总数不为 0。这些总电量不为 0 的电荷是从 Na_2Cl、Na_3Cl 晶体转移到石墨烯上的，并且这些电荷的分布具有一定的规律性。具体表现在电荷与附近离子的电荷相反，几个电荷一组，呈一定的六边形分布，具有明显受外界影响的特征。而另一方面，无论是 Na_2Cl 还是 Na_3Cl，这两种 Na-Cl 晶体的 Na 和 Cl 两种元素都因为部分电荷转移使其在反常计量比晶体中的离子带电量都低于其在常规的 NaCl 晶体中。特别是靠近石墨烯的第一层 Na，随着电荷的转移，Na 上的正电荷被部分转移到了石墨烯上，使得 Na^+ 上所带正电荷减少。Na_2Cl 上靠近石墨烯部分的 Na^+，其带电量为 $0.13e$ 而 Na_3Cl 靠近石墨烯的第一层 Na，其带电量为 $0.08e$，均小于离石墨烯较远的 Na^+ 所带电荷数目。考虑到 Na_2Cl、Na_3Cl 结构靠近石墨烯的第一层离子均由 Na 组成，随着第一层 Na 上带电量的减少，相邻 Na 之间的静电排斥作用显著降低了，从而大大增强了这些反常计量比的 Na-Cl 晶体 (Na_2Cl、Na_3Cl) 的稳定性。

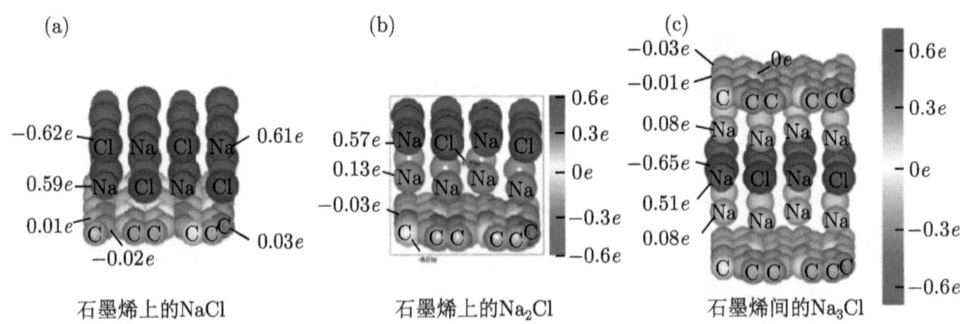

图 6.18　石墨烯上 (a)NaCl、(b)Na_2Cl 以及 (c) 石墨烯之间的 Na_3Cl 团簇的 Mulliken 电荷分布图

红色和蓝色根据深度的不同，代表从 $-0.6e$ 到 $0.6e$ 的电荷量

通过分析最高占据态轨道，得到反常计量比 Na-Cl 晶体结构具有很好稳定性的明确证据如图 6.18(a) 所示。其最高占据态轨道，即 HOMO 轨道。HOMO 轨道图中红蓝两色分别代表自旋方向不同的两种自旋。从石墨烯上电子的离域情况可以看出石墨烯上电子并非固定在碳原子上，而是类似于金属自由电子。如图 6.18(b) 和 (c) 所示，石墨烯上的离域电子，有部分转移到了靠近石墨烯的反常

计量比 NaCl 晶体中 Na^+ 的空轨道上，这一转移和之前的 Mulliken 电荷转移相对应。更为重要的是，这一电子云密度分布，给出了离子-π 作用对于晶体吸附的直接证据，表现出 Na 和石墨烯之间有较强的相互作用。同时也说明该作用是由电荷转移引发的。通过分析 HOMO 轨道图 6.19 可知，由于石墨烯上的电子转移，石墨烯附近第一层的 Na^+ 的电子云分布被改变。注意到石墨烯上的离域电子，部分转移到了 Na^+ 的空轨道上，即 Na^+ 和石墨烯上的离域电子是有着相互作用的。

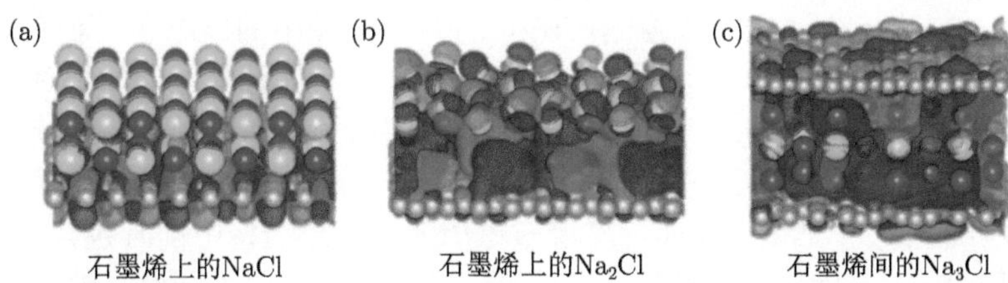

图 6.19 部分石墨烯上 NaCl(a), Na_2Cl (b), Na_3Cl (c) 的最高占据态轨道 (HOMO) 图

电子密度图根据 ± 0.02 a.u. 的 ISO 值画出，红色和蓝色区域分别代表相反的两个自旋轨道

基于 CP2K 的结构优化功能，在水分子影响下对石墨烯上 Na_2Cl 的稳定性进行了测试。图 6.20 构建了石墨烯上的 Na_2Cl 以及分别包含 1、2、3、4 个水分子的构型。经过结构优化，4 个体系中的 Na_2Cl 均保持原来的结构，在水分子的影响下没有发生形变，说明 Na_2Cl 晶体能够稳定存在于水环境下。

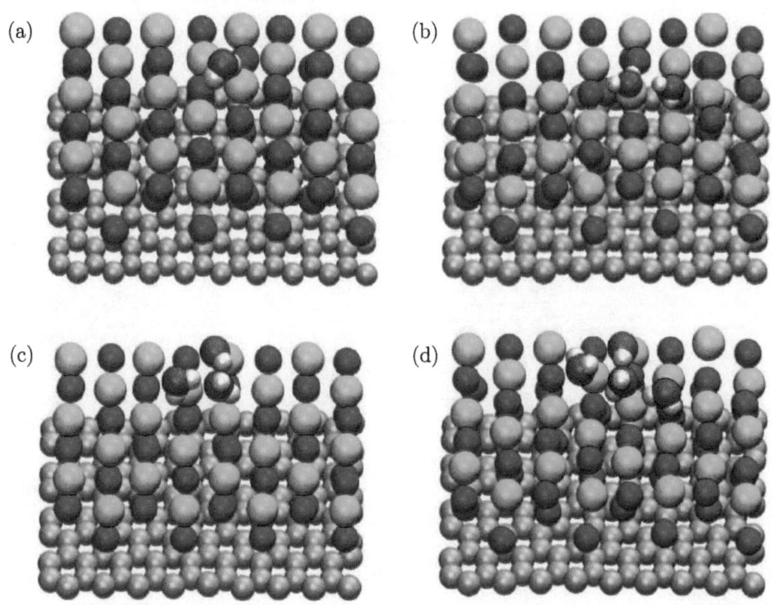

图 6.20 在石墨烯上的 Na_2Cl 晶体与不同数量 $(1 \sim 4)$ 的水分子结构优化后的结构图

6.7 不同化学计量比的 Na-Cl 晶体的性能

前面已经提到，石墨烯是一种由碳原子组成且由 sp^2 杂化轨道结构连接的二维材料。而 NaCl 晶体吸附在石墨烯上的过程伴随着电荷转移和电荷的重新分布。为了研究带电后石墨烯的结构变化，统计了之前利用 CP2K 得到的石墨烯与 NaCl、Na_2Cl、Na_3Cl 晶体。伴随着电荷转移，石墨烯上 C 原子在带电后，出现一定规律的 z 方向起伏，如图 6.21 中 (b)~(d) 所示，图中的碳原子，紫色和青色分别代表该原子低于和高于石墨烯上原本的平衡位置。在上方 Na-Cl 晶体的 Na 附近，碳原子往往更靠近 Na。相反，在 Cl 附近碳原子趋向于远离。这使得石墨烯上平均高度的标准差 δ 的顺序为 $Na_3Cl < Na_2Cl <$NaCl。这个结果和靠近石墨烯的第一层结构有关，NaCl 晶体在靠近石墨烯的第一层结构中同时包含 Na 和 Cl。在正负两种电荷影响下，石墨烯上电荷重新分配的差异更大，而其他两种反常计量比晶体在靠近石墨烯的第一层都只有带正电的 Na 粒子，使得石墨烯上电荷重新分布的差异要小于NaCl影响下的石墨烯。此外，Na_2Cl 上靠近石墨烯的 Na^+ 所带电荷较多，导致了电荷重新分布，差异也较大，使得 Na_2Cl 的起伏比 Na_3Cl 大。

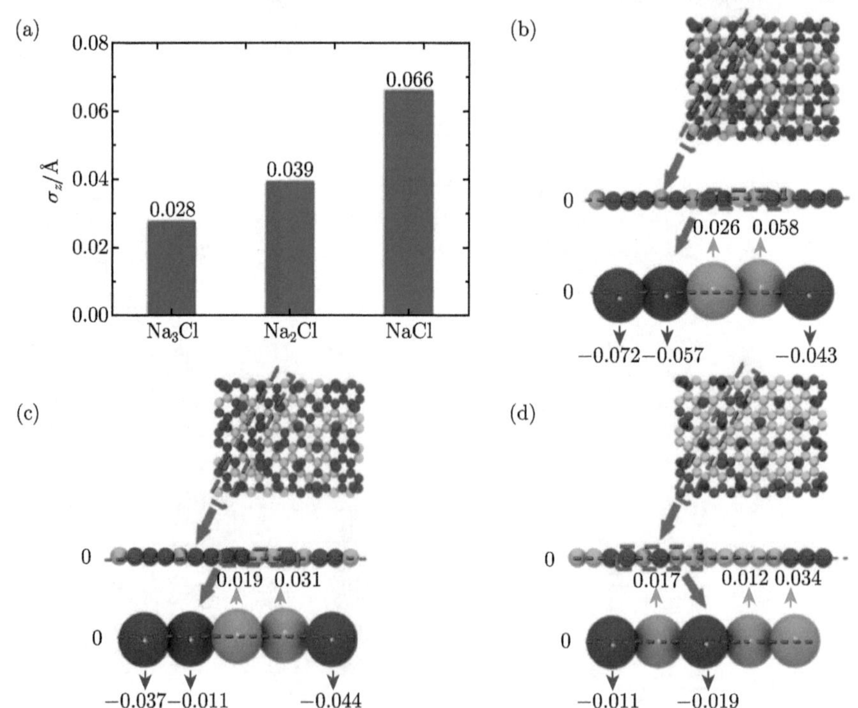

图 6.21 (a) 石墨烯在 Na-Cl 晶体团簇的影响下，碳原子在 z 方向上的标准差分布情况；(b) NaCl, (c) Na_2Cl, (d) Na_3Cl 不同晶体影响下石墨烯的起伏状况示意图

图中数值单位均为 Å

除了结构的起伏，带电的石墨烯也会影响石墨烯的其他性质。石墨烯是一种被寄予厚望的二维材料，其中就包括了特殊的电磁特性。石墨烯是一种介于导体与半导体之间的物理材料。能带计算表明，石墨烯的导带与价带刚好交于第一布里渊区，并且存在六个接触点 (狄拉克点)。因此，石墨烯通常被认为在 z 方向上有几个点状接触。利用 Dmol3 软件计算了将结构优化后得到的带 NaCl 晶体的石墨烯的能带，结果如图 6.22 所示。在 NaCl，Na_2Cl，Na_3Cl 晶体的影响下，系统团簇的 LUMO/HOMO 轨道能量按 NaCl > Na_2Cl > Na_3Cl 的顺序变化。此外，石墨烯的导带与价带之间出现了带隙，这可能会极大地改变石墨烯的电磁学性能。而且，三种 Na-Cl 晶体的带隙呈现 NaCl< Na_2Cl <Na_3Cl 的变化规律，具体数值分别为 1.02 eV、1.45 eV、2.47 eV。

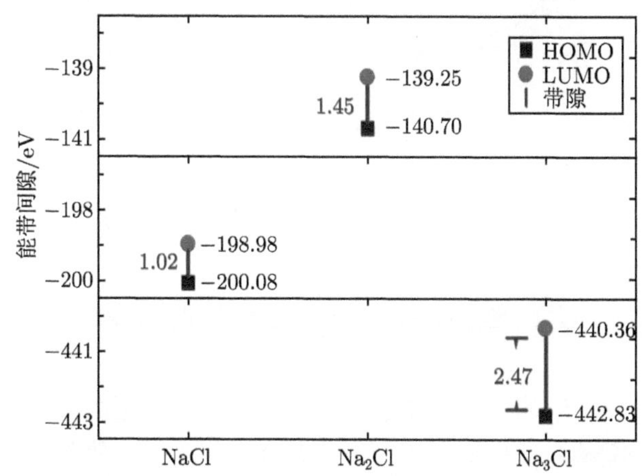

图 6.22 石墨烯 NaCl，Na_2Cl，Na_3Cl 晶体的能带间隙示意图

6.8 常温常压与超高压下得到的反常计量比晶体的结构对比

如图 6.23 所示，将超高压得到的 Na_3Cl 和常温常压下获得的 NaCl 溶液中析出的 Na_3Cl 的结构进行对比并发现，超高压下得到的 Na_2Cl 比常压下得到的晶体结构更为致密，两种反常计量比晶体的 Na-Cl-Na 角分别为 37° 和 90°。结构的不同会影响物理性质，比如每个原子的带电情况。进一步用 Mulliken 电荷密度分布分析了该团簇的电荷转移情况，具体的电荷分布如图 6.23 (c) 和 (d) 所示。在高压条件下生成的 Na_3Cl 其 Na 原子上的电量为 $0.284e$ 和 $-0.170e$，Cl 原子的电量为 $-0.399e$。而常压下得到的 Na_3Cl，其 Na 原子的电量为 $0.08e$ 与 $0.51e$，而 Cl 原子上的电量为 $-0.65e$。这说明在石墨烯层间的 Na_3Cl 其电荷分布与高温高压下的 Na_3Cl 不同，Cl 原子带电量更大，且 Na 原子上都是正电荷。

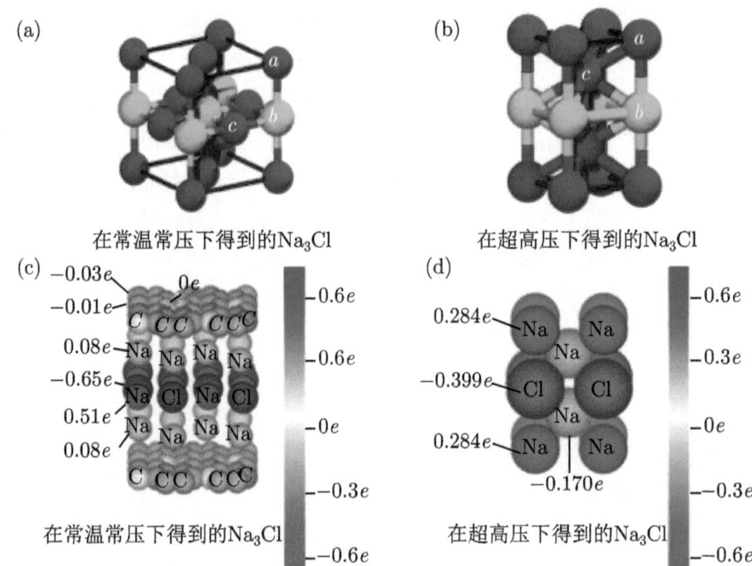

图 6.23 常温常压下石墨烯表面吸附的 Na_3Cl 晶体结构 (a) 与超高压下得到的 Na_3Cl 结构 (b) 对比；常温常压下石墨烯内 Na_3Cl (c) 与超高压下 Na_3Cl 晶体[17] (d) 的 Mulliken 电荷分布对比

6.9 常温常压下其他二维反常计量比材料

前期的研究已经表明，不同离子与碳基材料都有较强的离子-π 作用，因此可以预期使用石墨烯基材料在常温常压下会诱导出更多的二维反常计量比材料。

使用同样的方法，将还原氧化石墨烯膜置于不饱和的 KCl 溶液中，也出现了对应的特征峰 (图 6.24)。这说明适用碳基材料在不饱和溶液中诱导具有反常计量

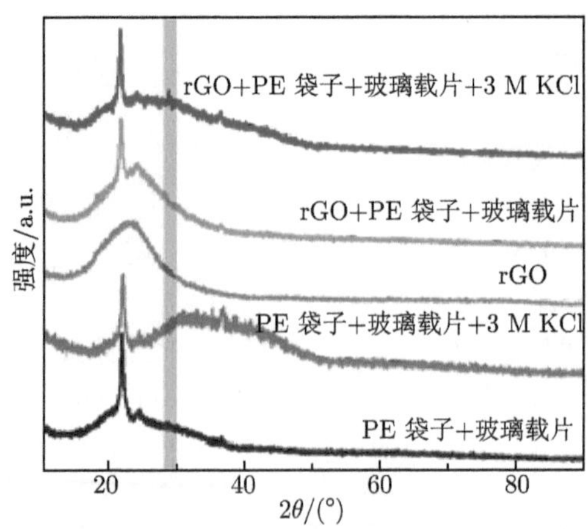

图 6.24 还原的氧化石墨烯膜在未饱和溶液中诱导的 K-Cl 结晶的 XRD 图谱

比的二维晶体这种方法是具有普遍性的。

6.10 本 章 小 结

本章的理论研究与实验观测都证实了石墨烯膜能够促成二维反常化学计量比 Na-Cl 晶体的生成。这种包含石墨烯以及反常计量比晶体的结构，具有其他二维材料所不具备的结构，并具有特殊的电子结构，因而会表现出特殊的电磁光学性质。这为物理、材料等领域的基础和应用研究打开了一个全新的领域。

通过能带分析可以得到结论，碱金属盐–石墨烯夹层化合物体系的电学性质和其 z 方向尺寸有很大的关系。在外力的影响下，其电磁性质可能会发生改变。石墨烯的二维结构非常稳定，但垂直于石墨烯平面方向的力可以有效地改变石墨烯的电势，使得石墨烯膜成为压电材料领域的新晋热门话题[17−19]。值得注意的是，石墨烯同其他材料复合形成的二维结构往往具有更好的压电性能[20−22]。不同于其他二维石墨烯夹杂结构生成的复杂条件，碱金属盐–石墨烯夹层化合物体系生成方式较为简单，这给出了石墨烯类压电材料新的发展方向。

由于反常计量比 Na-Cl 晶体对于石墨烯的影响，石墨烯的电磁性质势必发生改变。最近报道的通过改变两层石墨烯膜层之间的夹角可以形成超导现象[23]。碱金属盐–石墨烯夹层化合物体系在很早以前就已经被理论预言了存在超导性能的潜力[24,25]。Na_2Cl-石墨烯或者 Na_3Cl-石墨烯结构或许也存在超导的可能。

至今仍难以找到一种具有合适储氢质量比且能大规模工业化生产的材料[26,27]。昂贵的贵金属虽然具有很好的储氢体积比以及优秀的储放循环性，但价格过于昂贵且存在储氢质量比较低的问题[28,29]。石墨烯等碳基纳米材料被发现后，立刻因其所具有的优异的比表面积和稳定的化学性质，而被视为一种潜在的储氢材料[30,31]。通过在石墨烯层间掺杂金属，可以有效解决石墨烯本身和氢原子相互作用不强的问题，但掺杂过程往往十分复杂[32,33]。Mulliken 电荷密度的分析发现，Na_3Cl-石墨烯结构靠近石墨烯层的 Na^+，其本身电荷含量很低，仅为 $+0.08\ e$，可能和氢原子相互作用的能力较好。因此本章所介绍的方法制备出的碱金属盐-石墨烯夹层化合物，可能会有效解决将金属掺杂进石墨烯之间的难题。

该研究被 *Nature Chemistry*《自然 · 化学》的 *News & Views*《新闻与视野》栏目以 *2D materials worth their salt*《盐的二维材料》为题进行了报道。他们认为：这个工作开启了表面/界面研究的新方向，这种新发现的晶体具有全新的电学、磁学、光学等特殊性质，展现了很强的应用潜力，并且这种生成反常化学计量比晶体，即“反晶”的方法，可广泛应用于生成由其他元素构成的反晶中，从而获得各种新材料[34]。

参考文献

[1] Dong X, Oganov A R, Goncharov A F, et al. A stable compound of helium and sodium at high pressure. Nature Chemistry, 2017, 9(5): 440-445.

[2] Yuyama K I, George J, Thomas K G. Two-dimensional growth rate control of l-phenylalanine crystal by laser trapping in unsaturated aqueous solution. Crystal Growth & Design, 2016, 16(2): 953-960.

[3] Yuyama K I, Rungsimanon T, Sugiyama T. Selective fabrication of α-and γ-polymorphs of glycine by intense polarized continuous wave laser beams. Crystal Growth & Design, 2012, 12(5): 2427-2434.

[4] Niinomi H, Sugiyama T, Tagawa M, et al. Plasmonic heating-assisted laser-induced crystallization from a $NaClO_3$ unsaturated mother solution. Crystal Growth & Design, 2016, 17(2): 809-818.

[5] Zhang L, Wang Y C, Lv J, et al. Materials discovery at high pressures. Nature Reviews Materials, 2017, 2(4): 17005.

[6] Murdaugh A E, Liddelow M, Schmidt A M, et al. Two-dimensional crystal growth from undersaturated solutions. Langmuir, 2007, 23(11): 5852-5856.

[7] Zhang W W, Oganov A R, Goncharov A F, Zhu Q, Boulfelfel S E, Lyakhov A O, Stavrou E, Somayazulu M, Prakapenka V B, Konôpková Z. Unexpected stable stoichiometries of sodium chlorides. Science, 2013, 342(6165): 1502-1505.

[8] LeeD K, Kim S, Oh S, Choi J Y, Lee J L, Yu H K. Water-soluble epitaxial NaCl thin film for fabrication of flexible devices. Scientific Reports. 2017, 7: 8716.

[9] Shi G, Dang Y, Pan T, Liu X, Liu H, Li S, Zhang L, Zhao H, Li S, Han J, Tai R, Zhu Y, Li J, Ji Q, Mole R A, Yu D, Fang H. Unexpectedly enhanced solubility of aromatic amino acids and peptides in an aqueous solution of divalent transition-metal cations. Physical Review Letters, 2016, 117(23): 238102.

[10] Yorita H, Otomo K, Hiramatsu H, Toyama A, Miura T, Takeuchi H. Fast mass transport through Sub-2-80 nanometer carbon nanotubes. Journal of American Chemical Society, 2008, 130(46): 15266-15267.

[11] Zielkiewicz J. Structural properties of water: comparison of the SPC, SPCE, TIP4P, and TIP5P models of water. Journal of Chemical Physics, 2005, 123(10): 104501.

[12] Jo S, Kim T, Iyer V, et al. CHARMM-GUI: a web-based graphical user interface for CHARMM. Journal of Computational Chemistry, 2008, 29(11): 1859-1865.

[13] Shi G S, Wang Z G, Zhao J J, et al. Adsorption of sodium ions and hydrated sodium ions on a hydrophobic graphite surface via cation-π interactions. Chinese Physics B, 2011, 20(6): 068101.

[14] Liu J, Shi G, Guo P, et al. Blockage of water flow in carbon nanotubes by ions due to interactions between cations and aromatic rings. Physical Review Letters, 2015, 115(16): 164502.

[15] Shi G S, Yang J R, Ding Y H, et al. Orbital effect-induced anomalous anion-π interactions between electron-rich aromatic hydrocarbons and fluoride. ChemPhysChem, 2014, 15(12):

2588-2594.

[16] Kumpf R A, Dougherty D A. A mechanism for ion selectivity in potassium channels: computational studies of cation-π interactions. Science, 1993, 261(5129): 1708-1710.

[17] Neto A C, Guinea F, Peres N M, et al. The electronic properties of graphene. Reviews of Modern Physics, 2009, 81(1): 109.

[18] Chandratre S, Sharma P. Coaxing graphene to be piezoelectric. Applied Physics Letters, 2012, 100(2): 023114.

[19] Xu K, Wang K, Zhao W, Wang T. The positive piezoconductive effect in graphene. Nature Communications, 2015, 6(1): 8119.

[20] Xue J, Wu L, Hu N. Evaluation of piezoelectric property of reduced graphene oxide(rGO)-poly (vinylidene fluoride) nanocomposites. Nanoscale, 2012, 4(22): 7250-7255.

[21] Elachaby M, Arrakhiz F, Vaudreuil S. Piezoelectric β-polymorph formation and properties enhancement in graphene oxide–PVDF nanocomposite films. Applied Surface Science, 2012, 258(19): 7668-7677.

[22] Lian Y, He F, Wang H. A new aptamer/graphene interdigitated gold electrode piezoelectric sensor for rapid and specific detection of staphylococcus aureus. Biosensors and Bioelectronics, 2015, 65: 314-319.

[23] Cao Y, Fatemi V, Fang S, Fan Y. Unconventional superconductivity in magic-angle graphene superlattices. Nature, 2018, 556(7699): 43-50.

[24] Chapman J, Su Y, Howard C, et al. Superconductivity in Ca-doped graphene laminates. Scientific Reports, 2016, 6(1): 23254.

[25] Yang S L, Sobota J, Howard C, et al. Superconducting graphene sheets in CaC_6 enabled by phonon-mediated interband interactions. Nature Communications, 2014, 5: 3493.

[26] Schlapbach L, Zuttel A. Hydrogen-storage materials for mobile applications. Nature, 2001, 414(6861): 353-358.

[27] Sakintuna B, Lamari D F, Hirscher I M. Metal hydride materials for solid hydrogen storage: a review. International Journal of Hydrogen Energy, 2007, 32(9): 1121-1140.

[28] Zuttel A. Materials for hydrogen storage. Materials Today, 2003, 6(9): 24-33.

[29] Rpwssll J L, Yaghi O M. Strategies for hydrogen storage in metal–organic frameworks. Angewandte Chemie International Edition, 2005, 44(30): 4670-4679.

[30] Pumera M. Graphene-based nanomaterials for energy storage. Energy & Environmental Science, 2011, 4(3): 668-674.

[31] Ataca C, Akturk E, Ciraci S, et al. High-capacity hydrogen storage by metallized graphene. Applied Physics Letters, 2008, 93(4): 043123.

[32] Reunchan P, Jhi S H. Metal-dispersed porous graphene for hydrogen storage. Applied Physics Letters, 2011, 98(9): 093103.

[33] Cho E S, Ruminski A M, Aloni S. Graphene oxide/metal nanocrystal multilaminates as the atomic limit for safe and selective hydrogen storage. Nature Communications, 2016, 7: 10804.

[34] Oganov, A R. 2D materials worth their salt. Nature Chemistry, 2018, 10(7): 694-695.

第 7 章　水合阳离子-π 作用诱导的分子尺度亲水性

7.1 引　　言

研究固体/液体界面上水的性质是理解自然界中许多物理化学过程的基础，包括表面上分子的铺展行为[1−4]、吸附/黏附行为[5−10]、电化学反应的效率[11,12]、双亲分子自组装[13−17] 以及生物大分子的动力学行为[18,19] 等。界面与水相互作用的强弱与许多物理现象息息相关，比如浸润和抗浸润[2,20−23]、蛋白质的折叠和结构形成[24−27]、药物和分子的输运[28,29]、水的提纯和淡化[30,31]、分子识别[32] 以及水溶液中纳米颗粒的组装和自组装[33,34]。通常情况下，水在固体表面的宏观行为反映了固体材料表面的浸润性质 (例如，液滴在表面的接触角反映了固体材料表面的亲疏水性)，因而人们常常用界面上水的宏观行为来分析固体表面和水的相互作用以及界面处的动力学性质。

一般来说，只有非常亲水的表面才能形成水层。近年来的研究发现固体表面还存在分子尺度的水层。例如，胡钧等通过实验和理论在云母表面[2,20−22]观测到了常温下分子尺度层厚的类冰水薄膜，Baram 等发现金–蓝宝石界面层间[35]形成了纳米尺度厚的水膜，最近王恩哥课题组首次通过实验在 Au(111) 表面看到双层冰结构[36]。而在疏水碳基材料 (比如石墨烯和石墨) 表面，需要在极端的低温条件下才能观察到吸附水薄膜[21]。

许多纳米尺度和宏观尺度材料具有碳基表面[37−44]。大部分碳基材料 (如石墨、石墨烯[37,38]、碳纳米管[39,40]、富勒烯[41]、生物碳[42,43]和活性炭[44]) 的表面是由许多芳香环 (也就是富含 π 电子的六边形碳环) 构成的。另外，富含芳香环的石墨表面也广泛存在于生物和有机分子[45]、土壤中的腐殖质[46]和大气污染物中的多环芳烃[47]中。在人们的普遍认知中，大部分富含芳香环的石墨表面都是疏水的，而且它们的浸润性质与石墨类似。然而，最近人们在这些石墨表面观测到了一些只能发生在亲水表面的现象[48−50]，比如生物炭显著提高了疏水性沙土的保水能力[42,43]；石墨烯和石墨材料表面的浸润性质和电荷特征受沉积基底和空气中吸附的污染物的影响较大[50,51]。这些现象暗示着石墨表面的浸润性质应该很复杂。

石墨和周围环境 (特别是水环境和离子环境) 交界处的界面性质决定了纳米石墨材料的性质和应用方向[52−55]。尽管芳香环和水之间的作用较弱，但是它们和水合阳离子之间的作用 (也就是水合阳离子-π 作用) 比较强[56]。因此，芳香环附近的水行为受周围阳离子的影响很大[57,58]，进而稳定在石墨表面，形成液层。

近期，室温条件下，石国升等在典型的疏水性碳基表面即石墨表面上直接观测到了分子尺度的饼状盐溶液薄膜[59]。在前人的工作中，虽然人们在亲水的云母表面上观察到了分子尺度层厚的液体薄膜[20,21]，但是石墨表面 (包括石墨烯) 吸附水薄膜的现象只能在低于 150 K 的条件下才能观测到[21]。需要说明的是，尽管疏水的石墨表面在分子尺度上展现出意料之外的亲水性，但是宏观尺度下盐溶液仍然以液滴的形态吸附在表面上。水合阳离子-π 作用、分子尺度与宏观尺度下石墨表面性质的不同和 Na^+ 分布情况的不同，共同导致了分子尺度下 (亲水性) 和宏观尺度下 (疏水性) 石墨表面具有看似矛盾的浸润性质。鉴于芳香环是饼状薄膜产生的关键因素，而芳香环通常存在于生物分子中，这一发现可能会澄清生物分子之间的真实相互作用，有助于理解和控制碳基材料的功能特性，从而更好地将碳基材料应用于药物输运、将碳纳米管用于水净化、将石墨烯孔隙用于离子过滤、将石墨烯/石墨用于氢气储存以及碳基纳米材料的其他应用方面。另外，这样的饼状盐溶液薄膜表现出很强的正电性，该发现将为发展分子尺度的电转换理论和分子结构的发电装置发展提供新的思路。

7.2 宏观尺度下固体表面的亲疏水性质

当水滴接触到固体表面时会发生浸润现象[60−62]，即水将完全平铺开来或者形成一个与固体表面有一定接触角的液滴，如图 7.1 所示。此时，有三个不同的相存在，而且存在三种表面张力：固相–液相、液相–气相和固相–气相。接触角的大小依赖于气、液、固三相的表面张力的相对大小，Young 方程[63] 给出了液滴和表面的平衡接触角 θ_{eq} 与三种表面张力之间的关系：

$$\gamma_{SV} = \gamma_{SL} + \gamma_{LV}\cos\theta_{eq} \tag{7.1}$$

其中，γ 代表表面张力或者表面自由能，γ_{SV}、γ_{SL}、γ_{LV} 分别代表固相–气相、固相–液相、液相–气相界面的表面张力，接触角 θ 从 0° 到 180° 变化。以接触角的大小作为评判标准，水对固体表面的浸润性可以简单地分为超亲水性 ($\theta = 0°$)、亲水性 ($0° < \theta < 90°$)、疏水性 ($90° < \theta < 150°$) 和超疏水性 ($150° < \theta < 180°$)。

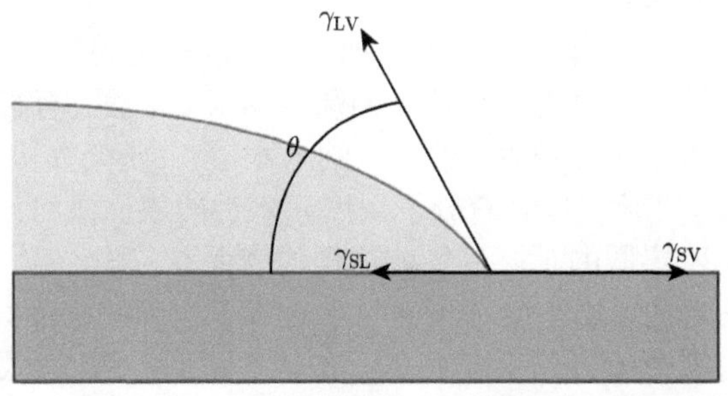

图 7.1 Young 方程可以被解释为三相交界线处表面张力的平衡

表面张力是平均到单位面积的自由能，相当于三相交界处作用到每个单位长度上的力[2]

浸润现象在许多工业过程中发挥着重要的作用，如油回收、润滑、液体涂层、印刷、喷雾淬火等[64−66]。具有不同浸润性质的材料具有不同的应用：超疏水材料是防粘、防污染、自清洁、纳米流体和电湿润技术的关键[67−71]，超亲水材料可以作为加热管中的排热材料来加强沸腾传热[72,73]。一般来说，固体表面的浸润性质主要由自身的化学成分和几何结构 (或表面粗糙度) 决定。前者通过离子处理或者硅烷化等手段来改变材料表面的化学性质，从而改变其与液体、蒸汽或其他固体的接触能[74]。由于这些 "化学" 相互作用体现在分子尺度上，人们通常把它们称为短程相互作用。后者通过硅柱微加工、碳纳米管排列等方法改变表面粗糙度[75−77]，从而改变表面力 (如范德瓦耳斯力或静电力)。

7.3 微观尺度下固体表面的亲疏水性质

固体表面的微观结构对表面浸润影响很大，在一些存在微纳结构的表面上，人们发现经典的 Young 方程可能已经无法适用。20 世纪三四十年代，Wenzel[78]、Cassie 和 Baxter[79] 提出了两种可能的在粗糙表面的浸润状态及其描述方程，前者是液滴完全浸润粗糙表面 (液滴与表面之间无空气成分)，后者是液滴与粗糙表面间仍有空气存在。但值得注意的是，近年来关于 Wenzel 态和 Cassie 态两个方程的争论却越来越多，争论的焦点在于如何应用 Wenzel 方程和 Cassie 方程[80−83]，以及表面粗糙结构对两态的影响，尤其是对两态转变的影响。同时对于微观液滴，线张力的影响也不可忽略。线张力是液滴在固体表面上时，固–液–气三相接触线上的过剩自由能所引起的。对与理想固体表面相接触的静态液滴，引入接触线上的线张力，目的是解决实际测量的接触角与理论值之间的矛盾，从而引入对宏观尺度下 Young 方程所预言的接触角的修正。后续理论工作发现，线张力的数值可正可负[84,85]。实验方面，江雷领导的课题组以仿生设计思想为指导，通过向自然学习，研究多种存在微纳结构的生物体表面的特殊浸润性，提出了 "纳米界面材料的二元协同效应"，揭示了生物体表面超疏水性的形成机理，为相关仿生界面及智能材料的设计制备提供了依据[86−88]。此后，国际上也开展了大量的通过微纳结构的修饰来制备超疏水材料的工作[89−91]。

通常人们都用水在固体界面上的宏观行为 (接触角等) 来描述固体界面的亲疏水性质，但最近的研究发现宏观表现为疏水的很多表面 (有很清楚的水滴存在) 在分子尺度表现出很亲水的特性 (表面有纳米水层)，研究人员由此提出了 "分子尺度亲水性" 的概念[59,92−95]。具有分子尺度亲水性的表面既可以存在宏观的水滴，也可以存在分子尺度层厚的水层。目前这样的表面有三类：第一类是传统的具有芳香环的疏水碳基表面，由于碳基表面与水合离子之间的强非共价键作用[59]，分子厚度的带电盐溶液薄膜可以稳定存在于碳基表面上；第二类是表面上亲水基团或者电荷的排列导致表面上的第一层水结构有序，该水层不完全浸润水，即常温下水滴可以稳定在水层上[92−94,96]；第三类是常温下水分子嵌入由羧酸为终端的烷链自组装而成的二维仿生膜表面，与表面的羧酸形成完整稳定的复合结构，这种结构增强了仿生膜的稳定性并使原本的超亲水表面展现出显著的疏水特性[95]。

7.4 水合阳离子-π 作用在疏水表面诱导的分子尺度亲水性

分子动力学模拟发现，宏观尺度下盐溶液在石墨表面以液滴的形态存在，而在分子尺度下以薄膜的形态存在，也就是说宏观尺度下盐溶液在石墨表面表现出疏水性而分子尺度下表现出亲水性。实验方面，常温常压下利用原子力显微镜直接观测到：在疏水的石墨表面上，形成了具有几个分子厚度的饼状盐溶液薄膜。在前人的实验工作中，人们在亲水的云母表面观测到了分子尺寸厚度的液态薄膜[20,21]，但是石墨表面吸附水膜的现象仅发生在温度低于 150 K 的条件下[21]。分子尺度上和宏观尺度上的水合阳离子-π 作用以及石墨表面性质和 Na^+ 分布的不同性质导致了分子尺度的浸润性质 (亲水性) 和宏观尺度的浸润性质 (疏水性) 相反。此外，饼状薄膜的自发形成表明了带正电荷的水合阳离子在石墨板上的强吸附行为。这些发现表明碳基材料 (包括石墨烯、碳纳米管和生物炭) 表面的真实相互作用也许与已知的理论大相径庭，而且它们为调控碳基材料表面的浸润特性、相互作用以及相关的物理、化学、生物过程等提供了全新的见解。

7.4.1 水合阳离子-π 作用诱导石墨表面的盐溶液展现出分子尺度亲水性的理论预言

由于水合阳离子-π 作用，石墨表面可以吸附离子，并且水分子在离子的帮助下也会被吸附到石墨表面[57]。为了验证水合阳离子在石墨表面的吸附会导致疏水/亲水性转变的可能性，研究人员运用分子动力学方法模拟了石墨表面吸附的 NaCl 溶液的动力学行为，并且在模拟中加入了水合阳离子-π 作用的修正[58]。模拟中，在石墨表面 NaCl 液滴 (由 810 个水分子、45 个钠离子和 45 个氯离子组成) 的 x 轴和 z 轴中线方向上施加了一个额外的加速度 a。每一个体系都采用了 5 个初始构型不同的类似样本，模拟时长为 2 ns。图 7.2(g)~(i) 为其中的一个典型例子，当加速度 a 为 0.1 nm/ps^2 和模拟时长为 0.96 ns 时，一部分溶液向上移动，并与剩下的溶液分离 (图 7.2(h))。有趣的是，溶液中的一个 Cl^- 离开了表面。由于残留在固体表面的饼状溶液薄膜 (见图 7.2(i)) 中有较多的 Na^+，这个薄膜是带正电荷的。而 Martinez-Martin 等[51] 在石墨表面吸附大气污染物 (比如多环芳烃及其同分异构体) 中也观察到了这种电荷行为的变化。

图 7.3(a) 给出了在不同加速度下离开石墨表面的溶液中 Cl^- 和 Na^+ 的数目。在离开石墨表面的溶液中，Na^+ 比 Cl^- 少，而且随着加速度增加，更多的 Na^+ 和 Cl^- 从表面脱离。石墨表面上饼状薄膜显示带正电荷的行为显然是由于 Cl^- 与石墨表面之间的相互作用比 Na^+ 与石墨表面的相互作用弱得多 (水合 Cl^--π 作用为 −1.8 kcal/mol，只有水合 Na^+-π 作用 (−216.4 kcal/mol) 的 1/10[58]) 引起的。

为了研究石墨表面上残留溶液的行为，对剩余的 NaCl 溶液再次进行分子动力学模拟，模拟时间为 4 ns。从模拟中给出的氧原子在 z 方向上的分布概率图 (图 7.3(b)) 中可以看到三个峰，分别位于 0.32 nm、0.63 nm、0.86 nm 处。随着加速度的增加，0.86 nm 处的峰不断降低甚至消失。有 3 个模拟体系和 2 个模拟体系在加速度为 0.2 nm/ps^2 和 0.3 nm/ps^2 时显示出明显的峰值。因此，石墨表面上残留的饼状薄膜的高度取决于加速度的大小。当加速度为 0.10 nm/ps^2、0.15 nm/ps^2、0.20 nm/ps^2、0.30 nm/ps^2 时，模拟中出现的带电饼状薄膜都是稳定的。

综上所述，分子动力学模拟结果从理论上证实了，石墨表面的 NaCl 溶液虽然在宏观尺度下展现出液滴的形态，但是在分子尺度上呈现出薄膜的形态。这种宏观尺度下疏水而分子尺度下亲水的不一致行为，主要源于盐溶液中 Na^+ 和石墨表面芳香环之间的水合阳离子-π 作用。

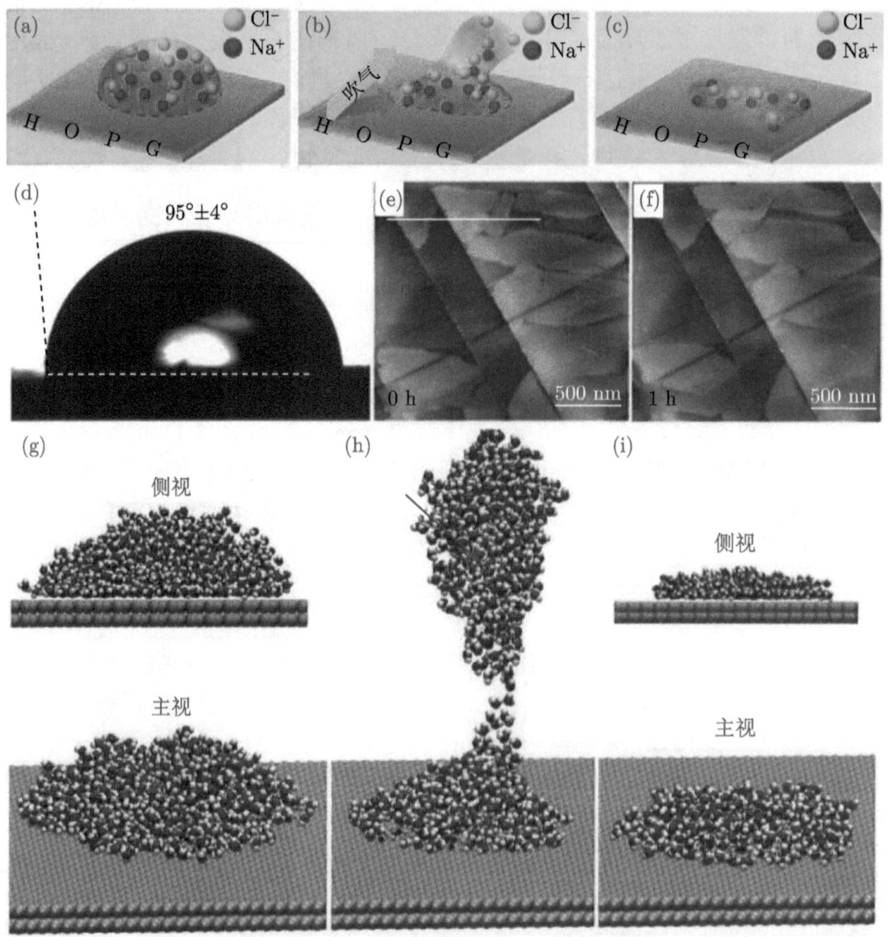

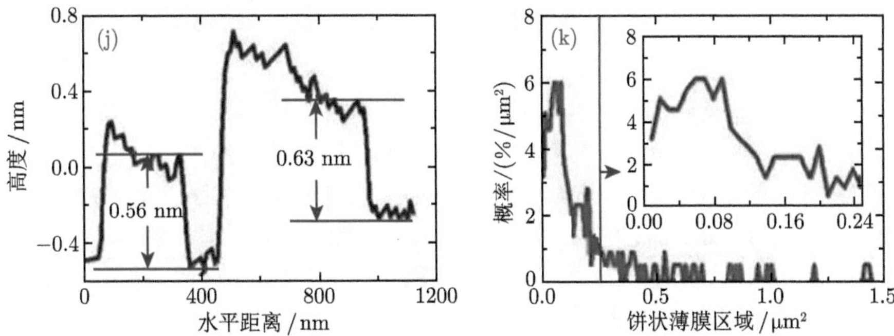

图 7.2 图 (a)~(c) 实验上 NaCl 溶液样品的制备原理图。(a) 置于高定向热解石墨片层 (HOPG) 表面的 NaCl 溶液液滴。(b) 通过吹气把部分溶液吹离表面。(c) 产生的饼状溶液薄膜 (没有按比例绘制)。(d) HOPG 表面上宏观尺度的盐溶液液滴。HOPG 表面上 NaCl 溶液的静态接触角 (SCA) 是 95° ± 4°，这个值很接近水溶液的静态接触角 93° ± 2°。(e) 和 (f) HOPG 表面的原子力显微镜图像 (环境条件：相对湿度大约为 40%)。(e) 空气吹完液滴后的原子力显微镜图像。红色的圆环代表饼状薄膜的边界，追踪了薄膜形状随时间的变化。蓝色的圆环代表饼状薄膜边缘处形成的肿胀。(f) 搁置一小时后的盐溶液。饼状薄膜逐渐变大，蓝色圆环的边缘处形成了明显的肿胀。(g)~(i) 分子动力学模拟的图片。(g) 石墨表面上的 NaCl 液滴。(h) 当给盐溶液施加一个向右上方的力时系统的图片。为了达到吹气的效果，给水和离子施加 0.10 nm/ps^2 的加速度，加速度的方向沿着 x 轴和 z 轴的中线。(i) 施加向右上方的力 2 ns 后，石墨表面得到饼状 NaCl 溶液薄膜。在图 (g)、(h) 和 (i) 中，橙色的结构描绘的是石墨片层，红球、白球、蓝球、绿球分别代表氧原子、氢原子、钠离子、氯离子。(j) 对应于图 (e) 白线处的高度剖面图。该层相对于基底的高度是 0.6 nm。(k) 微米尺度的饼状薄膜区域在石墨板上的分布概率。右上角的内嵌图是红线标记区左边部分的放大图[59]

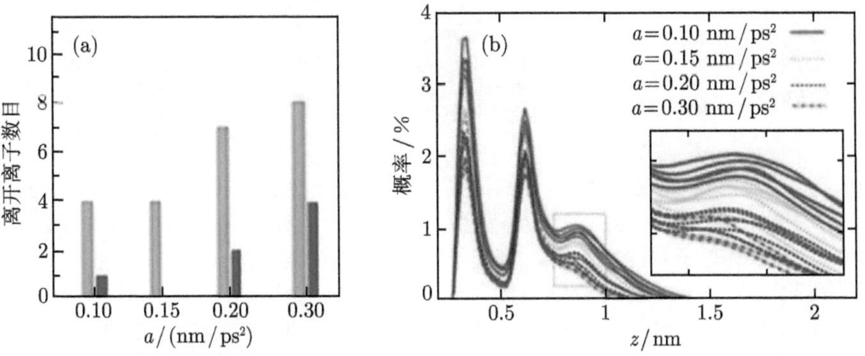

图 7.3 (a) 在不同加速度下离开石墨表面的溶液中 Cl^- (绿色带条) 和 Na^+ (蓝色带条) 的数目 (各取五个样本)；(b) 残留在石墨表面的饼状薄膜溶液中氧原子在 z 方向上的分布概率[59]

7.4.2 石墨表面的 NaCl 溶液在宏观尺度和分子尺度下具有不同亲疏水性质的实验验证

实验中将毫米量级厚度的NaCl溶液取一滴置于高定向热解石墨 (HOPG) 片层上，并与水溶液的情况做比较 (图 7.4)。在这两种情况下，溶液在石墨表面上均形成了较大尺寸的宏观液滴。NaCl 溶液和水溶液的液滴在石墨表面的静态接触角 (SCA) 分别是 $95^\circ \pm 4^\circ$ (图 7.2(d)) 和 $93^\circ \pm 2^\circ$ (图 7.4(d))。然后，用空气把液滴吹离表面 (NaCl 溶液见图 7.2(a)~(c)、水溶液见图 7.4(a)~(c))，并将这两种体系置于室温和湿度约为 40%的环境中。

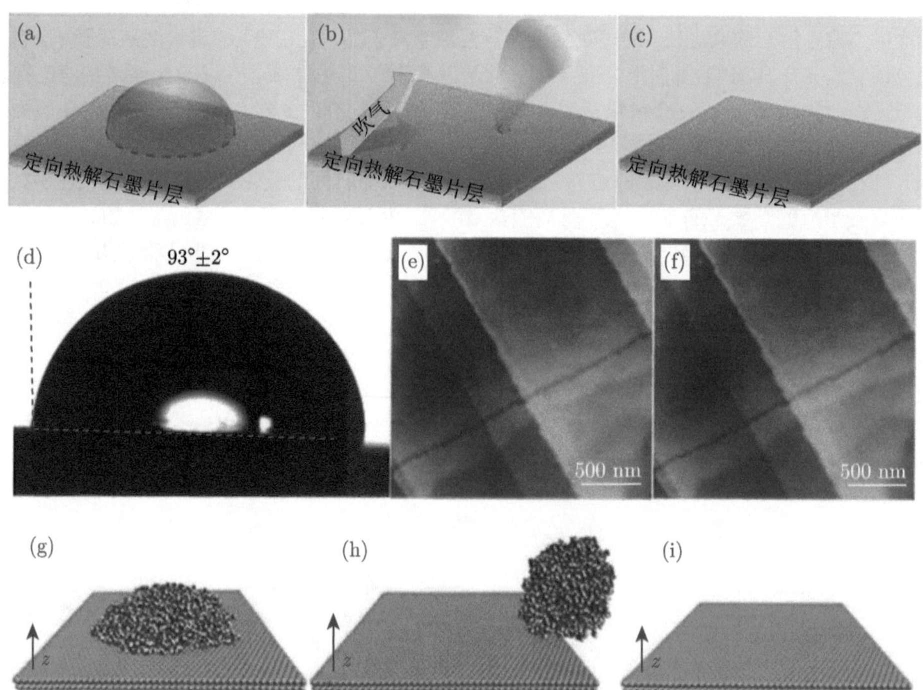

图 7.4 图 (a)~(c) 实验上纯水溶液样品的制备原理图。(a) 置于 HOPG 表面的水滴。(b) 水滴被吹离表面。(c) 吹完后表面上的水滴消失。(d) HOPG 表面上宏观尺度的水滴。HOPG 表面上水滴的静态接触角是 $93^\circ \pm 2^\circ$，这个值很接近 NaCl 液滴的静态接触角 $95^\circ \pm 4^\circ$。(e) 和 (f) HOPG 表面的原子力显微镜图像 (环境条件：相对湿度大约为 40%)。(e) 空气吹完水滴后的石墨表面。(f) 干净的石墨表面。(g)~(i) 分子动力学模拟的图片。(g) 石墨表面上水滴的侧视图。(h) 当给水滴施加一个向右上方的力时系统的图片。(i) 施加向右上方的力 1 ns 后得到的石墨表面。在图 (g)~(i) 中，橙色的结构描绘的是石墨片层，红球、白球分别代表氧原子、氢原子。在模拟中，首先对石墨表面上含有 1650 个水分子的系统进行 2 ns 弛豫，然后开展分子动力学模拟。为了模拟实验中的吹气行为，在模拟中给所有的水分子施加了一个沿着 x 轴和 z 轴中线方向的加速度 ($0.28\ \mathrm{nm/ps^2}$)[59]

随着时间的推移，饼状薄膜似乎会在石墨表面移动。盐溶液处理表面 1 小时与处理 10 分钟得到的原子力显微镜图像存在差异，见图 7.2(f) 和图 7.2(e)。相比于图 7.2(e)，图 7.2(f) 中的饼状薄膜已经逐渐扩大，且在边缘出现了一个明显的肿胀。另外，饼状薄膜之间的距离变小，它们逐渐融合在一起。饼状薄膜的扩大和合并行为减小了电荷分布和表面能。而水溶液处理过的表面与干净的石墨烯表面的图像一样，见图 7.4(e) 和图 7.4(f)。这与理论模拟的结果一致，进一步表明了石墨表面的盐溶液呈现出分子尺度亲水性的物理机制是水合阳离子-π 作用。

为了尽量减少原子力显微镜针尖对实验结果的影响，非接触式振动扫描偏振力显微镜成像也用在了盐水处理过的 HOPG 表面。此时，在表面上再次清楚地看到了饼状薄膜的移动行为。部分损坏饼状薄膜的修复和部分饼状薄膜的消失进一步证明了饼状薄膜的移动。

值得注意的是，这些饼状的盐溶液薄膜表现出的行为表明它们不是电中性的。用 13 V 的尖端电压获得的饼状薄膜的静电力显微镜图像 (图 7.5(a)) 中，饼状薄膜的图像是清晰、明亮的。但是，当尖端电压增加到 23 V 时，饼状薄膜的图像变暗了 (图 7.5(b))。从开尔文探针力显微镜图像中可以得到饼状薄膜相对衬底的电势。通过测量 60 个饼状薄膜电势的概率分布，确定了饼状薄膜的电势，其平均值约为 27 mV (图 7.5(c))。

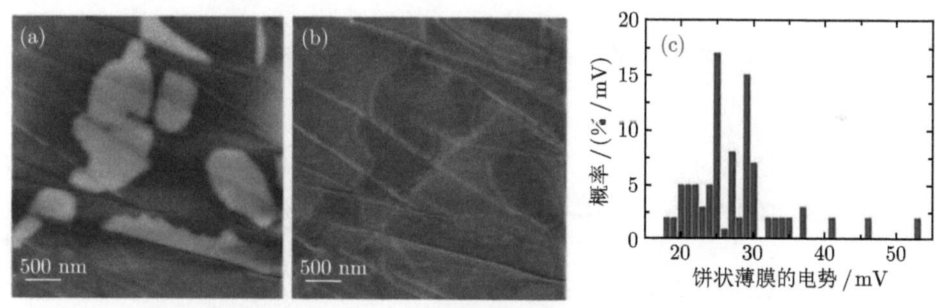

图 7.5 NaCl 溶液饼状薄膜的电学性质。典型静电力显微镜图像获得的尖端电压为 3 V (a) 和 −3 V (b), (c) 60 个饼状薄膜的电势分布概率图[59]

常规理论认为盐溶液在疏水性的 HOPG 表面应该形成液滴，但是本实验在 HOPG 表面上观测到了意料之外的液态饼状薄膜 (图 7.2(d))。在 40%相对湿度下 (远低于 NaCl 的潮解湿度，室温下 NaCl 的潮解湿度大约为 75%[99])，随着 NaCl 液滴中水分的蒸发，残留的盐分会在 HOPG 上形成颗粒或小颗粒的聚合物。这个现象清楚地表明：在分子尺度下，周围环境中的疏水石墨表面对盐溶液有明显的和强烈的亲水性。

7.4.3 石墨表面的盐溶液具有分子尺度亲水性的理论解释

本节将探讨宏观尺度和分子尺度下盐溶液在石墨表面具有不同浸润性质的主要原因。宏观尺度上平坦的石墨表面实际上是由大量分子尺度上的石墨烯层堆积而成的，并且层与层之间有许多台阶 (图 7.2(e)、(f) 和图 7.4(a)、(b))。基于密度泛函理论的计算表明，Na^+ 在石墨烯薄片上很容易扩散 (能垒仅有 3 kcal/mol)，但是很难跨越层间的台阶 (能垒超过 100 kcal/mol)。因此，Na^+ 被束缚在石墨表面的芳香环上，而且留住了与它们形成复合团簇中的分子，从而在分子尺度的石墨烯层上形成了分子级别厚度的饼状盐溶液薄膜 (图 7.2(e) 和 (f))。由于分子尺度的台阶阻碍了 Na^+ 的扩散，宏观尺度下的盐溶液在石墨表面上保持了完整的液滴形态。

众多的疏水台阶降低了石墨表面的表面能 (图 7.6)，进而导致宏观尺度的石墨表面比分子尺度的石墨烯薄片更疏水。分子尺度上盐溶液中 Na^+ 的分布[58]比宏观尺度上的分布[100]更接近固体表面，这也影响了石墨在不同尺度下的浸润性质。综上所述，分子尺度与宏观尺度下的石墨表面性质的不同和 Na^+ 分布情况的不同导致了分子尺度下 (亲水性) 和宏观尺度下 (疏水性) 石墨表面浸润性质的变化。

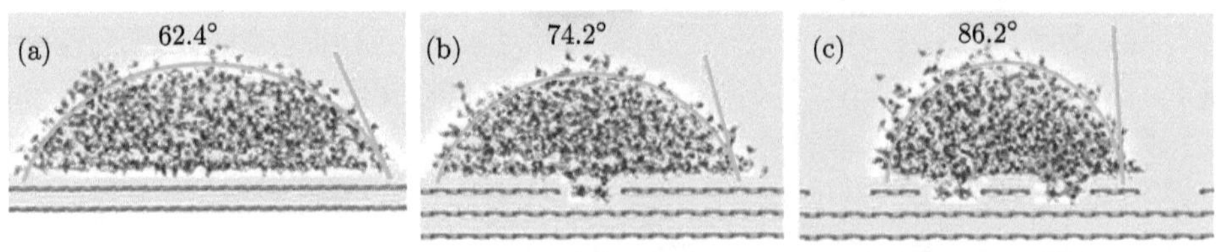

图 7.6 带台阶的石墨表面上盐溶液液滴的接触角。表面台阶的数目可以显著提高石墨表面的疏水性[59]

然而，在常温常压条件下，分子级别厚度的盐溶液薄膜可以稳定地存在于疏水的碳基表面的现象，与之前的物理直觉是相反的。实验观测和理论计算表明，疏水的表面在分子尺度上表现出了意料之外的亲水性。Na^+-π 作用以及分子尺度与宏观尺度下石墨表面性质的不同和 Na^+ 分布情况的不同导致了分子尺度 (亲水性) 和宏观尺度下 (疏水性) 石墨表面具有相反的浸润性质。有趣的是，自发形成的饼状薄膜表现出带正电的行为。鉴于芳香环是饼状薄膜产生的关键因素，而芳香环通常存在于生物分子中，这一发现可能会澄清生物分子之间的真实相互作用，有助于理解和控制碳基材料的功能特性，从而更好地将碳基材料应用于药物输运、将碳纳米管用于水净化、将石墨烯孔隙用于离子过滤、将石墨烯/石墨用于氢气储存以及碳基纳米材料的其他应用方面。

7.5 诱导分子尺度亲水性的其他因素

表面的 “分子尺度亲水而宏观尺度疏水” 行为不仅可以通过水合阳离子-π 作用诱导，还可以通过修饰表面的电荷和基团来实现。表面上亲水基团或者电荷的排列可以使表面上的第一层水结构有序，该水层不完全浸润水，即水滴可以稳定在水层上[92−94,96]。将水分子嵌入由羧酸为终端的烷链自组装而成的二维仿生膜表面，与表面的羧酸形成完整稳定的复合结构，这种结构不仅增强了仿生膜的稳定性而且使原本的超亲水表面展现出显著的疏水特性[95]。

7.5.1 表面电荷在疏水表面诱导的分子尺度亲水性

普遍认为，常温下水总是完全浸润水，因为在常温下热扰动会破坏水层内的氢键网络，导致水层内的水更容易与其他水形成氢键，从而使得水层变得完全浸润。而常温下表面电荷诱导出现“不完全浸润的有序单层水”的现象[92]会使极性表面的单层水上出现一个液滴，如图 7.7 (b) 所示。这一现象挑战了常温下水总是完全浸润水的经典图像。该特殊浸润现象的机制在于，有序水的结构减小了水单层中水分子和水单层上水分子形成氢键的概率，从而使得水单层上的水分子聚集成水滴。与之前认为有序单层水没有悬置—OH (即未形成氢键的—OH 基团) 的观点不同，研究认为这种常温下的单层水中仍然有相当数量的悬置—OH 存在。

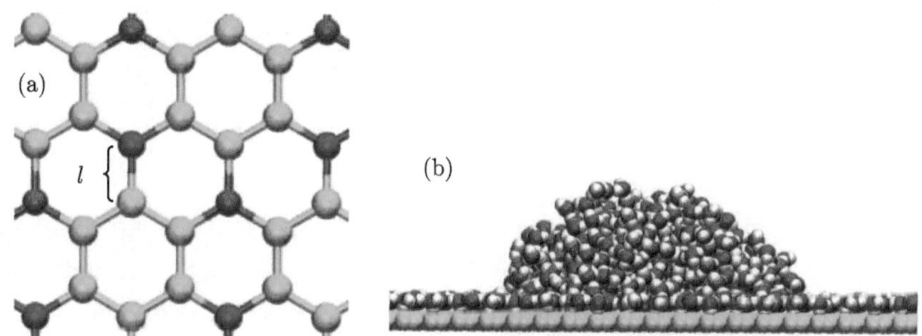

图 7.7 (a) 带有正负电荷分布的理论模型表面 (红球代表正电荷，蓝球代表负电荷，绿球为不带电原子；整个平面是电中性的，原子之间的距离 l 为 0.142 nm)；(b) 模拟结果发现水滴在有序水层之上[92]

理论模型表面如图 7.7 (a) 所示，理论模拟中设计了一种由六边形原子结构组成的平面。在二维平面上的原子对角位置，放置有正负电荷，红色代表正电荷，蓝色代表负电荷，绿色代表中性原子，整个平面本身是电中性的，原子之间的距离 l 为 0.142 nm。

理论模拟表明，当电荷电量 q 增加到 $0.6e$ 的时候，水分子开始在一个有序的水分子层上聚集成一个水滴。同时，在水分子层中水分子形成了六边形图案。当电荷 q 变得更大时，水分子层变得更加有序并且液滴和水分子层的接触角也会增大。为了解释这个现象，理论上统计和分析了分子单层内部和单层水分子和液滴之间的氢键平均数。从图 7.8 中可以发现，当电荷 q 不断增大时，水分子单层内的氢键数目增加，而单层和液滴之间的氢键数目却会减少，而两者的总和会慢慢变小，最后达到一个稳定值 2.9。单层内和单层与液滴之间的氢键形成存在竞争，前者的增加会导致后者氢键形成概率的降低。水分子单层和液滴之间氢键的减少会大大降低该单层内的水分子与其上水分子之间的相互作用。因此出现了有悖常识的现象：常温下有序的单分子厚度水层不能完全浸润其他的水分子。需要指出的是，液滴之外的水分子单层内每个水分子的氢键数量也会稳定在 2.6，这比当电荷 $q > 0.8e$ 时液滴底部水分子层内每个水分子的平均氢键个数 2.9 少很多。这个结果说明液滴之下的水分子单层内每个水分子仍然存在至少 0.3 个可以形成氢键的位置。

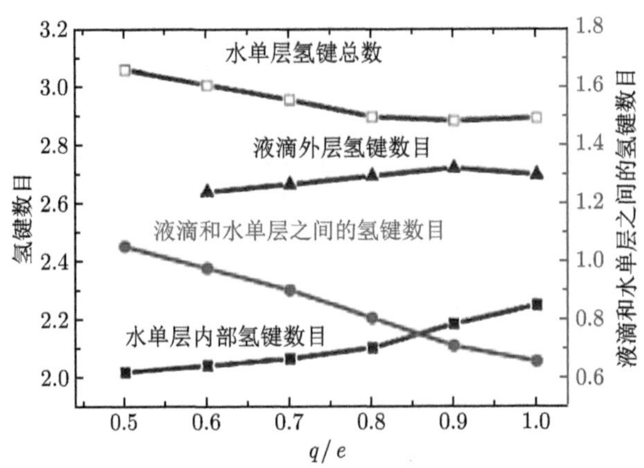

图 7.8 随着极化电荷 q 的变化，液滴中平均每个水分子与该单层水内水分子形成的氢键数目 (■)，平均每个水分子与单层水之上的水分子形成氢键数目 (●)，以及它们的氢键数目总和 (□)，黑色 ▲ 代表液滴外层平均每个水分子所形成的氢键数目[92]

理论模拟还发现，固体表面的电荷或者偶极子的特殊排布，对二维有序水分子结构的形成以及水分子单层上液滴的形成有着极其重要的作用。如图 7.9 所示，通过分析角度 φ 的概率分布可以得出，当电荷 q 特别大的时候 ($1.0e$)，二维水层中的六边形水结构是非常清晰的。其中，角度 φ 是水分子的偶极在 x-y 平面投影方向和晶格方向的夹角。当电荷很小 ($0.5e$) 时，水分子单层的峰值并不明显。此时，固体表面上也观察不到单层水和在其上方的液滴。只有当 q 等于或者大于 $0.6e$ 的时候，可以发现 3 个清晰的峰值，分别分布在 $\varphi = 0°$、$120°$ 和 $240°$ 的角度。尽管在分布曲线上可以看出，液滴下的水层中水分子偶极分布的峰值比液滴之外的水层中水的偶极峰值要低很多，但仍然保持了很好的二维有序六边形结构。2013 年，理论上通过热力学分析研究表明，这种有序水的热导率性质更接近于冰而不是液态水[101]。除此之外，固体表面晶格的大小对有序水分子结构的形成也有着至关重要的作用。如果邻近原子的键长 l 仅仅从 0.142 nm 增加到 0.17 nm，尽管电荷 q 的值仍非常大 ($1.0\,e$)，理论模拟还是发现角度 φ 的分布没有明显的峰值。因此，在这个键长下并没有明显的液滴出现在水分子单层上。类似地，当 l 缩小到 0.12 nm 时，同样也不能观察到液滴和单层水共存的现象。很明显，表面结构，特别是每个晶胞的大小都会对有序水分子单层结构的形成起到至关重要的作用，从而会对单分子厚的水层上能否出现液滴产生重要的影响，这显示出表面结构对表面浸润性质的显著影响。在现实材料中，缺陷总是存在的，其对于材料的浸润性也有着非常重要的影响。理论模拟发现，表面缺陷能影响水分子单层有序结构的形成，并破坏水的二维有序氢键结构，从而影响单层表面液滴的形状和表面浸润性[93]。通过 1%～20%不断增加缺陷率，理论模拟系统地研究了点缺陷对有序水分子单层结构和表面浸润性质的影响，模拟结果表明表面缺陷可以很明显地影响有序水分子单层的稳定性和固体表面液滴的形状，使得表面变得越来越亲水。

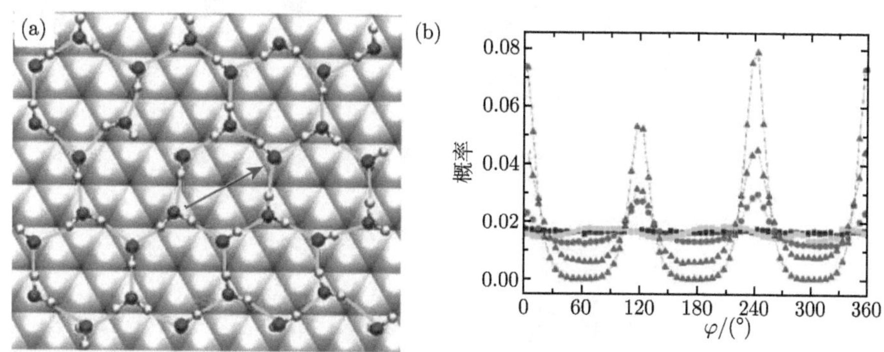

图 7.9　固体表面上单层水分子结构的示意图。(a) 液滴外单层水分子的示意图，显示了规则的二维有序六边形和相邻水分子之间形成的氢键，洋红色箭头表示用来计算 φ 的晶体学方向；(b) 水分子偶极方向在 x-y 平面投影与晶体学方向之间的 φ 角概率分布图。黑色实心方块和品红圆分别对应 $q = 0.5e$ 和 $q = 0.6e$，键长 l 为 0.142 nm。红色三角形和蓝色三角形分别代表液滴外的单层水和液滴底部的单层水 ($q = 1e$)。绿色方块表示相邻键长 l= 0.17 nm 和 $q = 1e$ 时的情况[92]

此外，微观表面的偶极长度、晶格结构以及结构缺陷对界面浸润也有重要影响。直觉上，普遍认为带电荷或者有电偶极的固体表面是亲水的，而非极性表面是疏水的；与之不同的是，人们发现固体表面的电偶极长度也会对表面浸润有重要影响，并且存在一个临界电偶极长度值，当表面的电偶极长度小于该临界值时，固体表面即使带有电偶极，也具有疏水性 [97]。2012 年，Wong 等[98] 在实验上也发现了类似现象，即在电偶极长度较小的表面上水会体现出非局域特性，预示着该固体表面会表现出疏水性。

7.5.2　基团修饰在超亲水表面诱导的分子尺度亲水性

郭盼等[95]的研究发现：在室温环境下水分子能够嵌入这个自组装膜表面，与表面的羧酸形成完整稳定的复合结构，这种结构增强了仿生膜的稳定性并使原本超亲水表面展现出显著的疏水特性，造成分子尺度亲水而宏观尺度疏水的现象 (图 7.10)。与固体表面上 “不完全浸润的有序单层水” 不同的是，这是首次发现嵌入水与柔性的亲水基团的复合表面上体现出不完全浸润的特性，解决了以羧酸为终端的烷链自组装仿生表面水性质这个长达 25 年的谜团。更重要的是，该工作研究的二维自组装仿生膜与真实生物分子 (包括生物膜) 有着高度的相似性，此项研究提供了一个理解 “生物水” 以及生物水可能承载生物功能方面的新视角。

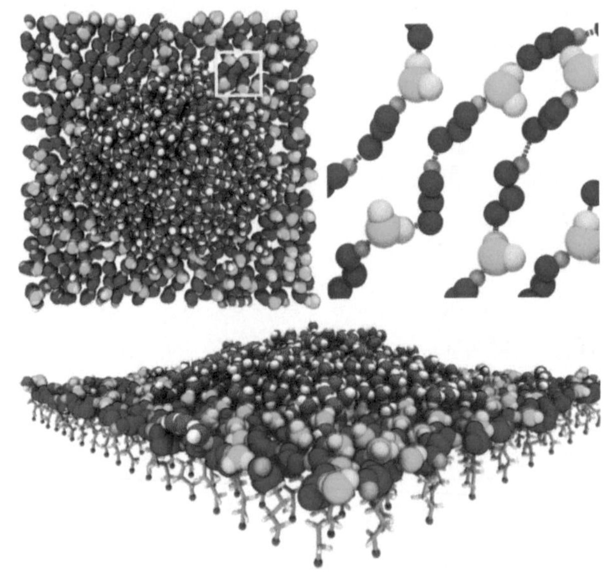

图 7.10　水分子嵌入羧基基团表面所形成的完整稳定的复合结构，以及其上面形成的纳米水滴。羧基的碳、氧和氢原子分别显示为蓝色、紫色和白色，嵌入羧基基团表面的水分子的氧原子显示为绿色，其他水分子的氧原子显示为红色，氢键显示为红色虚线[95]

羧基官能团为终端的 4 碳原子烷链构建的羧基自组装单层膜模型。通过调整链密度，从 5.50 nm^{-2} 到 2.84 nm^{-2}，也就是改变按照 fcc(111) 晶面排布的模型原子之间的晶格常数 (l)，从 4.58 Å 到 6.38 Å，构建了表面羧基基团排布疏密程度不同的 18 个羧基自组装单层膜，用来研究水行为对于表面浸润性的影响。所有羧基自组装膜表面，面积均为约 95.00 nm^2，初始时刻，链密度较大或是较小的体系表面平铺了约 550 个水分子，链密度适中的体系则平铺了约 900 个水分子。如图 7.11 所示，接触角值 (θ) 在链密度适中区域呈现为一个数值约为 35° 的平台，在链密度较密区域为 0°，在链密度较疏区域则随链密度的增加先下降后又稍微增加。膜表面内羧基基团之间成氢键数目的增加导致链密度较疏区域接触角随链密度的增加而增加。在链密度适中区域，分子动力学模拟显示，羧基自组装单层膜上水的稳定结构在链密度为 4.00 nm^{-2} 的羧基自组装膜单层，水滴稳定存在于嵌入羧基基团表面的水分子与羧基基团自身所形成的复合结构上。

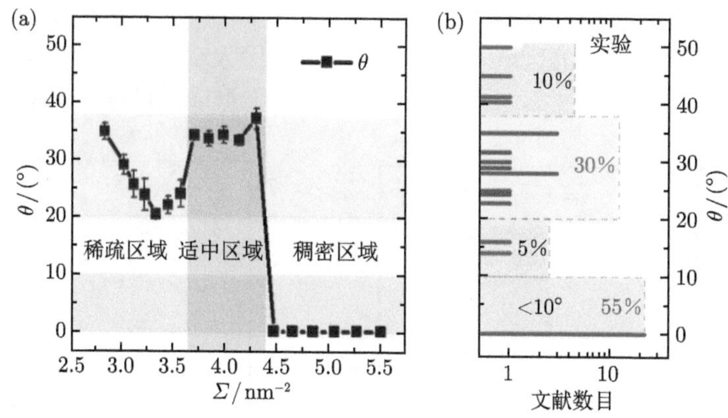

图 7.11 (a) 羧基自组装单层膜上水滴的接触角随链密度 (Σ) 的变化。链密度适中的区域用淡蓝色背景标示。(b) 羧基自组装单层膜上水滴接触角的实验测量值随相应所搜集到的文献数目而变化。85%(34/40) 的接触角的实验测量值落在了两个区域，22 个小于 10° 用淡红色标示，12 个约为 30° 用淡绿色标示[95]

有趣的是，之前的 40 篇实验文献所测量得到的羧基自组装单层膜上水的接触角中，85%(34/40) 的实验测量值落在了两个区域，22 个小于 10°，12 个约为 30°(图 7.11(b))。这与模拟得到的 “随链密度的变化，接触角值会出现趋向于 0° 或是 30° 的数值分布趋势” 是相吻合的。然而，由于绝大部分实验文献都没有提供羧基自组装单层膜的详细的链密度信息，没办法把模拟接触角值与实验测量值进行逐一对比。

分析复合结构形成的原因，水分子嵌入羧基基团平面而不是集合在水滴中的必要条件是，水分子与羧基之间的氢键强度既要大于羧基基团之间的氢键强度又要大于水分子之间的氢键强度。如图 7.12 (a) 所示，计算了复合结构内部水分子与羧基基团之间以及羧基基团之间的氢键强度，同时也计算了水滴中水分子之间的氢键强度，对比发现，水分子与羧基基团之间的氢键强度 (−41 kJ/mol) 的确大于羧基基团相互之间的氢键强度 (−34 kJ/mol)，更远大于水滴中水分子之间的氢键强度 (−20 kJ/mol)。因此水分子能够打破羧基基团之间的氢键，稳定地嵌于羧基基团之间能直接反映内嵌水–羧基复合结构稳定性的物理量是复合结构内部的氢键寿命，如图 7.12 (b) 所示，水分子与羧基基团之间的 3 种氢键的寿命都远长于水滴中水分子之间的氢键寿命。有趣的是，复合结构内水分子与羧基基团所形成的三种氢键中，只有一种 (HH—OHO—C=O···) 氢键强度高于水滴中水分子之间的氢键强度，但是这三种羧基–水氢键的寿命都明显长于水滴中水分子之间的氢键寿命，说明复合结构内部氢键网络的形成有助于维持复合结构自身的稳定性。

在链密度较密的区域，由于相邻羧基基团之间空间不足，水分子不能嵌入，相邻羧基也不能形成氢键，因此羧基基团趋向于与水分子之间形成氢键，表面将完全浸润。在链密度较疏的区域，表面上的羧基基团太少，以至于不能在整个表面上形成一个完整的氢键网络，此时羧基基团趋向于形成局部环状氢键结构。

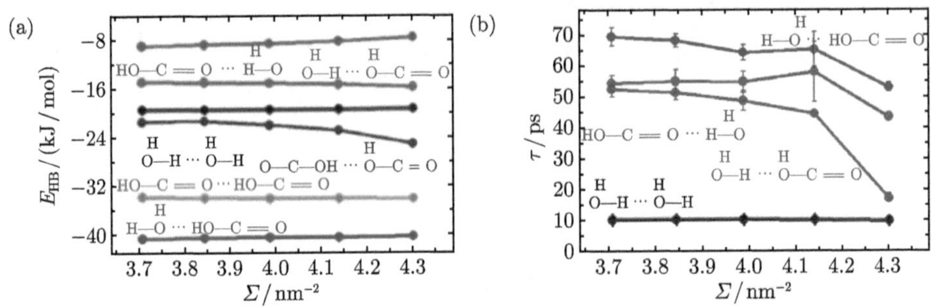

图 7.12　(a) 在链密度适中区域的复合结构内水分子与羧基之间以及羧基基团之间的平均氢键能随链密度 (Σ) 的变化，并与水滴中水分子之间的平均氢键能作对比；(b) 在链密度适中区域水滴覆盖下的复合结构内水分子与羧基之间的氢键寿命随链密度 (Σ) 的变化，同时将水滴中水分子之间的氢键寿命作对比[95]

7.6　本 章 小 结

本章回顾了常温下宏观与微观表现不一致的一种浸润现象，即宏观上有水滴的疏水表面上，微观分子尺度上反而存在亲水表面才有的分子层厚的水层，表现出液滴和水层共存于一个表面，导致分子尺度亲水性现象。这挑战了亲疏水性质在宏观和微观尺度下总是完全一致的传统亲疏水理论。首先，水合阳离子-π 作用在疏水的石墨/石墨烯表面上诱导的分子级别厚度的带正电盐溶液薄膜，导致分子尺度与宏观尺度下盐溶液在石墨表面分别表现出亲水性和疏水性，从而首次提出了分子尺度亲水性的概念[61]。其次，表面电荷诱导出现了“不完全浸润的有序单层水”[94]，即极性表面的单层水上会出现一个液滴，挑战了常温下水总是完全浸润水的经典图像。另外，水分子能够嵌入自组装膜表面，与表面的羧酸形成完整稳定的复合结构，这种结构增强了仿生膜的稳定性并使本来超亲水表面展现显著的疏水特性，造成分子尺度亲水而宏观尺度疏水的现象[97]。与固体表面上“不完全浸润的有序单层水”不同的是，这是首次发现嵌入水与柔性的亲水基团的复合表面上体现出不完全浸润的特性。这些工作不仅获得国内外实验组的验证，而且引发了许多学者在理论及实验上的后续工作，从而在滑石[102]、金属铂 (100)[11]、羟基化的氧化铝表面和羟基化的二氧化硅表面 [103]、蓝宝石[104]、尾端为羧基 (—COOH) 的自组装表面[105]、牛血清蛋白–Na_2CO_3 膜表面[106]和锐钛矿型 TiO_2 和金红石表面[107]上都观察到了理论所预言的“分子尺度亲水性”现象。2013 年，《自然材料》

对常温下“分子尺度亲水性”现象给予了评述[108]。孟胜课题组[61]通过理论模拟发现微观界面上的表面浸润与表面晶格有关。当对亲水表面拉伸 ±3%时，水在界面的浸润角会有非常大的变化，且并不是随着表面晶格常数单调变化，而疏水表面不存在这一变化。特别地，当表面晶格常数与体相水中氧原子之间的距离在界面的投影相等时，液滴的接触角是最小的。这些工作进一步加深了人们对表面浸润性质的理解。

目前的研究成果已经表明，通过改变固体的表面力，即改变固体表面和被吸附的分子层厚的液态水层之间的相互作用，可以使固体表面出现疏水表面的液滴和亲水表面的水层共存的现象。特别地，通过水合阳离子-π 作用在疏水的石墨/石墨烯表面上实现了分子尺度的亲水性，进一步说明这种离子与碳基结构之间的非共价键作用不应该被忽略，在今后的理论模拟和实验分析中都应引起重视。而阴阳离子与芳香环作用的差异，导致富含芳香环的表面的盐溶液薄膜表现出很强的正电性，这为发展分子尺度的电转换理论和分子结构的发电装置提供了新的思路。

参考文献

[1] De Gennes P G. Wetting: statics and dynamics. Reviews of Modern Physics, 1985, 57(3): 827.

[2] Bonn D, Eggers J, Indekeu J, Meunier J, Rolley E. Wetting and spreading. Reviews of Modern Physics, 2009, 81(2): 739-805.

[3] Yuan Q, Zhao Y P. Precursor film in dynamic wetting, electrowetting, and electro-elasto-capillarity. Physical Review Letters, 2010, 104(24): 246101.

[4] Verdaguer A, Sacha G, Bluhm H, Salmeron M. Molecular structure of water at interfaces: wetting at the nanometer scale. Chemical Reviews, 2006, 106(4): 1478-1510.

[5] Odelius M, Bernasconi M, Parrinello M. Two dimensional ice adsorbed on mica surface. Physical Review Letters, 1997, 78(14): 2855-2858.

[6] Yang L, Tu Y, Fang H. Modeling the rupture of a capillary liquid bridge between a sphere and plane. Soft Matter, 2010, 6(24): 6178-6182.

[7] Meng S, Zhang Z, Kaxiras E. Tuning solid surfaces from hydrophobic to superhydrophilic by submonolayer surface modification. Physical Review Letters, 2006, 97(3): 036107.

[8] Michaelides A, Morgenstern K. Ice nanoclusters at hydrophobic metal surfaces. Nature Materials, 2007, 6(8): 597-601.

[9] Wu D, Navrotsky A. Probing the energetics of organic-nanoparticle interactions of ethanol on calcite. Proceedings of the National Academy of Sciences, 2015, 112(17): 5314-5318.

[10] Song J, Li Q, Wang X, Li J, Zhang S, Kjems J, Besenbacher F, Dong M. Evidence of Stranski-Krastanov growth at the initial stage of atmospheric water condensation. Nature Communications, 2014, 5(1): 4837.

[11] Limmer D T, Willard A P, Madden P, Chandler D. Hydration of metal surfaces can be dynamically heterogeneous and hydrophobic. Proceedings of the National Academy of Sciences, 2013, 110(11): 4200-4205.

[12] Willard A P, Limmer D T, Madden P A, Chandler D. Characterizing heterogeneous dynamics at hydrated electrode surfaces. Journal of Chemical Physics, 2013, 138(18): 184702.

[13] Gomez M, Li J, Kaifer A E. Surfactant monolayers on electrode surfaces: self-assembly of a series of amphiphilic viologens on gold and tin oxide. Langmuir, 1991, 7(8): 1797-1806.

[14] Titov A V, Král P, Pearson R. Sandwiched graphene-membrane superstructures. ACS Nano, 2009, 4(1): 229-234.

[15] Wang C, Zhao L, Zhang D, Chen J, Shi G, Fang H. Upright or flat orientations of the ethanol molecules on a surface with charge dipoles and the implication for wetting behavior. Journal of Physical Chemistry C, 2014, 118(4): 1873-1878.

[16] Fitzpatrick A W P, Vanacore G M, Zewail A H. Nanomechanics and intermolecular forces of amyloid revealed by four-dimensional electron microscopy. Proceedings of the National Academy of Sciences, 2015, 112(11): 3380-3385.

[17] Zhao L, Wang C, Liu J, Wen B, Tu Y, Wang Z, Fang H. Reversible state transition in nanoconfined aqueous solutions. Physical Review Letters, 2014, 112(7): 078301.

[18] Ball P. Water as a biomolecule. ChemPhysChem, 2008, 9(18): 2677-2685.

[19] Raschke T M. Water structure and interactions with protein surfaces. Current Opinion in Structural Biology, 2006, 16(2): 152-159.

[20] Hu J, Xiao X D, Ogletree D F, Salmeron M. Imaging the condensation and evaporation of molecularly thin films of water with nanometer resolution. Science, 1995, 268(5208): 267-269.

[21] Xu K, Cao P, Heath J R. Graphene visualizes the first water adlayers on mica at ambient conditions. Science, 2010, 329(5996): 1188-1191.

[22] Feibelman P J. The first wetting layer on a solid. Physics Today, 2010, 63(2): 34-39.

[23] Cicero G, Calzolari A, Corni S, Catellani A. Anomalous wetting layer at the Au (111) surface. The Journal of Physical Chemistry Letters, 2011, 2(20): 2582-2586.

[24] Shakhnovich E. Protein folding thermodynamics and dynamics: where physics, chemistry, and biology meet. Chemical Reviews, 2006, 106(5): 1559-1588.

[25] Berne B J, Weeks J D, Zhou R. Dewetting and hydrophobic interaction in physical and biological systems. Annual Review of Physical Chemistry, 2009, 60(1): 85-103.

[26] Wu Z, Cui Q, Yethiraj A. Driving force for the association of hydrophobic peptides: the importance of electrostatic interactions in coarse-grained water models. Journal of Physical Chemistry Letters, 2011, 2(14): 1794-1798.

[27] Bier D, Rose R, Bravo-Rodriguez K, Bartel M, Ramirez-Anguita J M, Dutt S, Wilch C, Klärner F G, Sanchez-Garcia E, Schrader T. Molecular tweezers modulate 14-3-3 protein-protein interactions. Nature Chemistry, 2013, 5(3): 234.

[28] Kral P, Wang B. Material drag phenomena in nanotubes. Chemical Reviews, 2013, 113(5): 3372-3390.

[29] Mulvey J J, Villa C H, McDevitt M R, Escorcia F E, Casey E, Scheinberg D A. Self-assembly of carbon nanotubes and antibodies on tumours for targeted amplified delivery.

Nature Nanotechnology, 2013, 8(10): 763-771.

[30] Majumder M, Chopra N, Andrews R, Hinds B J. Nanoscale hydrodynamics: enhanced flow in carbon nanotubes. Nature, 2005, 438(7064): 44.

[31] Powell M R, Cleary L, Davenport M, Shea K J, Siwy Z S. Electric-field-induced wetting and dewetting in single hydrophobic nanopores. Nature Nanotechnology, 2011, 6(12): 798-802.

[32] Contreras F X, Ernst A M, Haberkant P, Björkholm P, Lindahl E, Gönen B, Tischer C, Elofsson A, von Heijne G, Thiele C. Molecular recognition of a single sphingolipid species by a protein's transmembrane domain. Nature, 2012, 481(7382): 525-529.

[33] Chandler D. Interfaces and the driving force of hydrophobic assembly. Nature, 2005, 437(7059): 640-647.

[34] Law A D, Auriol M, Smith D, Horozov T S, Buzza D M A. Self-assembly of two-dimensional colloidal clusters by tuning the hydrophobicity, composition, and packing geometry. Physical Review Letters, 2013, 110(13): 138301.

[35] Baram M, Chatain D, Kaplan W D. Nanometer-thick equilibrium films: the interface between thermodynamics and atomistics. Science, 2011, 332(6026): 206-209.

[36] Ma R, Cao D, Zhu C, Tian Y, Peng J, Guo J, Chen J, Li X Z, Francisco J S, Zeng X C, Xu L M, Wang E G, Jiang Y. Atomic imaging of the edge structure and growth of a two-dimensional hexagonal ice. Nature, 2020, 577(7788): 60-63.

[37] Chen D, Feng H, Li J. Graphene oxide: preparation, functionalization, and electrochemical applications. Chemical Reviews, 2012, 112(11): 6027-6053.

[38] Georgakilas V, Otyepka M, Bourlinos A B, Chandra V, Kim N, Kemp K C, Hobza P, Zboril R, Kim K S. Functionalization of graphene: covalent and non-covalent approaches, derivatives and applications. Chemical Reviews, 2012, 112(11): 6156-6214.

[39] Hu L, Hecht D S, Gruner G. Carbon nanotube thin films: fabrication, properties, and applications. Chemical Reviews, 2010, 110(10): 5790-5844.

[40] Dillon A C. Carbon nanotubes for photoconversion and electrical energy storage. Chemical Reviews, 2010, 110(11): 6856-6872.

[41] Thilgen C, Diederich F. Structural aspects of fullerene chemistry a journey through fullerene chirality. Chemical Reviews, 2006, 106(12): 5049-5135.

[42] Manyà J J. Pyrolysis for biochar purposes: a review to establish current knowledge gaps and research needs. Environmental Science & Technology, 2012, 46(15): 7939-7954.

[43] Novak J M, Lima I, Xing B, Gaskin J W, Steiner C, Das K, Ahmedna M, Rehrah D, Watts D W, Busscher W J. Characterization of designer biochar produced at different temperatures and their effects on a loamy sand. Annals of Environmental Science, 2009, 3: 2-3.

[44] Mehta A, Nelson E J, Webb S M, Holt J K. The interaction of bromide ions with graphitic materials. Advanced Materials, 2009, 21(1): 102-106.

[45] Mahadevi A S, Sastry G N. Cation-π interaction: its role and relevance in chemistry, biology, and material science. Chemical Reviews, 2012, 113(3): 2100-2138.

[46] Kogut B. Assessment of the humus content in arable soils of Russia. Eurasian Soil Science, 2012, 45(9): 843-851.

[47] Hitzel A, Pöhlmann M, Schwägele F, Speer K, Jira W. Polycyclic aromatic hydrocarbons (PAH) and phenolic substances in meat products smoked with different types of wood and smoking spices. Food Chemistry, 2013, 139(1-4): 955-962.

[48] Rafiee J, Mi X, Gullapalli H, Thomas A V, Yavari F, Shi Y, Ajayan P M, Koratkar N A. Wetting transparency of graphene. Nature Materials, 2012, 11(3): 217.

[49] Shih C J, Wang Q H, Lin S, Park K C, Jin Z, Strano M S, Blankschtein D. Breakdown in the wetting transparency of graphene. Physical Review Letters, 2012, 109(17): 176101.

[50] Li Z, Wang Y, Kozbial A, Shenoy G, Zhou F, McGinley R, Ireland P, Morganstein B, Kunkel A, Surwade S P. Effect of airborne contaminants on the wettability of supported graphene and graphite. Nature Materials, 2013, 12(10): 925-931.

[51] Martinez-Martin D, Longuinhos R, Izquierdo J G, Marele A, Alexandre S S, Jaafar M, Gómez-Rodríguez J M, Bañares L, Soler J M,Gomez-Herrero J. Atmospheric contaminants on graphitic surfaces. Carbon, 2013, 6133-6139.

[52] Shi G, Yang J, Ding Y, Fang H. Orbital effect-induced anomalous anion-π interactions between electron-rich aromatic hydrocarbons and fluoride. ChemPhysChem, 2014, 15(12): 2588-2594.

[53] Shi G, Ding Y, Fang H. Unexpectedly strong anion-π interactions on the graphene flakes. Journal of Computational Chemistry, 2012, 33(14): 1328-1337.

[54] Yang J, Shi G, Tu Y, Fang H. High correlation between oxidation loci on graphene oxide. Angewandte Chemie International Edition, 2014, 53(38): 10190-10194.

[55] Patra N, Esan D A, Kral P. Dynamics of ion binding to graphene nanostructures. The Journal of Physical Chemistry C, 2013, 117(20): 10750-10754.

[56] Sunner J, Nishizawa K, Kebarle P. Ion-solvent molecule interactions in the gas phase. The potassium ion and benzene. The Journal of Physical Chemistry, 1981, 85(13): 1814-1820.

[57] Shi G, Wang Z, Zhao J, Hu J, Fang H. Adsorption of sodium ions and hydrated sodium ions on a hydrophobic graphite surface via cation-π interactions. Chinese Physics B, 2011, 20(6): 068101.

[58] Shi G, Liu J, Wang C, Song B, Tu Y, Hu J, Fang H. Ion enrichment on the hydrophobic carbon-based surface in aqueous salt solutions due to cation-π interactions. Scientific Reports, 2013, 3: 3436.

[59] Shi G, Shen Y, Liu J, Wang C, Wang Y, Song B, Hu J, Fang H. Molecular-scale hydrophilicity induced by solute: molecular-thick charged pancakes of aqueous salt solution on hydrophobic carbon-based surfaces. Scientific Reports, 2014, 4(1): 6793.

[60] Quéré D. Wetting and roughness. Annual Review of Materials Research, 2008, 38(1): 71-99.

[61] Zhu C, Li H, Huang Y, Zeng X C, Meng S. Microscopic insight into surface wetting: relations between interfacial water structure and the underlying lattice constant. Physical Review Letters, 2013, 110(12): 126101.

[62] Gao X, Jiang L. Biophysics: water-repellent legs of water striders. Nature, 2004, 432(7013): 36.

[63] Young T. III. An essay on the cohesion of fluids. Philosophical Transactions of the Royal Society of London, 1805, 95: 65-87.

[64] Prabhu K N, Fernades P, Kumar G. Effect of substrate surface roughness on wetting behaviour of vegetable oils. Materials & Design, 2009, 30(2): 297-305.

[65] Sakai M, Yanagisawa T, Nakajima A, Kameshima Y, Okada K. Effect of surface structure on the sustainability of an air layer on superhydrophobic coatings in a water-ethanol mixture. Langmuir, 2009, 25(1): 13-16.

[66] Perelaer J, Hendriks C E, de Laat A W, Schubert U S. One-step inkjet printing of conductive silver tracks on polymer substrates. Nanotechnology, 2009, 20(16): 165303.

[67] Lafuma A, Quéré D. Superhydrophobic states. Nature Materials, 2003, 2(7): 457-460.

[68] Blossey R. Self-cleaning surfaces-virtual realities. Nature Materials, 2003, 2(5): 301-306.

[69] Feng X J, Jiang L. Design and creation of superwetting/antiwetting surfaces. Advanced Materials, 2006, 18(23): 3063-3078.

[70] Keshavarz-Motamed Z, Kadem L, Dolatabadi A. Effects of dynamic contact angle on numerical modeling of electrowetting in parallel plate microchannels. Microfluidics and Nanofluidics, 2010, 8(1): 47-56.

[71] Nanayakkara Y S, Perera S, Bindiganavale S, Wanigasekara E, Moon H, Armstrong D W. The effect of AC frequency on the electrowetting behavior of ionic liquids. Analytical Chemistry, 2010, 82(8): 3146-3154.

[72] Li C, Wang Z, Wang P I, Peles Y, Koratkar N, Peterson G P. Nanostructured copper interfaces for enhanced boiling. Small, 2008, 4(8): 1084-1088.

[73] Chen R, Lu M C, Srinivasan V, Wang Z, Cho H H, Majumdar A. Nanowires for enhanced boiling heat transfer. Nano Letters, 2009, 9(2): 548-553.

[74] Durian D J, Franck C. Wetting phenomena of binary liquid mixtures on chemically altered substrates. Physical Review Letters, 1987, 59(5): 555-558.

[75] Otten A, Herminghaus S. How plants keep dry: a physicist's point of view. Langmuir, 2004, 20(6): 2405-2408.

[76] Patankar N A. On the modeling of hydrophobic contact angles on rough surfaces. Langmuir, 2003, 19(4): 1249-1253.

[77] Wang Z, Lopez C, Hirsa A, Koratkar N. Impact dynamics and rebound of water droplets on superhydrophobic carbon nanotube arrays. Applied Physics Letters, 2007, 91(2): 023105.

[78] Wenzel R N. Resistance of solid surfaces to wetting by water. Industrial & Engineering Chemistry, 1936, 28(8): 988-994.

[79] Cassie A B D, Baxter S. Wettability of porous surfaces. Transactions of the Faraday Society, 1944, 40: 546-551.

[80] Gao L, McCarthy T J. Reply to "Comment on how wenzel and cassie were wrong by Gao and McCarthy". Langmuir, 2007, 23(26): 13243.

[81] Gao L, McCarthy T J. How Wenzel and Cassie were wrong. Langmuir, 2007, 23(7): 3762-3765.

[82] Gao L, McCarthy T J. An attempt to correct the faulty intuition perpetuated by the Wenzel and Cassie "Laws". Langmuir, 2009, 25(13): 7249-7255.

[83] Marmur A, Bittoun E. When Wenzel and Cassie are right: reconciling local and global considerations. Langmuir, 2009, 25(3): 1277-1281.

[84] Guo H, Fang H. Drop size dependence of the contact angle of nanodroplets. Chinese Physics Letters, 2005, 22(4): 787-790.

[85] Werder T, Walther J H, Jaffe R L, Halicioglu T, Koumoutsakos P. On the water-carbon interaction for use in molecular dynamics simulations of graphite and carbon nanotubes. Journal of Physical Chemistry B, 2003, 107(6): 1345-1352.

[86] Jiang L, Zhao Y, Zhai J. A lotus-leaf-like superhydrophobic surface: a porous microsphere/nanofiber composite film prepared by electrohydrodynamics. Angewandte Chemie International Edition, 2004, 43(33): 4338-4341.

[87] Liu K, Cao M, Fujishima A, Jiang L. Bio-inspired titanium dioxide materials with special wettability and their applications. Chemical Reviews, 2014, 114(19): 10044-10094.

[88] Liu K, Yao X, Jiang L. Recent developments in bio-inspired special wettability. Chemical Society Reviews, 2010, 39(8): 3240-3255.

[89] Tuteja A, Choi W, Ma M, Mabry J M, Mazzella S A, Rutledge G C, McKinley G H, Cohen R E. Designing superoleophobic surfaces. Science, 2007, 318(5856): 1618-1622.

[90] Deng B, Cai R, Yu Y, Jiang H, Wang C, Li J, Li L, Yu M, Li J, Xie L, Huang Q, Fan C. Laundering durability of superhydrophobic cotton fabric. Advanced Materials, 2010, 22(48): 5473-5477.

[91] Lai Y, Xuefeng G, Huifang Z, Huang B, Lin C, Lei J. Designing superhydrophobic porous nanostructures with tunable water adhesion. Advanced Materials, 2009, 21(37): 3799-3803.

[92] Wang C, Lu H, Wang Z, Xiu P, Zhou B, Zuo G, Wan R, Hu J, Fang H. Stable liquid water droplet on a water monolayer formed at room temperature on ionic model substrates. Physical Review Letters, 2009, 103(13): 137801.

[93] Wang C, Zhou B, Xiu P, Fang H. Effect of surface morphology on the ordered water layer at room temperature. The Journal of Physical Chemistry C, 2011, 115(7): 3018-3024.

[94] Xu Z, Gao Y, Wang C, Fang H. Nanoscale hydrophilicity on metal surfaces at room temperature: coupling lattice constants and crystal faces. The Journal of Physical Chemistry C, 2015, 119(35): 20409-20415.

[95] Guo P, Tu Y, Yang J, Wang C, Sheng N, Fang H. Water-COOH composite structure with enhanced hydrophobicity formed by water molecules embedded into carboxyl-terminated self-assembled monolayers. Physical Review Letters, 2015, 115(18): 186101.

[96] Wang C, Yang Y, Fang H. Recent advances on "ordered water monolayer that does not completely wet water" at room temperature. Science China Physics, Mechanics & Astronomy, 2014, 57(5): 802-809.

[97] Wang C, Zhou B, Tu Y, Duan M, Xiu P, Li J, Fang H. Critical dipole length for the wetting transition due to collective water-dipoles interactions. Scientific Reports, 2012, 2(1): 358.

[98] Coridan R H, Schmidt N W, Lai G H, Abbamonte P, Wong G C L. Dynamics of confined water reconstructed from inelastic X-ray scattering measurements of bulk response functions. Physical Review E, 2012, 85(3): 031501.

[99] Hucher M, Oberlin Mathieu-Sicaud A, Hocart R. Adsorption de vapeur d'eau sur les faces de clivage de quelques halogénures alcalins. Bulletin de Minéralogie, 1967, 90(3): 320-332.

[100] Garrett B C. Ions at the air/water interface. Science, 2004, 303(5661): 1146-1147.

[101] Cheh J, Gao Y, Wang C, Zhao H, Fang H. Ice or water: thermal properties of monolayer water adsorbed on a substrate. Journal of Statistical Mechanics: Theory and Experiment, 2013, 2013(06): P06009.

[102] Rotenberg B, Patel A J, Chandler D. Molecular explanation for why talc surfaces can be both hydrophilic and hydrophobic. Journal of the American Chemical Society, 2011, 133(50): 20521-20527.

[103] Phan A, Ho T A, Cole D R, Striolo A. Molecular structure and dynamics in thin water films at metal oxide surfaces: magnesium, aluminum, and silicon oxide surfaces. The Journal of Physical Chemistry C, 2012, 116(30): 15962-15973.

[104] Lützenkirchen J, Zimmermann R, Preočanin T, Filby A, Kupcik T, Küttner D, Abdelmonem A, Schild D, Rabung T, Plaschke M, Brandenstein F, Werner C, Geckeis H. An attempt to explain bimodal behaviour of the sapphire *c*-plane electrolyte interface. Advances in Colloid and Interface Science, 2010, 157(1-2): 61-74.

[105] James M, Darwish T A, Ciampi S, Sylvester S O, Zhang Z, Ng A, Gooding J J, Hanley T L. Nanoscale condensation of water on self-assembled monolayers. Soft Matter, 2011, 7(11): 5309-5318.

[106] Wang Y, Duan Z, Fan D. An ion diffusion method for visualising a solid-like water nanofilm. Scientific Reports, 2013, 3(1): 3505.

[107] Lee K, Kim Q H, An S, An J H, Kim J, Kim B, Jhe W. Superwetting of TiO_2 by light-induced water-layer growth via delocalized surface electrons. Proceedings of the National Academy of Sciences, 2014, 111(16): 5784-5789.

[108] Ball P. Material witness: when water doesn't wet. Nature Materials, 2013, 12(4): 289.

第 8 章　二价金属离子提升含芳香环分子的亲水性

8.1　引　　言

生物大分子的存在状态是许多生物、化学、物理过程的重要基础[1,2]，并且影响着生物分子的生理学功能[3]、药物的生物利用率[4]以及化学反应的催化效果[5]等。Leuner 等[6]的研究发现，某些口服药物的水溶性对这些药物有效成分吸收率及治疗效果有决定性的影响,但是一直以来如何有效提高药物溶解度是药物 (如灰黄霉素、毛地黄、苯妥英、磺胺噻唑等) 研发的一个重要课题甚至是瓶颈之一。Mahadevi 等[7]发现蛋白质的芳香性氨基酸残基是稳定蛋白结构以及影响蛋白质水溶性的重要基团；Li 等[5]的研究发现金属离子可以诱导改变芳香性催化剂的疏水结构，从而促进反应物之间的接触效率，并显著提高催化剂的活性；Tanaka 等[8]提出成孔毒素蛋白质的溶解性直接影响着目标细胞膜蛋白的自组装能力和生物功能。因此，生物分子的水溶性是影响许多生物化学反应的关键。

芳香性氨基酸是构成多肽和蛋白质的重要组成单元，它们在水中的溶解性对这些生物分子的结构特性和生物功能产生重大影响。例如，Xue 等[9]研究发现，在 CusF 蛋白质中，Trp、His、甲硫氨酸 (Met) 在 CusF 蛋白质结构中扮演着重要角色。His 和 Met 与环境中其他离子的相互作用导致 CusF 蛋白质结构的改变。Kamiyama 等[10]研究发现 Trp 和 His 是人类免疫缺陷病毒 1 型 (HIV-1) 的重要基础组成，它们的分布和相互作用影响着 HIV-1 的结构和性质。Hong 等[11]提出膜蛋白中 Trp 残基对蛋白质的折叠有着非常重要的稳定作用，Trp 为脂质提供一个中央疏水核心，并围绕这个核心构建更为稳定的蛋白质结构。

前些章节中对阳离子-π 作用的研究主要集中在碱金属离子上。尽管碱金属离子是生物中含量最丰富的金属元素，其他一些过渡金属离子如 Zn^{2+}、Cu^{2+}、Fe^{2+} 等也常常在蛋白和酶的生物活性方面起着重要的作用。由于铜有 Cu(I) 和 Cu(II) 两种形式，铜离子可以参与许多电荷转移过程或氧分子输运[12]。越来越多的证据表明，阿尔茨海默病相关的 Aβ 多肽与铜离子密切相关，铜离子可能通过促进 Aβ 多肽的聚集或作为辅因子参与氧化应激的产生。正常人体内一般含铜 70～80 mg[13]，数量虽小，但遍布全身的组织和器官，对人体健康至关重要。人体内的铜大部分以结合状态存在，小部分以游离态存在。人体对铜的吸收是借助于肠黏膜细胞内的载体蛋白。含铜的酶有超氧歧化酶、单氨氧化酶、赖氨酸氧化酶、色素氧化和多巴胺羟化酶等。铜通过含铜酶参与造血机能、中枢神经的生理功能、结缔组织的代谢和功能以及抗脂过氧化，具有稳定生物膜等效应。

近年来，随着分析化学研究方法的不断发展，与生命科学相关联的许多课题得到了研究。研究热点之一就是对金属离子的特性以及金属离子与生物大分子相互作用的机理进行研究。在生命体中，金属离子遍布整个新陈代谢系统，参与了大部分的生命活动。金属离子往往没有固定的存在形式，而是处于多种形态的动态平衡转变中。大部分的金属离子往往通过与生物大分子相互作用来参与生命活动，不同的金属离子会对不同的生物分子的性质产生影响，如表面张力、酶活性、蛋白质稳定性以及蛋白质之间的相互作用等。金属离子是维持多相体系渗透平衡的重要组成部分，也是广泛的酶促反应的必要组成部分，机体内接近三分之一的酶需要与金属离子相互作用才能发挥其正常的生物功能；金属离子也能引起蛋白质分子的折叠或者结构上的改变，从而形成以金属离子为结构中心，发挥活性枢纽作用。这些基础研究对于相关疾病的药物设计具有很重要的研究价值，对改进蛋白质的功能与改装蛋白质的空间结构也具有很重要的意义。因此，研究金属离子与蛋白质的相互作用是生命科学的重要内容，是化学和生命科学研究的前沿领域。

8.2 水合阳离子-π 作用与芳香性生物分子水溶性

通常情况下，芳香性氨基酸及其衍生物在水中的溶解度比较低[14,15]，有的甚至非常难溶。如上所述，这些疏水性质的芳香环是蛋白质进行折叠和形成其他复杂高级结构的重要支撑[16]。但是，其较低的溶解度也产生了许多问题，例如，药物有效成分的吸收率低、生物分子相容性差、对生物化学反应的机理研究产生困难等。

Trp 作为人和动物必需的氨基酸，参与机体蛋白质合成和代谢调节，并广泛应用于医药、食品及饲料等方面。图 8.1 是 Trp 的分子结构示意图。Trp 通过代谢可转化为具有中枢神经调节功能的 5-羟基色氨酸等激素以及色素、生物碱、辅酶、植物激素等生物活性物质，具有抗抑郁、抗焦虑、消除神经紧张和改善睡眠等功效，并且可以预防和治疗糙皮病[17]。

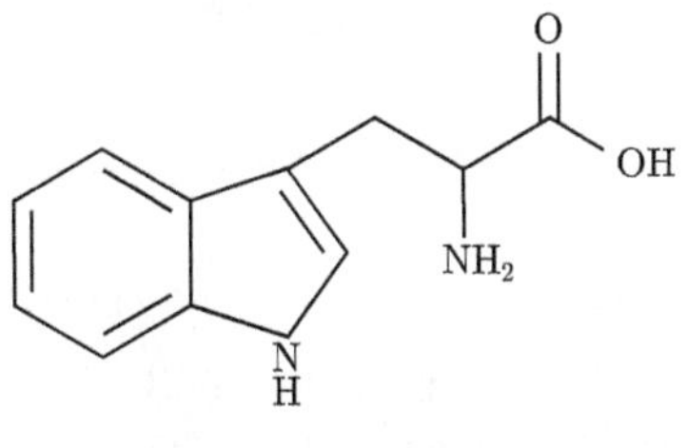

O
OH
NH_2
N
H

图 8.1 Trp 的分子结构

Cu^{2+} 是生物体内重要的矿物离子之一，是动植物所必需的微量元素，影响着生物体内许多非常重要的生化过程[18]。Cu^{2+} 含量的失调可能导致很多疾病 (如贫血、腹泻、门克斯病、帕金森病等)[19]。Cu^{2+} 具有氧化还原活性，能够催化产生活性氧，氧化损伤各种生物大分子。Cu^{2+} 可以和各种不同的配体结合形成稳定的配合物，从而具有不同的氧化还原活性和生物学性质[20]。此外，像其他金属离子一样，Cu^{2+} 被认为是产生阳离子-π 作用的主要离子之一。

Trp 重要的结构特征是具有芳香性结构的吲哚环。吲哚环上的氮原子与碳原子共处于同一平面，形成一个刚性结构；而氮原子的孤对电子与碳原子的 p 轨道电子形成共轭体系。Trp 作为组成蛋白质的重要氨基酸，其吲哚环上丰富的 π 电子为金属阳离子与其结合形成阳离子-π 作用提供了合适的位点。Chakravorty 等[21]利用分子动力学模拟研究了 CusF 膜蛋白中 Trp、His 残基与 Cu^+ 形成的阳离子-π 作用，这使得 Cu^+ 包络在膜蛋白的结构中间，使其与水的接触变得很困难，防止了 Cu^+ 的氧化。图 8.2 所示是 CusF 膜蛋白模型，其中 Cu^+ 与 Trp(W44)、His(H36) 形成了很强的阳离子-π 作用，这样的结构避免了 Cu^+ 与水的直接接触，因为 Cu^+ 在水溶液中极易发生歧化反应生成 Cu^{2+} 和 Cu 单质。这样溶液中保持了 Cu^+ 的价态，这是阳离子-π 作用对固定蛋白结构的主要贡献。同时，Xue 等[9]通过量化计算发现 Ag^+ 在 CusF 膜蛋白中也通过相似的原理来保持价态。因此，分子动力学模拟和量化计算是进行阳离子-π 作用的结构及周围环境对其影响的一种非常有效的手段。

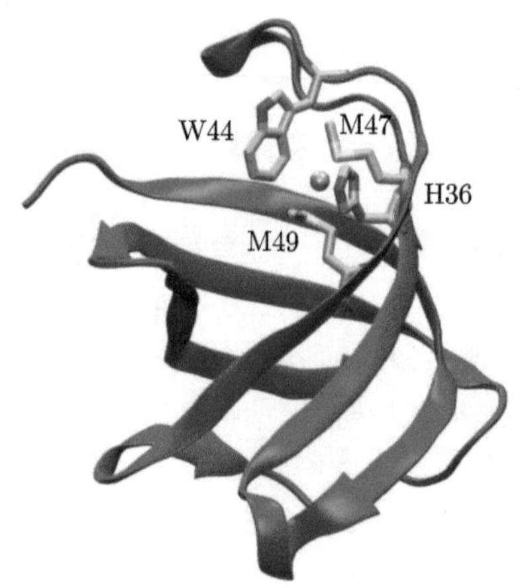

图 8.2 CusF 膜蛋白中 Trp 残基与 Cu^+ 形成阳离子-π 作用

由于 Cu^{2+} 自身的氧化性和形成共价键的反应潜力，运用实验的手段观测 Cu^{2+} 形成的阳离子-π 作用比较困难[22,23]。2008 年，Yorita 等[24]第一次报道了 Cu^{2+} 与 Trp 之间存在阳离子-π 作用的光谱证据，他们以一段含有 Trp 的短肽 (NMC，Gly-Asn-His-Trp-Ala-Val-Gly-His-Leu-Met-NH_2) 作为研究模型，如图 8.3 所示，利用圆二色谱 (CD 谱) 测量 NMC-Cu 溶液体系时，观察到在 223 nm 处存在一个负吸收峰，而 NMC 自身在该处没有明显吸收峰，因此，推测 223 nm 处

的吸收峰是 Cu^{2+} 与短链中某一基团相互作用导致的；在使用另一短肽 (GNHW，Gly-Asn-His-Trp-NH_2) 为参照时也观察到 223 nm 处的负峰现象；而以不含 Trp 的短肽 (GNH，Gly-Asn-His-NH_2) 作为研究模型，测量 GNH-Cu 的 CD 谱则未观察到此现象。由此他们确定在 223 nm 处产生的吸收峰是 Cu^{2+} 与 Trp 产生作用所导致的，而理论计算结果也表明这正是两者之间存在阳离子-π 作用的结果。此外，他们对这些样品进行了紫外吸收光谱 (UV 光谱) 分析，并对其吸光度值进行了差谱处理，也得到了类似的结果，他们成功使用光谱手段追寻到了阳离子-π 作用的神秘踪迹。

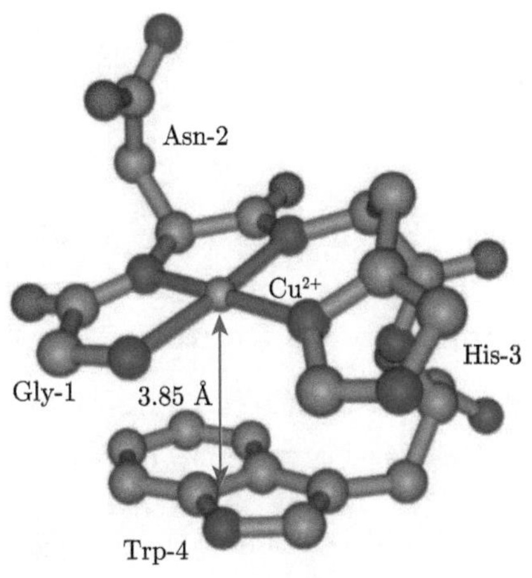

图 8.3 Yorita 等研究 Cu^{2+} 与 Trp 之间存在阳离子-π 作用的 GNHW 分子模型[24]

本节主要介绍石国升等结合理论和实验手段研究了溶液中 Cu^{2+} 和 Trp 体系的结构和机理，从分子层面上揭示了 Trp 固体在含 Cu^{2+} 水溶液中性质改变的原因，应用 UV 光谱、荧光发射光谱、拉曼光谱等实验数据对体系进行表征[25]。

8.2.1 铜 (II) 等金属离子与 Trp 分子之间的阳离子-π 作用

模拟体系和计算方法 本节的理论计算及分析通过密度泛函理论模拟方法，研究了 Cu^{2+} 与 Trp 骨架环状结构 (吲哚环) 及其侧链之间的阳离子-π 作用。

量子化学计算部分采用 Gaussian 09 软件进行，使用 B3LYP 泛函和基于高斯函数的电子波函数进行计算。C、N、O 和 H 原子使用 6-31+G(d,p) 基组，Cu^{2+} 使用 LANL2DZ 基组。其中，Cu^{2+} 与 Trp 分子因阳离子-π 作用结合成 Cu^{2+}-Trp，而 Cu^{2+}-Trp 与最邻近的水分子之间的相互作用能 E'_{ads} 应用下面的定义：

$$E'_{\text{ads}} = E_{\text{total}} - E_{\text{Trp-Cu}} - E_{\text{w}} \tag{8.1}$$

式中，E_{total} 指的是 Cu^{2+}-Trp 与水分子整个体系的能量；$E_{\text{Trp-Cu}}$ 代表 Cu^{2+}-Trp 的能量；E_{w} 代表水的能量。

计算结果　基于密度泛函理论的量化计算，Cu^{2+}-Trp、Trp 与最近邻水分子的优化结构如图 8.4 所示。由图可知，没有 Cu^{2+} 存在的情况下，Trp 分子的羧基含 H 的氧与氨基之间内部形成氢键连接。而在有 Cu^{2+} 存在的情况下，Trp 分子侧链会发生弯曲将 Cu^{2+} 包裹在其中，Cu^{2+} 与 Trp 分子的氨基上的氮、羧基上的不含 H 的氧形成配位结合，此外，Cu^{2+} 与 Trp 的侧链吲哚环之间形成阳离子-π 作用。

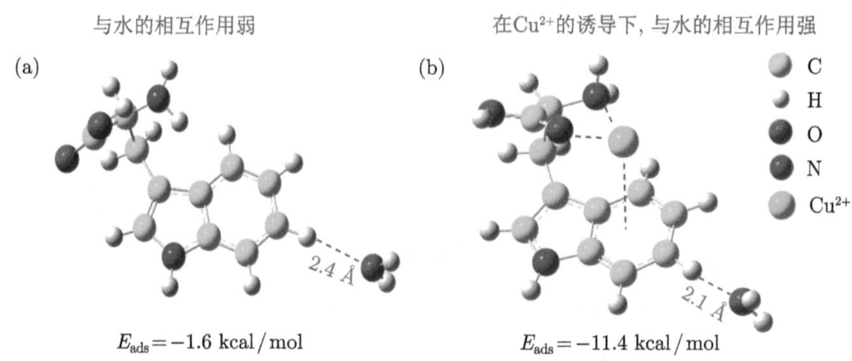

图 8.4　(a) Trp 的吲哚环侧链与水分子之间的相互作用能示意图；(b) Cu^{2+}-Trp 的几何结构和吲哚环侧链与水分子的相互作用能示意图

没有 Cu^{2+} 存在时，Trp 分子与水分子之间的吸附能为 -1.6 kcal/mol；而在 Cu^{2+} 存在的情况下，由于阳离子-π 作用，Cu^{2+}-Trp 复合物与水分子之间的吸附能增强至 -10.9 kcal/mol，几乎是氢键能量 ($2\sim8$ kcal/mol) 的两倍，而且远大于 Trp 和水分子之间的吸附能 (-1.6 kcal/mol)，说明复合物 Cu^{2+}-Trp 具有比 Trp 更强的亲水性。计算结果还显示，水分子中氧原子与 Cu^{2+}-Trp 的距离为 2.0 Å，小于氧原子与 Trp 之间的距离 2.4 Å。这从另一个角度说明，Cu^{2+}-Trp 比 Trp 更为亲水。

为了更好地理解 Cu^{2+} 与 Trp 之间形成的阳离子 π 作用，以及该作用对 Trp 与最近邻的水分子之间相互作用能的影响，石国升等还对优化的结构进行了分子轨道分析。图 8.5 展示的分别是 Trp 和 Cu^{2+}-Trp 与最近邻水分子相互作用时的最高占据轨道 (HOMO)。该 HOMO 代表了 Trp 与水相互作用时最高能量电子的分子轨道占据情况。通过比较两者的 HOMO 图，可以发现在 Trp 与 Cu^{2+} 相互作用后，水分子中氧原子的孤对电子、Trp 中吲哚环、Trp 氨基和羧基上的 N 和 O 上离域的 π 电子以及 Cu^{2+} 的空轨道发生相互耦合并重新分配，这与 Trp-水的 HOMO 图截然不同。也就是说，该 HOMO 图说明 Cu^{2+} 与 Trp 的阳离子-π 作用可以诱导 Cu^{2+}-Trp 体系中的 π 电子与水分子中氧原子的孤对电子发生耦合并重新排布。整个 Cu^{2+}-Trp 体系中 Trp 分子芳香环平面的电子分布完全不同于 Trp 自身芳香环平面的电子分布，该电子重新排布导致 Cu^{2+}-Trp 比 Trp 更为亲水。这进一步印证了之前结合能的计算结果。由此他们进一步推测，在 Cu^{2+} 的诱导下 Trp 在水中的溶解度会显著增加。

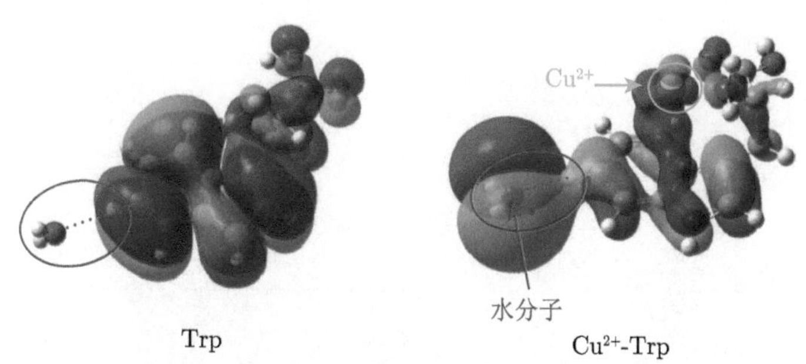

图 8.5 含 Cu^{2+} 和不含 Cu^{2+} 的 HOMO 轨道，其中浅蓝色、蓝色、红色、白色及绿色小球分别代表碳、氮、氧、氢和铜原子。红色和蓝色电子云表示自旋相反的电子轨道

8.2.2 溶解度及相关实验结果

理论研究表明，阳离子-π 作用会影响 Trp 芳香环上 π 电子的离域轨道。这种新的作用方式，有可能引起疏水的芳香化合物和水分子之间的作用形式发生改变。为了证实以上理论预测，他们对 Trp 在不同浓度 $CuCl_2$ 溶液中的溶解度进行了实验测量。

Trp 溶解度实验结果和讨论 通常条件下，Trp 在 $CuCl_2$ 溶液中会发生络合沉淀。这在大量的有机化学教科书上有所阐述，比如高等教育出版社 2005 年出版的邢其毅等编著的《基础有机化学》(第三版)[26] 中提到“某些氨基酸金属盐中的金属可以和分子内的氨基络合，形成形状很好的结晶，因此可以用来沉淀和鉴别某些氨基酸”。事实上，石国升等利用传统离子生物效应的研究方法，确实没有观察到铜离子会增加 Trp 的溶解度，而且如教科书中所言，看到了大量的沉淀产生。在仔细对比了计算所得结构与实验所得到的沉淀结构之后，他们发现基于传统的离子生物效应的研究方法，氨基酸和金属离子配比是 2:1，而理论计算的结构中芳香环氨基酸与一个水合离子形成的复合体中它们的配比是 1:1。基于该理解，他们重新设计了与常规路径不一样的实验方案 (图 8.6)，即将氨基酸固体粉末少量逐步加入含 $CuCl_2$ 的盐溶液中，每一次加入的氨基酸固体粉末都会进入一个相对较高浓度的 Cu^{2+} 环境中，进而可以满足理论计算中 Trp 表面的局域高 Cu^{2+} 浓度条件。

基于新的实验策略，作者进一步得到了 Trp 在 $CuCl_2$ 溶液中的溶解度随浓度增加的结果，如图 8.7 所示。在 0.5 M $CuCl_2$ 溶液中，Trp 的溶解度相比纯水溶液中增加了 5 倍以上。

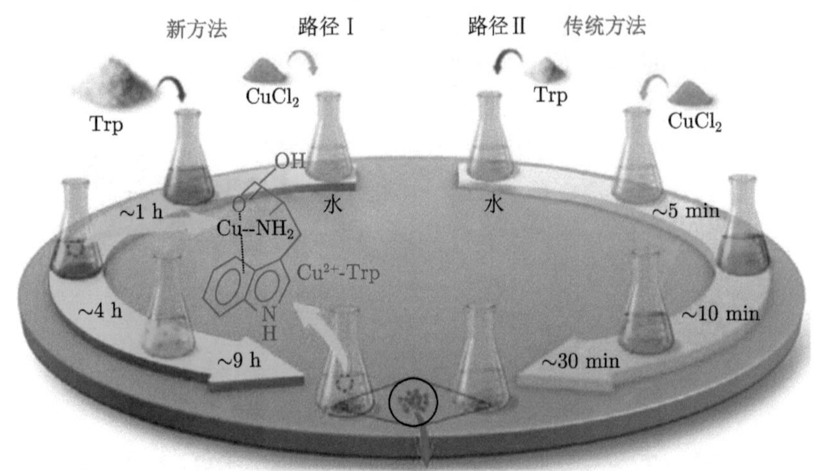

图 8.6　两种实验路径的示意图。右侧为传统实验路径，将 $CuCl_2$ 粉末或 $CuCl_2$ 溶液加入 Trp 溶液中，10 min 左右即观察到有蓝色沉淀物产生，30 min 后，产生大量沉淀物。左侧为此工作中提出的新路径，将 Trp 加入到提前配好的 0.5 M 的 $CuCl_2$ 溶液中，4 h 之后，观察发现只有非常少量的蓝色沉淀产生，大约 9 h 之后，才会产生大量蓝色沉淀物

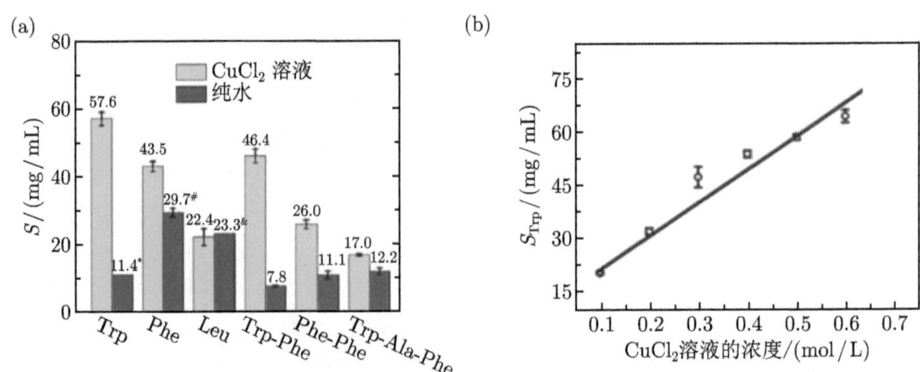

图 8.7　(a) 纯水和 0.5 M $CuCl_2$ 溶液中 Trp、Phe、亮氨酸 (Leu) 和三种芳香环寡肽 (Trp-Phe，Phe-Phe 和 Trp-Ala-Phe) 在室温下的溶解度 (S)；(b) 不同浓度 $CuCl_2$ 盐溶液中 Trp 的溶解度

* 数据来自文献 [27]，# 数据来自文献 [28]，& 数据来自文献 [29]

该溶解度的增加可以很好地进行公式拟合：$S_{\mathrm{Trp}} = AC_{\mathrm{Cu}} + S^0_{\mathrm{Trp}}$，如图 8.7(b) 所示。其中 C_{Cu} 是 Cu^{2+} 的浓度，S_{Trp}、S^0_{Trp} 分别是 C_{Cu} 浓度下 Trp 的溶解度和纯水溶液中 Trp 的溶解度，A 则是 Cu^{2+} 存在的情况下，Trp 亲水性的增强因子。该拟合公式中，$A = 0.46$，代表 $CuCl_2$ 浓度每增加 1 M，Trp 的摩尔溶解度增加 0.46 M。

Trp 自身的溶解度由于测量条件、样品来源和温度等条件和测量方法的不同，结果会有微小的差异。表 8.1 为来自不同文献中的 Trp 固体在纯水中的溶解度数据，溶解度基本上在 10 ~ 15 mg/mL。很显然，在 $CuCl_2$ 溶液中，Trp 的溶解度有大幅度增加，且和 $CuCl_2$ 浓度相关，如图 8.8 所示。

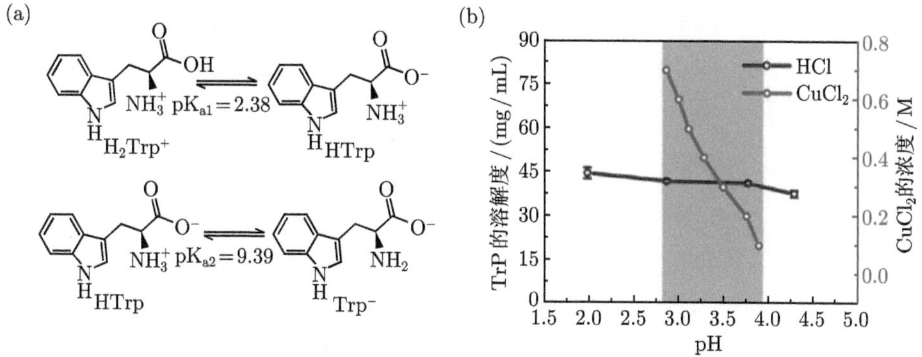

图 8.8 (a) Trp 的解离常数及相应的存在形式；(b) Trp 溶解度 S_{Trp} 随 pH 的变化以及 pH 随 $CuCl_2$ 浓度的变化，阴影部分为该实验中的 pH 范围

表 8.1 Trp 在纯水中的溶解度

序号	溶解度/(mg/mL)	实验温度/℃	参考文献
1	11.4	25	Hernández 等所著文献 [30]
2	13.6	25	Zhang 等所著文献 [17]
3	12.1	25	Chen 所著文献 [31]
4	~ 11	20	Ji 等所著文献 [32]
5	~ 15	20	Liu 等所著文献 [33]
6	13.2	17	CRC 手册 [35]

根据人们对盐溶效应的认识，生物分子特别是蛋白质在低浓度的盐溶液中会呈现出溶解度增加的现象，称之为盐溶；而随着盐浓度的升高，生物分子的溶解度会迅速降低并析出，称之为盐析。而该工作却观测到了不同的现象，即在一定浓度范围，随着 $CuCl_2$ 溶液浓度不断增加，Trp 的溶解度逐渐升高。而从阳离子-π 作用角度考虑，随着 $CuCl_2$ 溶液浓度的增加，Cu^{2+} 与 Trp 结合产生相互作用的概率越高，也就可以持续增加 Trp 的溶解度，这可以很好地解释该现象。由于 Cu^{2+} 具有一定的氧化性且价电子层的部分 d 轨道是空轨道，易与含有孤对电子的分子或离子通过配位键结合形成化合物。为了避免其氧化性和配位特性对实验的干扰，该工作研究的 $CuCl_2$ 溶液浓度不超过 0.7 M。

Trp 溶解度的其他影响因素 前面的实验结果显示，Trp 固体粉末在 $CuCl_2$ 溶液中的溶解度明显高于自身在纯水中的溶解度，这与通过第一性原理计算的结果相吻合。但是影响溶解度的其他因素也很多，如温度、pH 和 Trp 的来源等。这些因素对 Trp 的溶解度增加的贡献是怎样的？作者对其中重要的几种因素进行了探究。

1. pH 的影响

由于 Cu^{2+} 的水解作用[34]，如式 (8-2)，$CuCl_2$ 水溶液会呈现酸性。很多理论认为，pH 值是影响物质溶解度非常重要的因素之一。为了排除 pH 的影响，他们利用 HCl 配制了与 $CuCl_2$ 相同 pH 的溶液，进一步测量 Trp 在不同 pH 的 HCl 溶液中的溶解度，结果如图 8.8(b) 所示。在该工作的实验条件下，$CuCl_2$ 的浓度范围 $0.1 \sim 0.7$ M，相应的 pH 范围为 $2.7 \sim 3.9$。此范围内，pH 对 Trp 的溶解度影响是非常小的，这与其他工作给出的结论相符[33]。

$$Cu^2 + H_2O \rightleftharpoons CuOH^+ + H^+ \rightleftharpoons Cu(OH)_2 + 2H^+ \tag{8.2}$$

另外，由于 Trp 作为一种两性物质，在水中也会有一定程度的水解，Trp 的解离常数和相应的解离形式如图 8.8(a) 所示。当溶液处于 $pH < 2.38$ 时，Trp 以 H_2Trp^+ 的形式存在；当 $3.38 < pH < 9.39$ 时，Trp 以 HTrp 的形式存在；而当 $pH > 9.39$ 时，Trp 以 Trp^- 的形式存在。如图 8.8(b) 所示，在本实验中，$CuCl_2$ 溶液的 pH 范围是 $2.8 \sim 4.0$，Trp 主要以 HTrp 的形式存在于溶液之中，因此，溶液 pH 对 Trp 溶解度的贡献并不大。

2. 温度的影响

对于大部分的固体物质来讲，随着温度的升高，其溶解度逐渐增大。实验中，以 0.5 M $CuCl_2$ 溶液为例对温度因素进行考察。将事先配制好的 $CuCl_2$ 溶液分别保持在温度 4℃、25℃、37℃ 的环境中至少 2 小时，然后对该温度下 Trp 固体的溶解度进行了测量。如表 8.2 所示，结果表明温度对溶解度确实会有一定的增加。这主要是由于温度升高后，分子运动活跃，从而导致物质的溶解度随温度的升高而增大。但是该增加幅度不足以解释 $CuCl_2$ 溶液相较纯水溶液的溶解度大幅增加。

表 8.2　温度的影响

温度/℃	Trp 在 0.5 M $CuCl_2$ 溶液中的溶解度/(mg/mL)
4	51.8
25	57.6
37	58.4

3. 阴离子的影响

前面猜测 Trp 与 Cu^{2+} 之间的阳离子-π 作用导致 Trp 水溶性的改变，为了验证这一猜想，就必须要排除 Cl^- 的影响。因此在本实验中，基于同样的方法，测量了 Trp 固体在 $CuSO_4$、$Cu(NO_3)_2$ 两种铜盐溶液中的溶解度，具体实验结果如表 8.3 和图 8.9 所示。由于金属盐自身溶解度的限制，$CuSO_4$ 的浓度范围为 $0.1 \sim 0.5$ M，$Cu(NO_3)_2$ 的浓度范围为 $0.1 \sim 0.7$ M。

表 8.3 Trp 在 $CuSO_4$ 和 $Cu(NO_3)_2$ 溶液中的溶解度

$CuSO_4$ 的浓度/M	Trp 的溶解度/(mg/mL)	误差/(mg/mL)	$Cu(NO_3)_2$ 的浓度/M	Trp 的溶解度/(mg/mL)	误差/(mg/mL)
0.1	20.4	0.3	0.1	17.2	1.5
0.2	23.0	2.7	0.2	26.2	1.0
0.3	30.0	1.0	0.3	32.2	1.5
0.4	42.6	4.2	0.4	44.0	4.2
0.5	52.6	1.6	0.5	54.6	5.5
			0.6	76.6	6.4
			0.7	105.2	3.0
			0.8	110.2	7.1

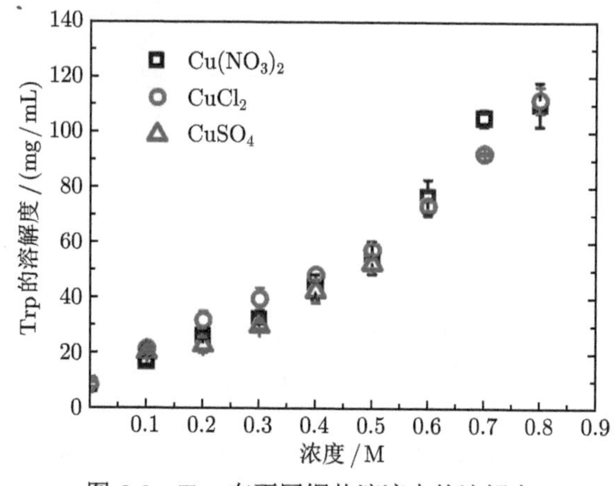

图 8.9 Trp 在不同铜盐溶液中的溶解度

结合 Trp 固体在 $CuSO_4$ 和 $Cu(NO_3)_2$ 溶液以及上述相同 pH 下 HCl 溶液中的溶解度数据，结果充分表明，Cl^- 和 H^+ 不是影响 Trp 溶解度的主要因素，Cu^{2+} 才是 Trp 溶解度显著增大的关键因素。

其他芳香分子以及寡肽的溶解度结果和讨论 除了 Trp，他们还对 Phe(含有一芳香侧链 C_6H_5—基团) 和 Leu(不含芳香环基团) 在 0.5 M $CuCl_2$ 溶液中的室温溶解度进行了测量，结果如图 8.7(a) 所示。由图可知，S_{Phe} 为 (43.5±1.5) mg/mL，几乎为纯水溶液中的 1.5 倍 (纯水溶液中的溶解度为 (29.7±2.5) mg/mL[28])。而当芳香环侧链被替换成甲基基团 (CH_3—) 时，Leu 在 0.5 M $CuCl_2$ 溶液中的溶解度 S_{Leu} ((22.4±2.5) mg/mL) 与纯水溶液中的溶解度 (23.3 mg/mL[29]) 相当。这些结果进一步表明，影响氨基酸在 $CuCl_2$ 溶液中的溶解度的主要因素是芳香环侧链，符合理论计算预言。

芳香性寡肽在 $CuCl_2$ 溶液中同样表现出类似芳香性氨基酸的增溶特征。他们对三种寡肽 Trp-Phe，Phe-Phe 和 Trp-Ala-Phe 在 0.5 M $CuCl_2$ 溶液中的溶解度进行了测量。如图 8.7(a) 所示，$S_{Trp\text{-}Phe}$，$S_{Phe\text{-}Phe}$ 和 $S_{Trp\text{-}Ala\text{-}Phe}$ 的值分别为

46.4 mg/mL，26.0 mg/mL 和 17.0 mg/mL，分别约为各自纯水溶液中的 5.9，2.3 和 1.4 倍 (纯水中的溶解度分别为 7.8 mg/mL，11.1 mg/mL 和 12.2 mg/mL)。

其他二价金属离子对芳香氨基酸溶解度的影响　除了铜离子，作者还研究了其他二价金属离子 (Zn^{2+}、Ni^{2+}) 对 Trp 的溶解度的影响。与 Cu^{2+} 类似，理论计算证实 Zn^{2+}、Ni^{2+} 与 Trp 也存在较强的阳离子-π 作用。同时，Trp 在 0.5 M 浓度 $ZnCl_2$ 和 $NiCl_2$ 溶液中的溶解度也分别得到了明显的提高，如图 8.10 所示。

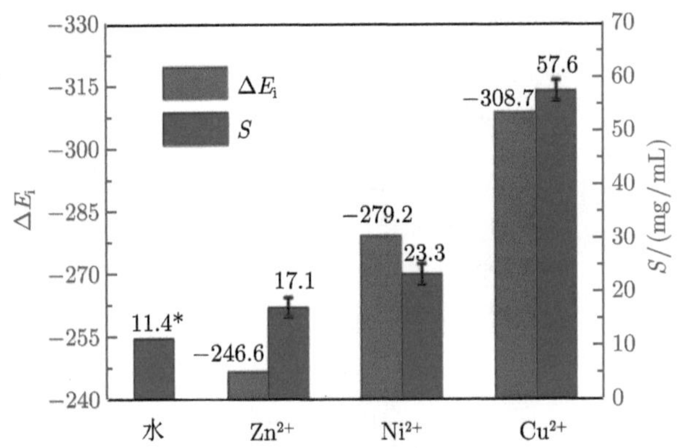

图 8.10　不同二价金属离子 (Zn^{2+}、Ni^{2+}、Cu^{2+}) 与 Trp 的结合能 (红色柱)，以及 0.5 M $ZnCl_2$、$NiCl_2$ 和 $CuCl_2$ 溶液中 Trp 的溶解度 (蓝色柱)

* 数据来自文献 [27]

溶解度测量方法　溶解度测量是本工作中所有实验的重要基础，为了更精确地测量 Trp 在水及 $CuCl_2$ 溶液中的溶解度，作者采用了紫外吸收光谱定量分析的方法。该工作中所有的溶解度值重复三次取平均，并计算测量误差。按照该方法可获得 Trp 在水中的溶解度 (12.3 ± 0.8) mg/mL(文献中为 11.4 mg/mL[30])。

8.2.3　阳离子-π 作用的实验表征

在该研究中，对 Cu^{2+} 与 Trp 之间阳离子-π 作用的实验表征，主要采用了 UV 吸收光谱、荧光光谱、X 射线吸收近边结构谱 (XANES 谱)、拉曼光谱以及中子散射实验方法。

UV 吸收光谱　UV 吸收光谱能快速、准确地测定有机化合物的分子结构特征。该工作利用 UV 吸收光谱验证了 Cu^{2+}-Trp 体系中阳离子-π 作用的存在。Yorita 等[24]利用 CD 和 UV 光谱手段提出了 Cu^{2+}-Trp 存在阳离子-π 作用的第一个光谱证据，和文献中多肽，如 GNHW(Gly-Asn-His-Trp-NH_2) 相比，Cu^{2+}-Trp 体系更为简单，影响因素相对较少。

利用紫外分光光度计对 Cu^{2+}-Trp 溶液、Trp 溶液及 $CuCl_2$ 溶液分别进行测量，结果如图 8.11 所示。图中标注了 Cu^{2+}-Trp，Trp 和 $CuCl_2$ 溶液的紫外吸光度，以及 Cu^{2+}-Trp 的紫外吸光度与 Trp+$CuCl_2$ 的紫外吸光度差。通过差谱将差异放大，可以明显地看到在 228 nm 处有一吸收峰，这与 Yorita 等的研究结果相吻合，正是 Cu^{2+} 与 Trp 之间的阳离子-π 作用所导致的光谱变化。

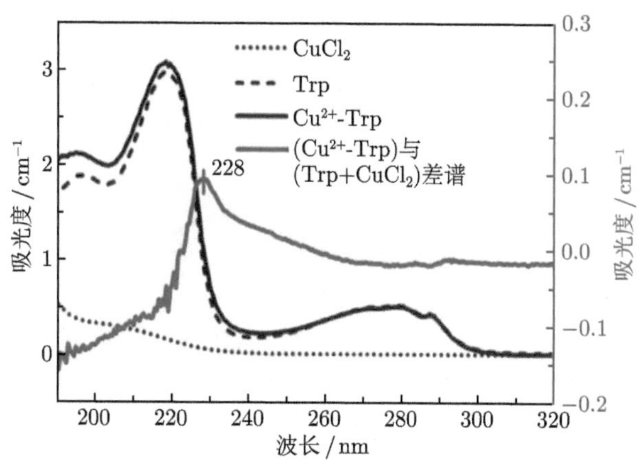

图 8.11　Cu^{2+}-Trp 体系的紫外光谱

$CuCl_2$ 水溶液 (80 μM)、Trp 水溶液 (40 μM)、Cu^{2+}-Trp 溶液的紫外光谱，以及 Cu^{2+}-Trp 溶液与 $CuCl_2$+Trp 溶液的紫外光谱差谱

荧光光谱　荧光光谱是进行物质定性定量分析以及结构分析的重要手段，具有灵敏度高、选择性强、方法简便等优点。研究者利用荧光发射谱，探究了 Trp 自身以及 Cu^{2+}-Trp 在相同条件下的荧光强度，进一步验证了阳离子-π 作用的存在。

实验采用的激发光波长为 279 nm，检测波长范围为 300 ~ 500 nm。以 40 μM Trp 水溶液为标准样品，经过测试，Trp 的最大发射波长在 349 nm 处，如图 8.12 所示。该荧光被认为来源于易于产生 π-π* 能级转移的吲哚环的共轭双键[36,37]。而 Cu^{2+}-Trp 溶液受到激发后，其发射波长最大强度也在 349 nm，但是强度却降为 Trp 水溶液的 60%，即 Trp 的荧光被部分淬灭，这与 Wang 等 [38] 的研究结果相似。这可以解释为 Cu^{2+}-Trp 中存在阳离子-π 作用，Cu^{2+} 通过吸引 Trp 中吲哚环的 π 电子使其离域电子轨道发生改变，而在进行激光辐照的时候，这部分 π 电子不能受到激发而跃迁，所以比起 Trp 水溶液的荧光强度来讲，必然有所下降。

为了进一步清楚地认识 Cu^{2+}-Trp 中存在的阳离子-π 作用机制，他们在体系中引入和 Cu^{2+} 结合能力更强的甲硫氨酸 (methionine，Met)，将 Cu^{2+}-Trp 中的 Cu^{2+} 夺走，再检测此时溶液中的荧光光谱，发现 Trp 的荧光强度可以恢复，并且与 Trp 标准强度一致。通过对照实验，$CuCl_2$ 溶液、Met 溶液均不会在测量范围内产生任何峰，这也就是说 Cu^{2+}-Trp 体系中引入 Met 使其荧光恢复，是因为 Met 与 Cu^{2+}-Trp 发生作用，释放了 Trp 分子。

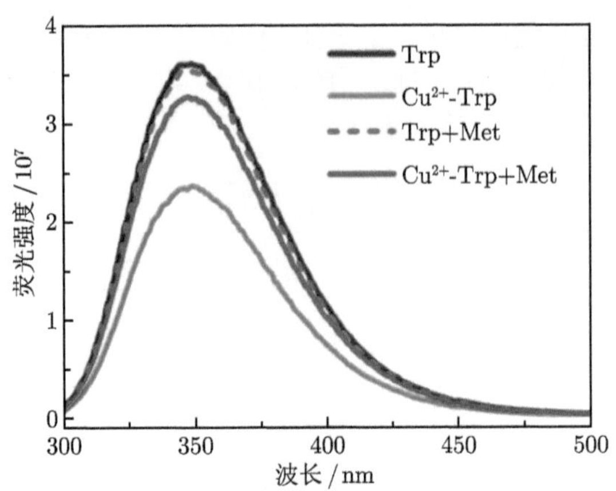

图 8.12　荧光光谱图

Trp 水溶液 (40 μM)、Cu^{2+}-Trp 溶液 (80 μM 、40 μM)、Trp+Met 溶液以及 Cu^{2+}-Trp+Met 溶液的荧光光谱图

根据之前的报道[39,40]，在生物巯基化合物存在的情况下 (如胱氨酸和谷胱甘肽等)，Cu^{2+} 更倾向于与巯基化合物反应生成更强的 Cu—S 键。Met 的结构如图 8.13 所示，它含有一个 S 原子，可以与 Cu 成键。由于 Cu—S 键比阳离子-π 作用更强，在 Met 进入 Cu^{2+}-Trp 体系后，Cu^{2+} 更倾向于和 Met 形成更稳定的化合物 Cu^{2+}-Met，从而释放由于阳离子-π 作用被 Cu^{2+} 结合的 Trp，使 Trp 的荧光恢复。

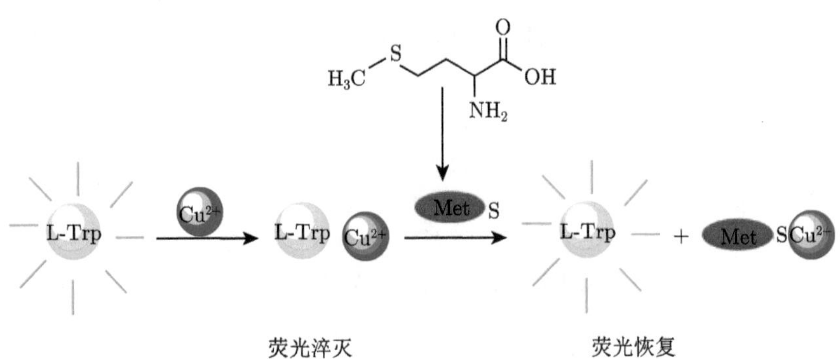

图 8.13　Met 的结构式以及 Cu^{2+}-Trp 体系荧光的淬灭及恢复过程

XANES 谱　XANES 谱方法，结合了扫描透射 X 射线显微术的几十个纳米左右的高空间分辨能力，和适用于近边吸收精细结构谱学研究的高化学态分辨能力 (高能量分辨率)，可以在介观尺度研究固体、液体、软物质 (如水凝胶) 等多种形态的物质。

利用 XANES 谱学对样品中铜离子价态进行了表征。实验中制备了 $CuCl_2 \cdot 2H_2O$ 晶体和两种实验策略得到的蓝色沉淀物，实验结果如图 8.14 所示。从图中可以看到，两种实验策略得到的蓝色沉淀物的 Cu 左吸收峰与 $CuCl_2 \cdot 2H_2O$ 晶体的 Cu 左吸收峰吻合得非常好。说明这些样品中的 Cu 元素拥有相同的价态，即在 Cu^{2+}-Trp 蓝色沉淀物中，铜离子依然保持 +2 价，提示没有明显的氧化还原和电子转移反应发生。这也进一步印证了阳离子-π 作用是一种弱的非共价键作用，而并不是化学键。

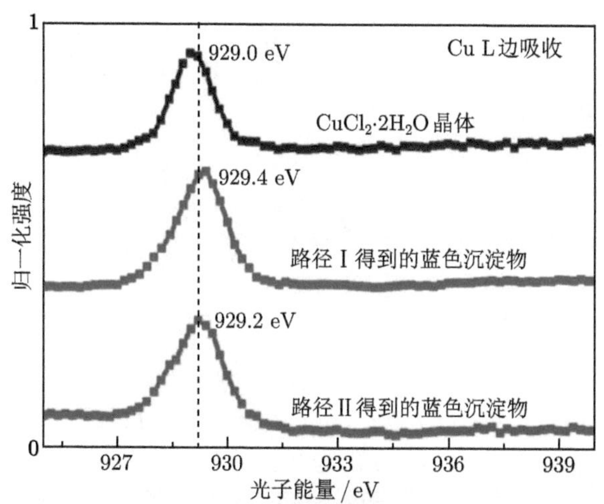

图 8.14 $CuCl_2 \cdot 2H_2O$ 晶体和两种实验策略得到的蓝色沉淀物的 XANES 谱

拉曼光谱 利用拉曼光谱可以得到有关分子振动或转动的信息，目前拉曼光谱分析技术已广泛应用于物质的鉴定，分子结构的谱线特征研究。

在实验中，他们应用拉曼光谱对 Cu^{2+}-Trp 的分子结构进行了深入的研究，测量结果如图 8.15 所示。图中显示 Trp 和 Cu^{2+}-Trp 的拉曼光谱非常相似，比如 Trp 的几个强峰位于 759.3 cm^{-1}、1012.3 cm^{-1}、1551.5 cm^{-1}，而 Cu^{2+}-Trp 在相应的位置上也有类似的吸收峰，二者在极个别地方有一定的区别。而 $CuCl_2$ 自身的水合峰在 Cu^{2+}-Trp 中并没有体现，说明 Cu^{2+} 的存在形式已经发生了变化。由拉曼光谱的比较可以看出，Trp 和 Cu^{2+}-Trp 最重要的光谱差别在于 864 cm^{-1}、1340 cm^{-1} 以及 1360 cm^{-1} 处的三个峰。很显然，Trp 溶液的 864 cm^{-1} 处的峰在 Cu^{2+}-Trp 中明显减弱，此处是 Cu 吲哚环上 N 原子相结合的证明。Trp 溶液在 1340 cm^{-1} 以及 1360 cm^{-1} 处的两个峰，在 Cu^{2+}-Trp 中劈裂形成两个肩峰，此处说明 Cu^{2+} 影响了 Trp 的苯环和羧基。由此可见，Cu^{2+} 主要影响的位置为 Trp 的 N、C=O 以及苯环，这也印证了阳离子-π 作用的理论计算结果。

中子散射实验 Cu^{2+}-Trp 之间的阳离子-π 作用对 Trp 亲水性的增强，还可以通过测定 Cu^{2+}-Trp 的扩散系数来表征。中子散射实验的准弹性谱可以追踪质子的自扩散过程，用来表征质子扩散能力的强弱。

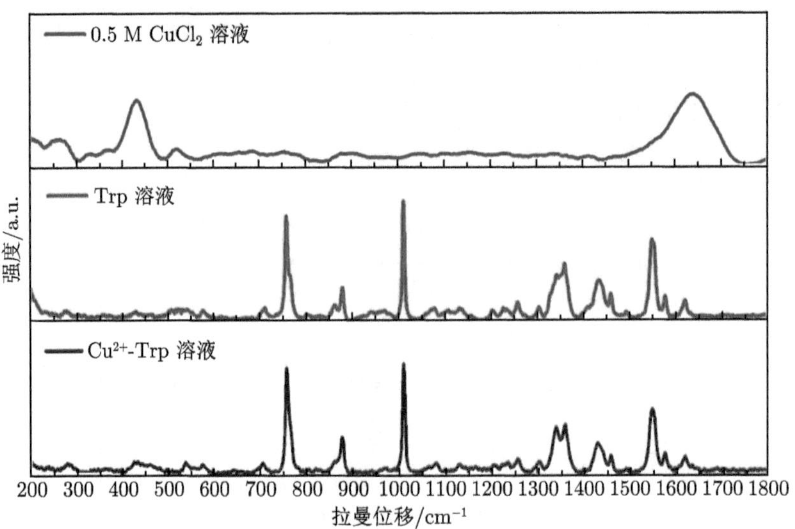

图 8.15　$CuCl_2$ 溶液、Trp 饱和溶液以及 Cu^{2+}-Trp 的拉曼光谱

准弹性中子散射 (QENS) 实验是在澳大利亚核科学和技术组织 (Australian Nuclear Science and Technology Organization，ANSTO) 的 PELICAN 设备上进行的。为了比较 Trp 和 Cu^{2+}-Trp 的自扩散系数，分别制备了 Trp-D_2O 和 Trp-D_2O-$CuCl_2$ 两种样品。由于 H 原子的非相干散射长度较大，采用氘代水可以避免对 Trp 中的 H 自扩散散射截面产生较大干扰。Trp 中活跃的 H 被替换成 D，样品 Trp-D_2O 的摩尔比例为 1:100，样品 Trp-D_2O-$CuCl_2$ 的摩尔比例为 1:100:1。实验获得准弹性中子散射信号由 Trp 中的不活跃 H 原子所主导，其一阶近似反映了 Trp 的动力学特征。测得的准弹性中子散射谱用洛伦兹函数进行拟合，拟合所得到的半峰半宽 (HWHM) 与 Q^2 的关系如图 8.16 所示，其中 Q 为 $0.4 \sim 1.8$ Å^{-1}

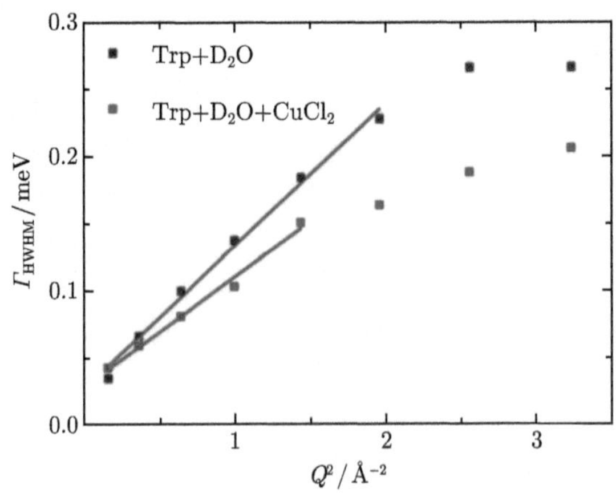

图 8.16　Trp+D_2O(黑方块) 和 Trp+D_2O+$CuCl_2$(蓝方块) 的拟合洛伦兹函数的 HWHM 与 Q^2 之间的对应关系，以及二者基于 Fick 定律的拟合曲线 (红线)

范围内的动量转移。对所得的 HWHM 与 Q^2 关系基于 Fick 定律进行线性拟合，即可以得到 Trp-D_2O 和 Trp-D_2O-$CuCl_2$ 的自扩散系数值。经计算，这里得到的 Trp-D_2O 与 Trp-D_2O-$CuCl_2$ 的自扩散系数分别为 $(2.6\pm0.1)\times10^{-5}\ cm^2/s$ 和 $(1.9\pm0.1)\times10^{-5}\ cm^2/s$。自扩散系数的不同，表明 Cu^{2+}-Trp 在 D_2O 中比单独 Trp 在 D_2O 中移动得慢，说明在 $CuCl_2$ 溶液中，Trp 比纯水溶液与周围水的相互作用更强，也即更亲水，与之前的计算结果一致。

8.3 本 章 小 结

考虑到二价过渡金属离子在生物体系中广泛存在，本章介绍了在二价过渡金属 (Cu^{2+}、Ni^{2+}、Zn^{2+}) 盐溶液中，两种含芳香环氨基酸 (Trp 和 Phe) 以及含芳香环结构寡肽 (Trp-Phe，Phe-Phe 和 Trp-Ala-Phe) 中的反常增溶现象，特别是，在 $CuCl_2$ 溶液中 Trp 的溶解度可以达到纯水溶液中的 2 ~ 5 倍。从简单氨基酸到相对复杂的寡肽都具有类似的特性，预示着在生物体系中可能真实存在着类似现象。理论计算表明，该现象基于阳离子-π 作用，可以使所作用的芳香环的电荷重新排布，从而使得含芳香环分子的亲水性增强。采用新的实验策略发现，这些含芳香环分子的溶解度在二价过渡金属盐溶液中可以大大提高，挑战了含芳香环氨基酸在过渡金属盐溶液中形成络合沉淀的传统观念。需要说明的是，这个实验的成功，理论指导是关键。最初，这个工作的实验工作者根据其理论预言进行实验观测时，利用传统离子生物效应的研究方法，不但没有观测到铜离子会增加 Trp 的溶解度，恰恰相反，他们看到了大量的沉淀产生，因此实验工作者对理论预测的结果产生了异议。这个工作的理论工作人员仔细对比了计算所得结构与合作者所得到的沉淀结构，发现基于传统离子生物效应的研究方法中，氨基酸和金属离子配比是 2:1，而理论计算的结构中芳香环氨基酸与一个水合离子形成的复合体中它们的配比是 1:1。基于该理解，他们重新设计了与常规路径不一样的实验方案，即将氨基酸加入离子溶液中，使氨基酸周围一般都是金属离子，结果得到氨基酸在离子溶液中明显增溶的现象。

有趣的是，大量的有机化学教科书的描述 "某些氨基酸金属盐中的金属可以与分子中的氨基络合，形成很好的结晶，因此可以用来沉淀和鉴别氨基酸"[26]。按照教科书观点，这些氨基酸是不溶于金属离子溶液的。所以，这个发现是对教科书里金属盐离子溶液中金属离子和芳香环作用形态的重新认识。

由于含芳香环分子在生物体系以及药物分子中广泛存在，它们的溶解度和分散性在实际应用中十分重要。本章介绍的工作中的发现为该方面的研究指明了新方向。另外，该发现让人们重新考虑真实生理条件下 (有离子存在) 的疏水相互作用——芳香环在离子溶液中不再是人们想象的那么疏水，因而也启示我们目前使用的模拟蛋白质折叠的计算力场需要相应调整；考虑到芳香环残基的疏水作用在蛋白折叠、蛋白配体间相互作用和蛋白药物相互作用等方面扮演着重要的角色，该发现还有助于人们进一步认识高价离子的生理功能和其诱发的疾病机制。

参 考 文 献

[1] Tang J, Du N, Doyle P S. Compression and self-entanglement of single DNA molecules under uniform electric field. Proc. Nat. Acad. Sci. USA, 2011, 108(39): 16153-16158.

[2] Ball P. Water as an active constituent in cell biology. Chemical Reviews, 2008, 108(1): 74-108.

[3] Von Hansen Y, Gekle S, Netz R R. Anomalous anisotropic diffusion dynamics of hydration water at lipid membranes. Phys. Rev. Lett., 2013, 111(11): 118103.

[4] Li Z B, Loh X J. Water soluble polyhydroxyalkanoates: future materials for therapeutic applications. Chem. Soc. Rev., 2015, 44(10): 2865-2879.

[5] Li B, Dixneuf P H. Sp(2) C—H bond activation in water and catalytic cross-coupling reactions. Chem. Soc. Rev., 2013, 42(13): 5744-5767.

[6] Leuner C, Dressman J. Improving drug solubility for oral delivery using solid dispersions. European Journal of Pharmaceutics and Biopharmaceutics, 2000, 50(1): 47-60.

[7] Mahadevi A S, Sastry G N. Cation-pi interaction: its role and relevance in chemistry, biology, and material science. Chem. Rev., 2013, 113(3): 2100-2138.

[8] Tanaka K, Caaveiro J M M, Morante K, et al. Structural basis for self-assembly of a cytolytic pore lined by protein and lipid. Nat. Commun., 2015, 6: 6337.

[9] Xue Y, Davis A V, Balakrishnan G, et al. Cu(I) recognition via cation-pi and methionine interactions in CusF. Nature Chemical Biology, 2008, 4(2): 107-109.

[10] Kamiyama T, Miura T, Takeuchi H. His-Trp cation-pi interaction and its structural role in an alpha-helical dimer of HIV-1 Vpr protein. Biophysical Chemistry, 2013, 173/174: 8-14.

[11] Hong H, Rinehart D, Tamm L K. Membrane depth-dependent energetic contribution of the tryptophan side chain to the stability of integral membrane proteins. Biochemistry, 2013, 52(25): 4413-4421.

[12] Lippard S J, Berg J M. Principles of bioinorganic chemistry: 70. University Science Books Mill Valley, CA, 1994.

[13] Gibson R S. Principles of Nutritional Assessment. 2nd edition. New York: Oxford University, 2005.

[14] Berne B J, Weeks J D, Zhou R. Dewetting and hydrophobic interaction in physical and biological systems. Annu. Rev. Phys. Chem., 2009, 60(1): 85-103.

[15] Coridan R H, Schmidt N W, Lai G H, et al. Hydration dynamics at femtosecond time scales and angstrom length scales from inelastic X-ray scattering. Phys. Rev. Lett., 2009, 103(23): 237402.

[16] Cheung M S, Garcia A E, Onuchic J N. Protein folding mediated by solvation: water expulsion and formation of the hydrophobic core occur after the structural collapse. Proc. Nat. Acad. Sci. USA, 2002, 99(2): 685-690.

[17] Zhang Z H, Yu Q, Zeng X A, et al. Effects of pulsed electric field on selected properties of L-tryptophan. International Journal of Food Science and Technology, 2015, 50(5): 1130-1136.

[18] Kim B E, Nevitt T, Thiele D J. Mechanisms for copper acquisition, distribution and regulation. Nature Chemical Biology, 2008, 4(3): 176-185.

[19] Delangle P, Mintz E. Chelation therapy in Wilson's disease: from d-penicillamine to the design of selective bioinspired intracellular Cu(I) chelators. Dalton Transactions, 2012, 41(21): 6359-6370.

[20] 蔡小强, 潘逆娜, 汪红霞, 等. 铜离子与黄酮类配合物的促氧化作用. 武汉大学学报, 2008, 54(2): 197-201.

[21] Chakravorty D K, Wang B, Ucisik M N, et al. Insight into the cation-pi interaction at the metal binding site of the copper metallochaperone CusF. Journal of the American Chemical Society, 2011, 133(48): 19330-19333.

[22] Gallivan J P, Dougherty D A. Cation-pi interactions in structural biology. Proceedings of the National Academy of Sciences of the United States of America, 1999, 96(17): 9459-9464.

[23] Shimazaki Y, Yokoyama H, Yamauchi O. Copper(I) complexes with a proximal aromatic ring: novel copper-indole bonding. Angewandte Chemie-International Edition, 1999, 38(16): 2401-2403.

[24] Yorita H, Otomo K, Hiramatsu H, et al. Evidence for the cation-pi interaction between Cu^{2+} and tryptophan. J. Am. Chem. Soc., 2008, 130(46): 15266-15267.

[25] Shi G, Dang Y, Pan T, et al. Unexpectedly enhanced solubility of aromatic amino acids and peptides in an aqueous solution of divalent transition-metal cations. Phys. Rev. Lett., 2016, 117(23): 238102.

[26] 邢其毅. 基础有机化学. 3 版. 北京: 高等教育出版社, 2005.

[27] Hernández B, Pflüger F, Adenier A, et al. Vibrational analysis of amino acids and short peptides in hydrated media. Ⅷ. Amino acids with aromatic side chains: l-phenylalanine, l-tyrosine, and l-tryptophan. The Journal of Physical Chemistry B, 2010, 114(46): 15319-15330.

[28] Lu J, Lin Q, Li Z, et al. Solubility of l-phenylalanine anhydrous and monohydrate forms: experimental measurements and predictions. Journal of Chemical & Engineering Data, 2012, 57(5): 1492-1498.

[29] Carta R, Tola G. Solubilities of l-cystine, l-tyrosine, l-leucine, and glycine in aqueous solutions at various pHs and NaCl concentrations. Journal of Chemical & Engineering Data, 1996, 41(3): 414-417.

[30] Hernández B, Pflüeger F, Adenier A, et al. Vibrational analysis of amino acids and short peptides in hydrated media. Ⅷ. Amino acids with aromatic side chains: L-phenylalanine, L-tyrosine, and L-tryptophan. J. Phys. Chem. B, 2010, 114(46): 15319-15330.

[31] 陈巧力. L-色氨酸结晶过程研究. 天津: 天津大学博士学位论文, 2015.

[32] Ji P J, Feng W. Solubility of amino acids in water and aqueous solutions by the statistical

associating fluid theory. Industrial & Engineering Chemistry Research, 2008, 47(16): 6275-6279.

[33] Liu L F, Yang L L, Jin K Y, et al. Recovery of L-tryptophan from crystallization wastewater by combined membrane process. Sep. Purif. Technol., 2009, 66(3): 443-449.

[34] Perrin D D. The hydrolysis of copper (II) ion. J. Am. Chem. Soc., 1960 (AUG): 3189-3196.

[35] Rumble J. CRC Handbook of Chemistry and Physics. Boca Raton: CRC Press, 2017.

[36] Chuang C H, Chen Y T. Raman scattering of L-tryptophan enhanced by surface plasmon of silver nanoparticles: vibrational assignment and structural determination. Journal of Raman Spectroscopy, 2009, 40(2): 150-156.

[37] Isaac M, Denisov S A, Roux A, et al. Lanthanide luminescence modulation by cation-π interaction in a bioinspired scaffold: selective detection of copper(I). Angewandte Chemie-International Edition, 2015, 54(39): 11453-11456.

[38] Wang Y Q, Liu S P, Liu Z F, et al. A L-tryptophan-Cu(II) based fluorescence turn-on probe for detection of methionine. J. Lumin., 2014, 147: 107-110.

[39] Huang H, Shi F, Li Y, et al. Water-soluble conjugated polymer-Cu(II) system as a turn-on fluorescence probe for label-free detection of glutathione and cysteine in biological fluids. Sensors and Actuators B: Chemical, 2013, 178: 532-540.

[40] Yang M, Tomellini S A. An HPLC detection scheme for underivatized amino acids based on tryptophan fluorescence recovery. Analytica Chimica Acta, 2000, 409(1-2): 45-53.

第 9 章 离子控制含芳香环材料表面的“咖啡环”效应

9.1 引 言

一滴咖啡蒸发后，会在液滴边缘形成一个比中间区域颜色深得多的暗环，这种不均匀沉积现象就是“咖啡环”效应[1]。事实上，不管液滴中分散的是颗粒、胶体，还是分子或离子，液体蒸发后都可能在固体表面形成类似于“咖啡环”的图案。“咖啡环”效应是一个与液滴蒸发密切相关的科学问题[2]。自从 1997 年 Deegan 在 *Nature* 杂志发文阐述“咖啡环”效应的形成机理以来 (图 9.1)，“咖啡环”效应已受到国际社会广泛关注[3]。它广泛存在于我们的日常生活和工农业生产中，在日常清洁、工业印染、喷墨打印、器件组装和芯片制造等方面均存在不同程度的不利影响[4]。例如，“咖啡环”效应会导致玻璃、地板、衣服等表面残留不均匀的水渍/污渍，有碍美观；导致农药在植物叶片表面的不均匀分布，降低农药的杀虫效果；妨碍布料的均匀染色；影响工业印刷、喷墨打印、光子元件组装以及 DNA(脱氧核糖核酸) 芯片制造的质量和功能等[5−13]。另一方面，“咖啡环”效应可以作为一种预浓缩方法用来控制颗粒在表面上的自组装[14]。如果能人为控制“咖啡环”效应，将会有非常重要的科学意义和巨大的应用价值。

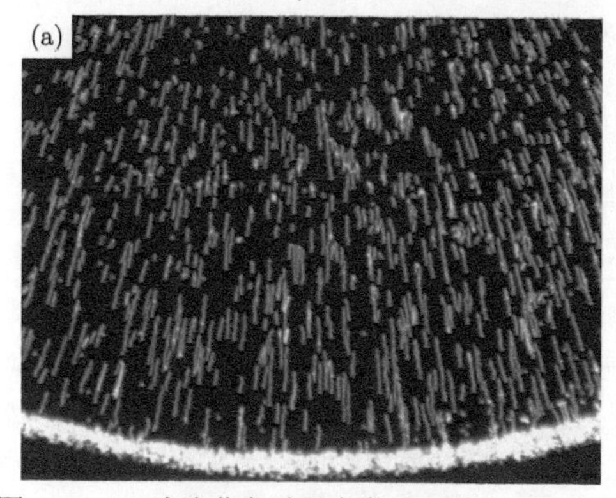

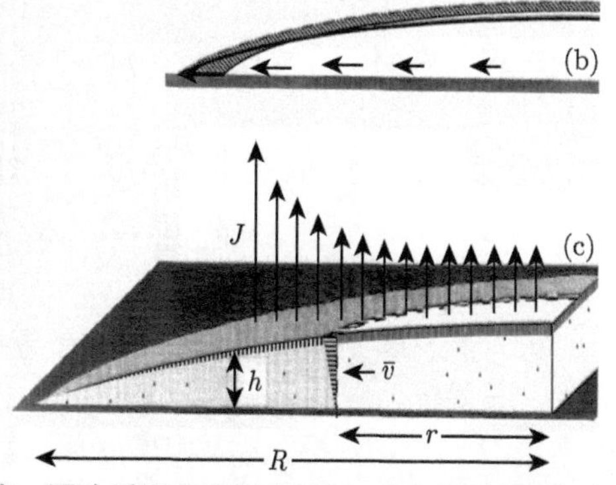

图 9.1 (a) 液滴蒸发过程中微球颗粒的运动轨迹，照片采用多次曝光叠加。(b) 保持固/液/气三相接触线固定所需的液体补偿流量。(c) 补偿流量的定量分析。蒸气以单位面积的蒸发速率 J 离开液滴，导致液面的垂直高度 h 下降，在很短时间 Δt 内使液滴上方的垂直条纹区域排空。但在靠近接触线的区域，液滴的排空体积 (粗条纹) 小于 J 蒸发的体积 (粗箭头)。因此，距离液滴中心 r 处的液体以平均速度 $\bar{v}$ 向外流动以补足两者之间的差异

普遍认为，“咖啡环”效应的产生，主要是液滴边缘的蒸发速率大于液滴中心的蒸发速率，导致液滴内产生了一个向外的毛细流动，将悬浮的颗粒携带至液滴边缘，并在边缘沉积成环状图案[3]。为了抑制“咖啡环”效应，人们提出了多种削弱毛细流的方法：

(1) 减小液滴的不均匀蒸发。通过增强颗粒间的相互作用[5−7]，或者使液滴的表面收缩速度大于颗粒的平均扩散速度[8]，颗粒就可以在蒸发速率快的液滴边缘先“结皮”，从而降低该区域的蒸发速率，减小不均匀蒸发，抑制液滴中向外的毛细流动。椭球形颗粒间较强的毛细作用[5,6]、硫醇与金纳米颗粒间的化学作用[7]等都可以导致颗粒在液滴表面“结皮”，减小液滴的不均匀蒸发，最终抑制“咖啡环”图案的形成。

(2) 增强马兰戈尼 (Marangoni) 流。由液体表面张力梯度而引发的流动被称为马兰戈尼流，其流动方向与毛细流方向相反。因此它可以削弱毛细流，从而抑制“咖啡环”效应。在液滴中增强马兰戈尼流的方法有：添加高沸点、低表面张力的有机溶剂[9,10]或者表面活性剂[11−14]、提高蒸发温度[8,15]或用激光加热液滴顶部[16]。

(3) 增大液滴的黏度。液体的流动性与其黏度成反比，黏度越大，流动性越差，毛细流越弱，从而抑制“咖啡环”图案的形成。可以增大液滴黏度的物质包括：溶胶–凝胶诱导剂[17]、水溶性高分子[12,18]、自聚合/交联分子[19]等。

(4) 利用液滴边缘固/液/气三相接触线滑移。蒸发时三相线的滑移可以减小向外的毛细流。因此，控制三相线的滑移，可不同程度地抑制“咖啡环”效应，形成环状、火山状或山状沉积[20]。

虽然在二十多年里人们对“咖啡环”效应的研究取得了很大的进展，并发展出多种控制“咖啡环”效应的方法，但是如何在尽量不改变液滴流动性质的情况下，高效低成本地实现大面积均匀沉积，并提高沉积层与基底材料的结合力，仍然是一个巨大的挑战。

9.2　基于水合阳离子-π 作用控制含芳香环碳基表面“咖啡环”效应的理论基础

芳香族材料是指分子结构中具有芳香环的材料，既包括多环芳香族大分子，如石墨、石墨烯、碳纳米管和富勒烯等，也包括所有含芳香环结构的高分子聚合物，如涤纶 (PET)、芳纶、芳香族聚酰亚胺、聚苯乙烯、氮化硼等。它们结构稳定，不易分解。控制芳香族材料表面上的“咖啡环”效应，实现图案的均匀沉积功能，将进一步推动它们在光电子器件、高温燃料电池、薄膜太阳能电池、柔性显示、生物检测、汽车、纺织、包装甚至军事等领域的应用[21−26]。

尽管芳香环结构与颗粒之间仅存在较弱的直接作用，但考虑到该结构与阳离子之间有强的水合阳离子-π 作用，同时离子易在颗粒表面吸附，因此，阳离子可以作为一个桥梁增强颗粒与芳香环结构之间的相互吸引作用，从而增强颗粒在芳香族材料表面的吸附。研究表明，镉离子的吸附促进了萘和 1-萘酚在氧化石墨/化学还原石墨烯表面的共吸附[27]。铅和镉增强了黏土质/黏土矿物对菲的吸附[28]。重金属离子能强化土壤/蒙脱石对多环芳烃的吸附[26]。阳离子-π 作用是氟喹诺酮类抗生素和四环素在热解炭材料和石墨烯表面吸附的关键[24]，它甚至能驱动海洋生物黏附蛋白的自组装，并调节其水下附着能力[29]。

基于水合阳离子-π 作用，阳离子可以作为一个桥梁增强水分子/颗粒与芳香环结构之间的作用，从而增强颗粒在芳香族材料表面的吸附。当颗粒吸附到基底表面后，其流动性大大降低。此时，如果由不均匀蒸发引起的向外的毛细流不足以推动颗粒向液滴边缘移动，颗粒就会均匀吸附到基底表面，从而控制"咖啡环"图案的形成。可以预计，这种由阳离子-π 作用诱导的均匀吸附有利于实现颗粒在大面积基底上均匀沉积，同时增强沉积层与基底间的结合力。

9.3 含盐液滴控制芳香族碳基表面上"咖啡环"效应的实验验证

本节通过实验研究了含盐液滴对芳香族碳基表面上"咖啡环"效应的影响。图 9.2(a) 为实验过程的示意图。首先，将含有聚苯乙烯微球的悬浮液与氯化钠溶液充分混合，得到不同氯化钠浓度的混合液体；然后，将这些混合液体和不含氯化钠的悬浮液分别滴加于化学气相沉积 (CVD) 生长的石墨烯基底上，并在 (10.0 ± 3.2) ℃ 的温度下蒸发干燥；最后用光学显微镜记录留在基底上的沉积图案的形貌，并进行灰度分析。图 9.2(b) 为不含氯化钠的液滴在石墨烯基底上干燥后的沉积图案。该图案为一个环形，具有深色的边缘和浅灰色的中心，清晰地显示了"咖啡环"效应。值得注意的是，随着液滴中氯化钠初始浓度的增加 (2 ~ 8 mM)，图案边缘和中心之间的对比度逐渐降低 (图 9.2(c)~(e))。事实上，在仅为 8 mM 氯化钠的浓度下，图案看起来非常均匀 (图 9.2(e))。其他盐溶液，如氯化锂、氯化钾、氯化钙和氯化镁也具有相同的效果。

聚苯乙烯微球的沉积均匀性可以用图像的灰度比 GR 定量表征，$\mathrm{GR} = (G_\mathrm{c} - G_\mathrm{s})/(G_\mathrm{r} - G_\mathrm{s})$，其中 G_c、G_r 和 G_s 分别是图案中心、图案边缘和基底的平均灰度。如图 9.2(f) 所示，灰度比从 2.90 ± 0.72 (无氯化钠) 显著降低到 1.00 ± 0.05 (8 mM 氯化钠)。GR = 1.00 对应于均匀沉积。因此，在盐浓度 ⩾ 8 mM 时，图案是均匀的。这些结果清楚地表明，通过调节氯化钠的浓度可以很好地控制沉积物的均匀性。

其他盐溶液 (即氯化锂、氯化钾、氯化钙和氯化镁) 的沉积物图像的 GR 值表明，对于单价和二价阳离子，图案分别在 8 mM 和 4 mM 处接近于均匀沉积，但不同盐溶液的 GR 值随浓度的增加下降速率不同 (图 9.2(f))。与二价阳离子相比，一价阳离子控制的沉积物图像的 GR 值随浓度的增加下降得更慢。

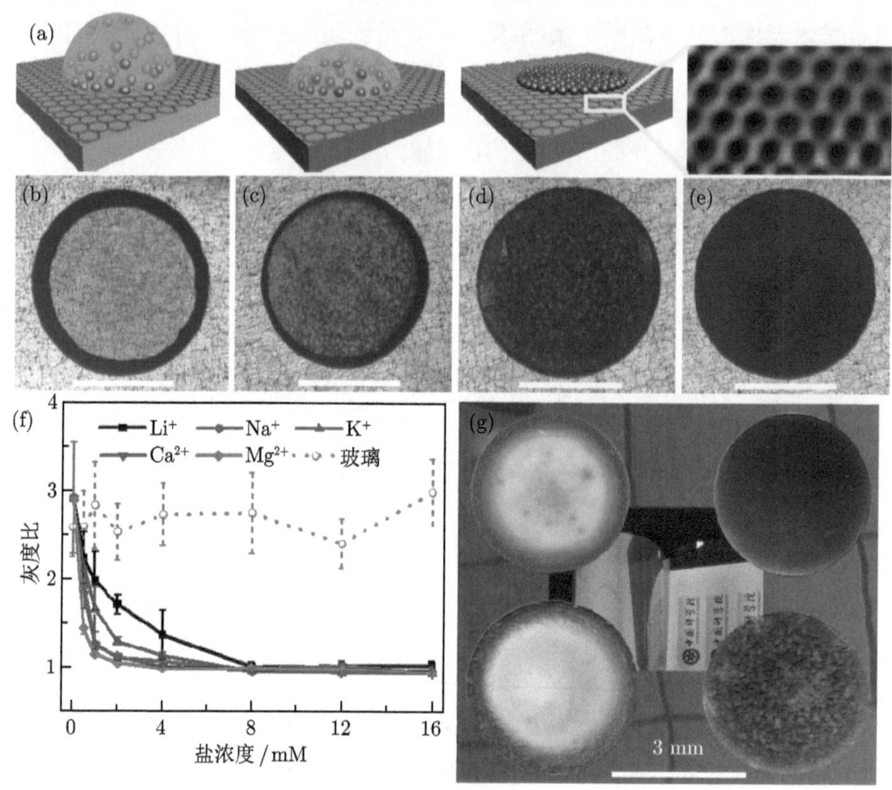

图 9.2　阳离子对悬浮物沉积图案的控制

(a) 液滴 (蓝色半球) 中的阳离子控制聚苯乙烯微球 (红色珠) 沉积的示意图。插图为石墨烯晶格的原子分辨扫描隧道显微镜 (STM) 图像。(b)～(e) 不同盐浓度 (分别为 0 mM、2 mM、4 mM 和 8 mM) 悬浮液或混合物液滴在石墨烯基底上蒸发后，颗粒沉积物图案的光学显微镜照片。比例尺为 1 mm。(f) 石墨烯 (实线) 和玻璃 (虚线) 基底上沉积物图案的灰度比 (GR = $(G_c - G_s)/(G_r - G_s)$)。(g) 分别用 0 mM(左) 和 16 mM(右) 氯化钠控制染料酸性红 (上) 和酸性蓝 (下) 在聚对苯二甲酸乙二醇酯 (PET) 膜上沉积图案的照片

值得注意的是，在其他含芳香环的基底上也能观察到离子控制“咖啡环”效应的行为，如最常见的热塑性聚对苯二甲酸乙二醇酯 (PET) 树脂和天然石墨表面。如图 9.2(g) 所示，当氯化钠浓度为 16 mM 时，PET 膜上沉积物的环状特征消失。此时，沉积物分别为水溶性的酸性红和酸性蓝染料分子。

图 9.3 显示了沉积物的精细结构。当液滴中无氯化钠时，沉积物有一个明亮且宽的边缘和一个接近基底亮度的中心，表明沉积物边缘和中心之间的高度差很大 (图 9.3(a))。沉积物边缘有多层聚苯乙烯颗粒，其亮度沿径向迅速增加，表明边缘的厚度急剧增加 (图 9.3(a) 右上)；但在图案的中心，只沉积了一层聚苯乙

烯微球，并且存在许多空洞 (图 9.3(a) 右下)。相反，在含 16 mM 氯化钠的液滴蒸发后 (图 9.2(e))，整个沉积图案的灰度几乎是恒定的，说明形成均匀的沉积层。图 9.3(b) 中的精细结构表明，聚苯乙烯微球层均匀沉积在图案的边缘和中心。

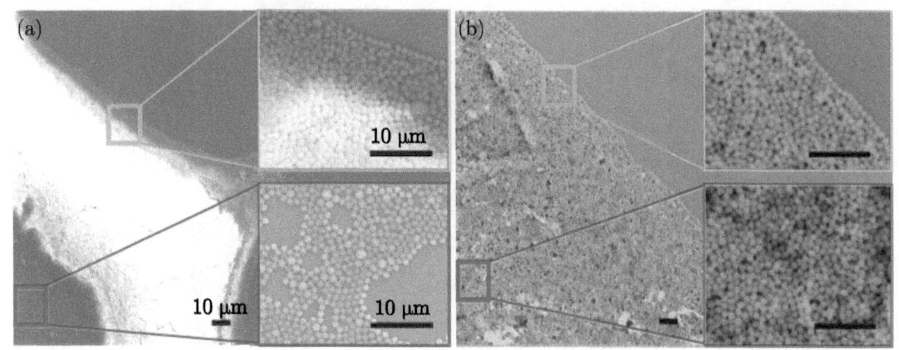

图 9.3 氯化钠浓度分别为 0 mM(a) 和 16 mM(b) 的聚苯乙烯微球液滴蒸发后在石墨上沉积图案的扫描电子显微镜 (SEM) 图像

插图是边缘或中心选定区域的放大图像

如果使用不含任何芳香环的玻璃载玻片代替石墨烯基底，在相同氯化钠浓度下进行实验，由于没有水合阳离子-π 作用，则可以预期沉积物的环状结构仍然存在。图 9.2(f) 和图 9.4 的实验结果证实了这一点，进一步说明了水合阳离子-π 作用在抑制芳香族碳基表面上“咖啡环”效应中的重要性。

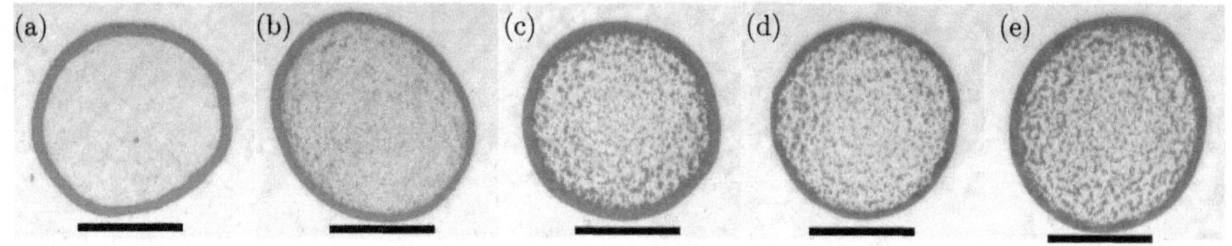

图 9.4 含有聚苯乙烯微球的液滴在玻璃基底上蒸发后形成的沉积图案

液滴中氯化钠的浓度分别为：(a) 0 mM，(b) 2 mM，(c) 4 mM，(d) 8 mM，(e) 16 mM。比例尺：1 mm

盐离子在控制图案均匀沉积的同时，还会明显提高沉积物的色牢度。如图 9.5 所示，当氯化钠浓度为 16 mM 时，酸性红和酸性蓝两种染料图案的临界摩擦力分别达到 (220.0 ± 67.0) nN 和 (79.6 ± 14.8) nN，是不含氯化钠的染料液滴沉积图案的临界摩擦力的 2.14 和 1.24 倍。该临界摩擦力的测试方法为：利用原子力显微镜针尖在不同的压力下反复刮擦沉积物表面，同时观察沉积物的表面形貌；当沉积物的表面形貌开始破坏时，测得的临界摩擦力直接反映染料的色牢度。

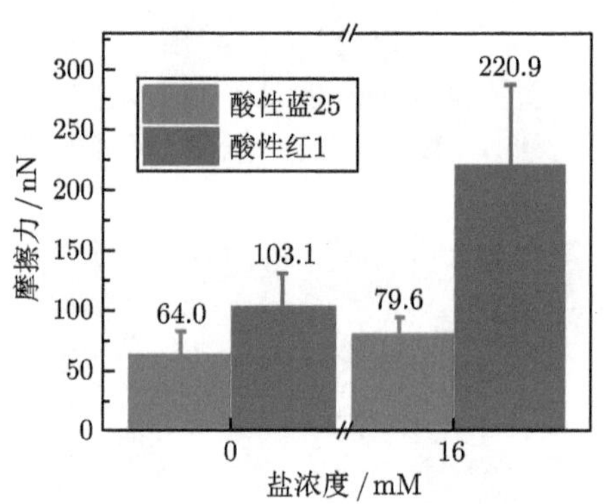

图 9.5 不同盐浓度的染料液滴在聚对苯二甲酸乙二醇酯薄膜上沉积图案的临界摩擦力。结果表明，水合阳离子-π 作用控制的均匀沉积明显提高了染料的色牢度

9.4 分子动力学和格子玻尔兹曼方法模拟石墨烯基底上含盐液滴的沉积行为

9.4.1 水合阳离子-π 作用对苯乙烯分子在石墨烯基底上沉积图案影响的分子动力学模拟

首先构建含盐液滴在石墨烯基底上的模拟系统，每个模拟系统的初始尺寸为 60 nm × 60 nm × 120 nm。石墨烯的碳原子是固定的；在石墨烯上方 9 nm 处设置 1 nm 厚度的加速区。当水分子进入加速区时，氧原子被施加 1.0 kcal/(mol·Å) (垂直石墨烯方向) 的向上力，防止水分子返回石墨烯表面。这种非平衡条件相当于其他文献报告中使用的设置[30−32]，其中蒸发的分子进入无限真空。由于聚苯乙烯微球太大，采用苯乙烯分子作为悬浮粒子。使用 NVT 系综进行分子动力学模拟[3,5]，时间步长为 1 fs，采用朗之万控温方法使系统温度保持在 350 K，控温周期为 0.5 ps。

模拟结果显示，在没有盐的系统中，大多数苯乙烯分子在液滴周围沉积成环状图案；而含 0.1 M 氯化钠的液滴蒸发后，大多数苯乙烯分子均匀分散在石墨烯表面 (图 9.6(a))。图 9.6(c) 中的插图显示，经过 40 ns 模拟后，这两个系统中的大多数苯乙烯分子都吸附在表面上，吸附的苯乙烯分子高度低于 1 nm (图 9.6(d))。这些苯乙烯分子的径向分布如图 9.6(c) 所示：含氯化钠的系统中均匀分布，没有盐的系统中在液滴边缘出现一个峰值。这个结果与实验观察一致。同时，液滴中的流速分布如图 9.6(b) 所示。液体流动皆呈环状。对于不含阳离子的液滴，液体流动将苯乙烯分子推向液滴边界，因此，边界处的沉积物更多。对于有阳离子的液滴，由于水合阳离子与表面芳香环结构之间的水合阳离子-π 作用，苯乙烯分子通过阳离子间接吸附到石墨烯基底上，不随液体流动，从而实现了均匀沉积。

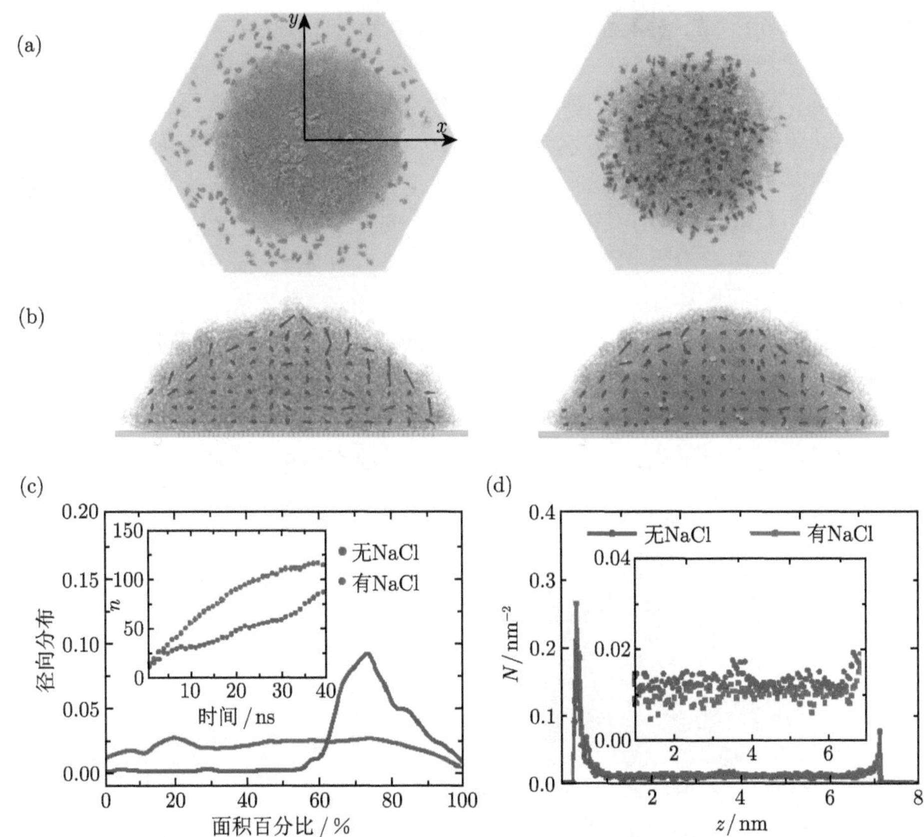

图 9.6 苯乙烯分子在石墨烯基底上沉积的分子动力学模拟

(a) 石墨烯基底上的液滴在蒸发过程中的顶视图。青色、红色、蓝色、绿色和白色球体分别代表碳原子、氧原子、钠离子、氯离子和氢原子。(b) 液滴 (左侧无氯化钠，右侧有氯化钠) 中的流速分布。(c) 吸附的第一层 (小于 1 nm) 苯乙烯分子的径向分布图。插图显示了吸附在基底表面的苯乙烯分子数 n 随时间的变化。(d) 在液滴 (蓝色无氯化钠，红色有氯化钠) 中苯乙烯分子每平方纳米的数密度分布 (N) 沿 z 方向的变化

9.4.2 水合阳离子-π 作用对颗粒在石墨烯基底上沉积图案影响的格子玻尔兹曼方法流体模拟

本节采用基于化学势的多相流模型，对单弛豫时间格子玻尔兹曼方法 (LBM) 进行流体模拟[33]。该模型采用状态方程 (EOS) 控制相变，完全满足热力学和伽利略不变性。在该模拟中，流场是一个长方体，其长度、宽度和高度分别为 120、120 和 100 格子单位。选择 Peng-Robinson 状态方程对水/蒸汽系统进行了数值模拟。在前、后、左、右边界上应用周期边界条件。在 10000 个时间步长前后，分别对上边界应用半反弹和开放边界条件。化学势边界条件应用于底边界[34]。底部边界半径为 50 个晶格单元的中心部分是亲水的，另一部分是疏水的。初始液相为半

球形，半径为 50 个晶格单元，位于亲水部分。最初，100 个半径为 2.6 晶格单元的球形粒子随机分布在液滴中。当液体为纯水时，颗粒表面具有中性润湿性。当氯化钠或氯化锂溶于水中时，颗粒表面的化学势相对降低。这些颗粒随着水流悬浮和移动。用伽利略不变动量交换方法计算了施加在粒子上的水动力[35]。如果一个粒子距离基板小于 0.1 格子单位，且其速度小于 0.01，则认为它被吸附在基板上。流场初始温度为 0.80，底板温度为 0.85。在水滴几乎达到平衡状态的 10000 个时间步之后，根据标准扩散–平流方程[36]，温度开始演化。随着液滴温度升高，液滴蒸发并携带颗粒移动。

模拟结果如图 9.7 所示，没有氯化钠的液滴中，大部分颗粒吸附在液滴边缘形成环状沉积图案，显示出明显的“咖啡环”效应；当液滴中含有氯化钠时，颗粒在液滴和基底之间的接触区域上均匀沉积。这些结果清楚地表明，氯化钠可以很好地控制颗粒的均匀沉积，与 9.4.1 节中的分子动力学模拟结果一致。

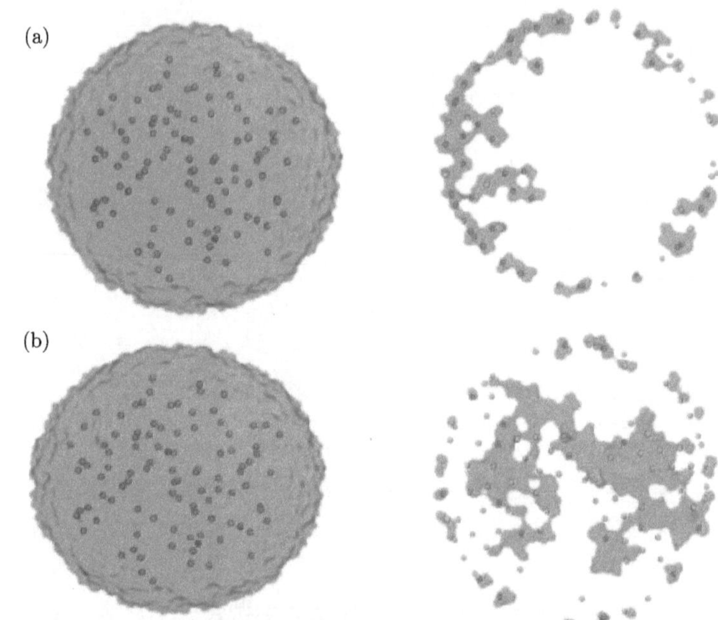

图 9.7 蒸发前 (a) 和蒸发后 (b) 的沉积物 ((a) 无氯化钠，(b) 有氯化钠) 图案的格子玻尔兹曼方法 (LBM) 流体模拟快照

红色液体代表水，而青色小球代表颗粒

9.5 本章小结

本章通过在液滴中简单地添加微量盐，实现了对悬浮颗粒和分子在石墨烯和其他含有芳香环的基底上沉积图案的精确控制。盐离子的添加也大大提高了沉积

图案的色牢度，其中酸性红的色牢度增强超过 100%。这一过程的物理基础主要归因于水合阳离子与基底表面芳香环之间的强水合阳离子-π 作用。液滴中的悬浮颗粒通过阳离子间接吸附在基底表面上，不受流场的扰动，形成均匀沉积。除钠离子外，其他金属阳离子与芳香环结构也具有阳离子-π 作用[37−42]。因此，除钠离子外，其他金属离子也可用于控制芳香环基底表面的颗粒沉积。显然，阳离子-π 作用对不同大小，不同形状的悬浮颗粒的作用是不一样的，因此可以推测，不同大小，不同形状的悬浮颗粒克服 "咖啡环" 效应需要的阈值浓度是不一样的，因而这个机理有希望用于微量溶液中纳米颗粒的便捷分离与检测[43]。本章发展的技术将有力推动石墨烯、碳纳米管和其他富含芳香环的材料 (芳香族橡胶/塑料薄膜、涂层、织物、纤维等) 表面上通过蒸发制备功能图案的广泛应用，如包装、高温燃料电池、薄膜太阳能电池、显示器、纺织品、电子产品和军事应用[44]。最近，英国著名物理学杂志 *Physics World* 以 *A salty solution for the coffee-ring effect* 为题，专题报道了这个工作的物理含义和应用前景[45]。

参 考 文 献

[1] Controlling the coffee-ring effect. Nature, 2014, 515(7526): 166.

[2] Larson R G. Twenty years of drying droplets. Nature, 2017, 550(7677): 466-467.

[3] Deegan R D, Bakajin O, Dupont T F, et al. Capillary flow as the cause of ring stains from dried liquid drops. Nature, 1997, 389(6653): 827-829.

[4] Dugyala V R, Basavaraj M G. Control over coffee-ring formation in evaporating liquid drops containing ellipsoids. Langmuir, 2014, 30(29): 8680-8686.

[5] Yunker P J, Still T, Lohr M A, et al. Suppression of the coffee-ring effect by shape-dependent capillary interactions. Nature, 2011, 476(7360): 308-311.

[6] Larson R G. Re-shaping the coffee ring. Angewandte Chemie International Edition, 2012, 51(11): 2546-2548.

[7] Bigioni T P, Lin X M, Nguyen T T, et al. Kinetically driven self assembly of highly ordered nanoparticle monolayers. Nature Materials, 2006, 5(4): 265-270.

[8] Li Y, Yang Q, Li M, et al. Rate-dependent interface capture beyond the coffee-ring effect. Scientific Reports, 2016, 6: 24628.

[9] Bail R, Hong J Y, Chin B D. Inkjet printing of blue phosphorescent light-emitting layer based on bis (3,5-di(9H-carbazol-9-yl)) diphenylsilane. RSC Advances, 2018, 8(20): 11191-11197.

[10] Tekin E, de Gans B J, Schubert U S. Ink-jet printing of polymers: from single dots to thin film libraries. Journal of Materials Chemistry, 2004, 14(17): 2627-2632.

[11] Sempels W, De Dier R, Mizuno H, et al. Auto-production of biosurfactants reverses the coffee ring effect in a bacterial system. Nature Communications, 2013, 4: 1757.

[12] Seo C, Jany D, Chae J, et al. Altering the coffee-ring effect by adding a surfactant-like viscous polymer solution. Scientific Reports, 2017, 7(1): 500.

[13] Anyfantakis M, Geng I, Morel M, et al. Modulation of the coffee-ring effect in particle/surfactant mixtures: the importance of particle-interface interactions. Langmuir, 2015, 31(14): 4113-4120.

[14] Anyfantakis M, Baigl D. Dynamic photocontrol of the coffee-ring effect with optically tunable particle stickiness. Angewandte Chemie International Edition, 2014, 53(51): 14077-14081.

[15] Soltman D, Subramanian V. Inkjet-printed line morphologies and temperature control of the coffee ring effect. Langmuir, 2008, 24(5): 2224-2231.

[16] Yen T M, Fu X, Wei T, et al. Reversing coffee-ring effect by laser-induced differential evaporation. Scientific Reports, 2018, 8(1): 3157.

[17] Talbot E L, Yang L S, Berson A, et al. Control of the particle distribution in inkjet printing through an evaporation-driven sol-gel transition. ACS Applied Materials & Interfaces, 2014, 6(12): 9572-9583.

[18] Cui L, Zhang J H, Zhang X M, et al. Suppression of the coffee ring effect by hydrosoluble polymer additives. ACS Applied Materials & Interfaces, 2012, 4(5): 2775-2780.

[19] Li H, Buesen D, Williams R, et al. Preventing the coffee-ring effect and aggregate sedimentation by *in situ* gelation of monodisperse materials. Chemical Science, 2018, 9(39): 7596-7605.

[20] Man X, Doi M. Ring to mountain transition in deposition pattern of drying droplets. Physical Review Letters, 2016, 116(6): 066101.

[21] Novoselov K S, Fa'lko V I, Colombo L, et al. A roadmap for graphene. Nature, 2012, 490: 192.

[22] Kim K S, Zhao Y, Jang H, et al. Large-scale pattern growth of graphene films for stretchable transparent electrodes. Nature, 2009, 457(7230): 706-710.

[23] Pang S, Hernandez Y, Feng X, et al. Graphene as transparent electrode material for organic electronics. Advanced Materials, 2011, 23(25): 2779-2795.

[24] Zhao Q, Zhang S Y, Zhang X J, et al. Cation-π interaction: a key force for sorption of fluoroquinolone antibiotics on pyrogenic carbonaceous materials. Environmental Science & Technology, 2017, 51(23): 13659-13667.

[25] Secor E B, Lim S, Zhang H, et al. Gravure printing of graphene for large-area flexible electronics. Advanced Materials, 2014, 26(26): 4533-4538.

[26] Qu X, Liu P, Zhu D. Enhanced sorption of polycyclic aromatic hydrocarbons to tetra-alkyl ammonium modified smectites via cation-π interactions. Environmental Science & Technology, 2008, 42(4): 1109-1116.

[27] Wang J, Chen B L. Adsorption and coadsorption of organic pollutants and a heavy metal by graphene oxide and reduced graphene materials. Chemical Engineering Journal, 2015, 281: 379-388.

[28] Zhang W H, Zhuang L W, Yuan Y, et al. Enhancement of phenanthrene adsorption on a clayey soil and clay minerals by coexisting lead or cadmium. Chemosphere, 2011, 83(3): 302-310.

[29] Gebbie M A, Wei W, Schrader A M, et al. Tuning underwater adhesion with cation-π interactions. Nature Chemistry, 2017, 9(5): 473-479.

[30] Zhang J, Leroy F, Müller-Plathe F. Influence of contact-line curvature on the evaporation of nanodroplets from solid substrates. Physical Review Letters, 2014, 113(4): 046101.

[31] Vrbka L, Jungwirth P. Brine rejection from freezing salt solutions: a molecular dynamics study. Physical Review Letters, 2005, 95(14): 148501.

[32] Nagata Y, Usui K, Bonn M. Molecular mechanism of water evaporation. Physical Review Letters, 2015, 115(23): 236102.

[33] Zhakhovskii V V, Anisimov S I. Molecular-dynamics simulation of evaporation of a liquid. Journal of Experimental and Theoretical Physics, 1997, 84(4): 734-745.

[34] Wan R, Shi G. Accelerated evaporation of water on graphene oxide. Physical Chemistry Chemical Physics, 2017, 19(13): 8843-8847.

[35] Wen B, Zhou X, He B, et al. Chemical-potential-based lattice Boltzmann method for nonideal fluids. Physical Review E, 2017, 95(6): 063305.

[36] Wen B, Huang B F, Qin Z R, et al. Contact angle measurement in lattice Boltzmann method. Computers & Mathematics with Applications, 2018, 76(7): 1686-1698.

[37] Wen B, Zhang C Y, Tu Y S, et al. Galilean invariant fluid-solid interfacial dynamics in lattice Boltzmann simulations. Journal of Computational Physics, 2014, 266: 161-170.

[38] Lallemand P, Luo L-S. Theory of the lattice Boltzmann method: acoustic and thermal properties in two and three dimensions. Physical Review E, 2003, 68(3): 036706.

[39] Shi G, Chen L, Yang Y Z, et al. Two-dimensional Na-Cl crystals of unconventional stoichiometries on graphene surface from dilute solution at ambient conditions. Nature Chemistry, 2018, 10(7): 776-779.

[40] Chen L, Shi G S, Shen J, et al. Ion sieving in graphene oxide membranes via cationic control of interlayer spacing. Nature, 2017, 550(7676): 380-383.

[41] Shi G, et al. Ion enrichment on the hydrophobic carbon-based surface in aqueous salt solutions due to cation-π interactions. Scientific Reports, 2013, 3: 3436.

[42] Ma J C, Dougherty D A. The cation-π interaction. Chemical Reviews, 1997, 97(5): 1303-1324.

[43] Sheng S, et al. Size-dependent spontaneous onsite separation of colloidal particles for low Volume Specimens (In preparation).

[44] Yang H, Yang Y Z, Sheng S Q, et al. Controlling the coffee ring effect on graphene and polymer by cations. Chinese Physics Letters, 2020, 37(2): 028103.

[45] Dumé B. A Salty Solution for the Coffee-ring Effect. Physics World, 2020, https://physicsworld.com/a/a-salty-solution-for-the-coffee-ring-effect/.

索　引